Altium Designer 电路板设计与 3D 仿真

主　编　朱小刚
副主编　杨全会　王福章

北京理工大学出版社
BEIJING INSTITUTE OF TECHNOLOGY PRESS

内 容 简 介

本书介绍了 Altium Designer 软件平台的电路原理图设计和 PCB 设计的基础知识和技能，精心设计多个项目和案例，采用由浅入深的递进化组织形式，符合专业技术和职业素养的实用性、先进性、应用性和启发性。

全书包含电路原理图设计、原理图库文件的创建及管理、层次电路原理图设计、单双面 PCB 设计、多层 PCB 设计、3D PCB 设计以及 PCB 后期处理等主要内容，且简单探讨了 PCB 设计中进阶提升的信号完整性设计和仿真相关的知识，有集成稳压电路、单片机最小系统、2.1 声道功率放大器、卡片式单片机开发板、四轴飞行器无刷电机控制电路、机械臂关节通信主板等工程项目实例，这些工程项目实例的实施为知识的综合应用、工程实践能力提升和专业技术的创新奠定坚实的基础。

本书可作为高等职业院校电子信息类专业 PCB 设计或电子 CAD 课程的教学、实训的教材，也可作为自动化、机电一体化、物联网等专业相关课程和创新创业的专业参考书籍。

版权专有　侵权必究

图书在版编目（CIP）数据

Altium Designer 电路板设计与 3D 仿真／朱小刚主编． -- 北京：北京理工大学出版社，2023.7
ISBN 978 - 7 - 5763 - 2640 - 6

Ⅰ．①A… Ⅱ．①朱… Ⅲ．①印刷电路 - 计算机辅助设计 - 应用软件 - 高等职业教育 - 教材 Ⅳ．①TN410.2

中国国家版本馆 CIP 数据核字（2023）第 139509 号

责任编辑：陈莉华　　**文案编辑**：陈莉华
责任校对：周瑞红　　**责任印制**：施胜娟

出版发行 /	北京理工大学出版社有限责任公司
社　　址 /	北京市丰台区四合庄路 6 号
邮　　编 /	100070
电　　话 /	(010) 68914026（教材售后服务热线）
	(010) 68944437（课件资源服务热线）
网　　址 /	http://www.bitpress.com.cn
版 印 次 /	2023 年 7 月第 1 版第 1 次印刷
印　　刷 /	唐山富达印务有限公司
开　　本 /	787 mm × 1092 mm　1/16
印　　张 /	16.25
字　　数 /	382 千字
定　　价 /	73.00 元

图书出现印装质量问题，请拨打售后服务热线，负责调换

前言

21世纪是电子信息技术飞跃发展的时代,计算机辅助设计更是为电路的设计和开发提供了更快、更好和更精的途径,Altium Designer 就是这样一个计算机辅助设计平台。Altium Designer 是原 Protel 软件开发商 Altium 公司推出的一体化电子产品开发系统,主要运行在 Windows 操作系统上。这套软件通过电路原理图设计、电路仿真、印制电路板(Printed Circuit Board,PCB)设计、拓扑逻辑自动布线、信号完整性分析和设计输出等技术的完美融合,为用户提供了全新的设计解决方案。设计者可以轻松地进行完美的电路设计,熟练使用这一软件必将使电路设计的质量和效率大大提高。

Altium Designer 作为新一代的计算机辅助设计软件,其 DXP 技术集成平台为设计系统提供了所有工具和编辑器的兼容环境,已被广泛应用于航空、航天、汽车、造船、通用机械和电子等工业领域。

为了使读者迅速掌握使用 Altium Designer 软件的要点与难点,本书作者基于多年应用其进行电路原理图和 PCB 设计的实践经验和相应的教学经验,采用项目式教学模式由浅入深且图文并茂地逐步导入"工程制程"的概念,全面阐述与剖析了 Altium Designer 软件的功能及其在电子设计领域和 PCB 设计领域的应用方法。

本书主要内容包括电路的原理图设计、PCB 设计及 3D PCB 设计介绍 3 个部分,第 1 部分重点介绍了电路原理图设计界面的使用、图纸的设置、元件库的加载与应用、元器件的放置与属性编辑、导线的连接、新元件库的创建、层次电路原理图的设计、编译检查等内容;第 2 部分主要介绍了 PCB 板材与类型、PCB 设计界面的使用、库的加载与创建、元器件的放置与布局、布线规则与布线方法和敷铜等内容,并将 PCB 设计的重点放在双面 PCB 和多层 PCB 设计上;第 3 部分重点介绍了 3D PCB 设计、PCB 后期工艺处理信号以及完整性分析等内容。本书在介绍基本操作的同时,更加注重技能训练,使读者能快速地成为设计理论扎实且操作技能熟练的高手,着力培养读者对知识的综合应用能力、工程实践能力和专业技术的创新能力。

本书由常州机电职业技术学院朱小刚担任主编,常州信息职业技术学院杨全会、北京华晟经世信息技术股份有限公司王福章担任副主编。常州机电职业技术学院朱小刚编写了项目6、项目7、项目8、项目9，常州信息职业技术学院杨全会编写了项目4、项目5，北京华晟经世信息技术股份有限公司王福章编写了项目11，常州机电职业技术学院范顺治编写了项目1、项目2，常州机电职业技术学院金舒萍编写了项目3，常州机电职业技术学院刘鹏编写了项目10。朱小刚和刘鹏对全书的工程项目实例进行设计、运行和编译。全书由朱小刚统稿审核。

由于编者的学识水平有限，书中难免有错误和不足之处，恳请读者批评指正。

编　者

目录

项目1　了解 Altium Designer ... 1
任务1.1　Altium Designer 的特点与运行环境 ... 1
1.1.1　Altium Designer 的发展简史 ... 1
1.1.2　Altium Designer 的优势和特点 ... 2
1.1.3　Altium Designer 的运行环境 ... 4
任务1.2　Altium Designer 的工程项目文件操作 ... 4
1.2.1　熟悉 Altium Designer 的工作环境 ... 4
1.2.2　工程项目文件操作 ... 7
1.2.3　系统自动备份设置 ... 12
任务1.3　职业素养与爱岗敬业 ... 14

项目2　简单电路原理图设计 ... 15
任务2.1　熟悉原理图设计界面基础操作 ... 15
2.1.1　电路原理图的设计步骤 ... 15
2.1.2　原理图设计界面 ... 16
2.1.3　视图操作 ... 19
任务2.2　+5 V 集成稳压电源电路图的设计 ... 20
2.2.1　新建工程文件 ... 20
2.2.2　新建原理图 ... 23
2.2.3　图纸设置 ... 24
2.2.4　元件库的管理 ... 27
2.2.5　放置与调整元件 ... 31
2.2.6　放置导线 ... 36
2.2.7　放置连接点 ... 38
2.2.8　放置电源和地 ... 38
任务2.3　快速编辑原理图 ... 40

2.3.1 删除对象 ……………………………………………………………… 40
2.3.2 撤销操作 ……………………………………………………………… 41
2.3.3 打破导线 ……………………………………………………………… 41
2.3.4 带导线移动对象 ……………………………………………………… 43

项目3 2.1 声道功率放大器的原理图设计 …………………………………… 45

任务 3.1 原理图库文件的创建 ……………………………………………… 45
3.1.1 原理图库文件的创建 ………………………………………………… 46
3.1.2 原理图库文件的保存 ………………………………………………… 47

任务 3.2 绘制 TDA2030A 元器件 …………………………………………… 48
3.2.1 新建元器件及命名 …………………………………………………… 48
3.2.2 绘置元器件符号 ……………………………………………………… 49
3.2.3 放置元器件的引脚 …………………………………………………… 50
3.2.4 设置元器件属性 ……………………………………………………… 52

任务 3.3 绘制 NE5532（分部器件） ………………………………………… 53
3.3.1 新建 NE5532 器件 …………………………………………………… 54
3.3.2 新增部件 ……………………………………………………………… 54
3.3.3 设置元器件属性 ……………………………………………………… 55

任务 3.4 2.1 声道有源功放原理图设计 …………………………………… 55
3.4.1 设置图纸大小 ………………………………………………………… 57
3.4.2 加载原理图库文件 …………………………………………………… 57
3.4.3 放置元器件与分部元器件 …………………………………………… 58
3.4.4 元件排列与对齐 ……………………………………………………… 60
3.4.5 放置导线和网络名 …………………………………………………… 61
3.4.6 电路块的复制与粘贴 ………………………………………………… 62
3.4.7 放置电源端口和信号端口 …………………………………………… 62
3.4.8 元件自动标号 ………………………………………………………… 64

任务 3.5 绘图工具的使用 …………………………………………………… 65
3.5.1 放置直线 ……………………………………………………………… 66
3.5.2 放置多边形 …………………………………………………………… 67
3.5.3 放置椭圆弧 …………………………………………………………… 68
3.5.4 放置曲线 ……………………………………………………………… 69
3.5.5 放置字符串 …………………………………………………………… 69
3.5.6 放置图像 ……………………………………………………………… 70
3.5.7 放置链接 ……………………………………………………………… 70

任务 3.6 原理图编译及报告 ………………………………………………… 71
3.6.1 运行元件规则检查 …………………………………………………… 71
3.6.2 生成网络表 …………………………………………………………… 73
3.6.3 生成元器件清单 BOM ……………………………………………… 75

项目 4　层次原理图设计 ... 78

任务 4.1　了解层次电路设计的概念与方法 ... 78
任务 4.2　采用自上而下的层次电路设计方法 ... 79
　　4.2.1　将电路划分为多个电路功能模块 ... 80
　　4.2.2　设计各模块间的连接端口 ... 81
　　4.2.3　设计层次电路子电路原理图 ... 83
任务 4.3　采用自下而上的层次电路设计方法 ... 87
　　4.3.1　绘制子电路原理图 ... 87
　　4.3.2　放置图纸入口 ... 88
　　4.3.3　由子电路原理图生成图表符 ... 88
　　4.3.4　完成主电路原理图的设计 ... 89
　　4.3.5　层次原理图的上下自动切换与链接 ... 89
任务 4.4　输出原理图 ... 91
　　4.4.1　PDF 输出 ... 91
　　4.4.2　打印页面设置 ... 95
　　4.4.3　打印预览 ... 96
　　4.4.4　原理图打印 ... 96

项目 5　PCB 设计基础 ... 98

任务 5.1　了解 PCB ... 98
　　5.1.1　PCB 的组成 ... 99
　　5.1.2　PCB 设计常用术语 ... 100
　　5.1.3　PCB 的设计流程 ... 102
任务 5.2　集成稳压电源的 PCB 布局设计 ... 103
　　5.2.1　PCB 设计界面 ... 103
　　5.2.2　设置集成稳压电源 PCB 参数 ... 107
　　5.2.3　导入原理图网络表信息 ... 112
　　5.2.4　PCB 元器件手动布局 ... 115
　　5.2.5　放置元器件（Part） ... 117
　　5.2.6　放置焊盘 ... 120
任务 5.3　集成稳压电源的 PCB 布线设计 ... 121
　　5.3.1　集成稳压电源的 PCB 布线设计 ... 121
　　5.3.2　手动布线 ... 123
　　5.3.3　丝印层字符调整 ... 126

项目 6　PCB 布局与自动布线设计 ... 130

任务 6.1　新元器件封装库的创建 ... 130
　　6.1.1　新建元器件封装库 ... 130
　　6.1.2　元器件封装库与 PCB 设计文件的同步更新 ... 136

任务 6.2　元器件自动布局与交互式布局 ·················· 137
　　6.2.1　自动布局参数设置 ·················· 137
　　6.2.2　自动布局和交互式布局 ·················· 139
　　6.2.3　手动布局调整 ·················· 142
任务 6.3　设置自动布线规则 ·················· 143
　　6.3.1　创建类（Class） ·················· 143
　　6.3.2　设置最小间距规则 ·················· 144
　　6.3.3　设置线宽规则 ·················· 145
　　6.3.4　设置布线拓扑算法（Routing Topology） ·················· 146
　　6.3.5　设置布线优先权（Routing Priority） ·················· 147
　　6.3.6　设置布线层（Routing Layer）规则 ·················· 148
　　6.3.7　设置布线过孔（Routing Vias）规则 ·················· 149
　　6.3.8　设置拐角规则（Routing Corners） ·················· 149
　　6.3.9　设置禁止布线层（Keep Out Layer）规则 ·················· 151
任务 6.4　自动布线 ·················· 151
　　6.4.1　用"自动布线"│"网络"或"网络类"预布线 ·················· 152
　　6.4.2　使用"自动布线"│"区域"或"Room"命令布线 ·················· 153
　　6.4.3　删除布线（UnRoute） ·················· 154
　　6.4.4　手动调整 ·················· 156
任务 6.5　补泪滴 ·················· 156
任务 6.6　放置多边形敷铜 ·················· 157
　　6.6.1　敷铜的属性 ·················· 157
　　6.6.2　放置敷铜 ·················· 159
任务 6.7　PCB 验证规则 ·················· 162
任务 6.8　调整和添加字符 ·················· 165
任务 6.9　查看 PCB 设计 ·················· 165

项目 7　多层 PCB 电路板的设计 ·················· 168

任务 7.1　了解多层 PCB ·················· 168
　　7.1.1　多层 PCB 的概念与特点 ·················· 168
　　7.1.2　多层 PCB 设计的布局和布线原则 ·················· 170
任务 7.2　四轴飞行器无刷电机控制电路的四层板设计 ·················· 172
　　7.2.1　四轴飞行器无刷电机控制电路原理图 ·················· 172
　　7.2.2　用向导创建 PCB 设计文档 ·················· 174
　　7.2.3　元器件的双面布局 ·················· 179
　　7.2.4　四层 PCB 的层叠设计 ·················· 181
　　7.2.5　建立与分割内电层 ·················· 183
　　7.2.6　使用"PCB"面板查找对象 ·················· 186
　　7.2.7　四层 PCB 布线方法 ·················· 187

项目 8　3D PCB 电路板设计 …… 190

任务 8.1　3D PCB 视图基础 …… 190
　　8.1.1　3D 技术的概念 …… 190
　　8.1.2　PCB 的概念 …… 191

任务 8.2　3D PCB 视图操作 …… 193
　　8.2.1　查看 2D 视图 …… 193
　　8.2.2　查看 3D 视图 …… 194
　　8.2.3　3D 视图配置 …… 197

任务 8.3　元器件 3D 实体的设计 …… 200
　　8.3.1　简单 3D 实体的设计 …… 201
　　8.3.2　加载创建的带 3D 模型的元器件 …… 207

任务 8.4　机械臂关节通信主板的 3D PCB 设计 …… 209
　　8.4.1　机械臂关节通信主板 PCB 布局 …… 209
　　8.4.2　3D CONTENTCENTRAL 共享中心查找元器件的 3D 模型 …… 210
　　8.4.3　3D 实体的导入 …… 212
　　8.4.4　机械臂关节通信主板 3D PCB 的完善 …… 214
　　8.4.5　在 3D PCB 中查看 PCB 的电气属性 …… 215

任务 8.5　3D PCB 的装配设计 …… 217
　　8.5.1　导入元器件或零部件的 3D 模型 …… 217
　　8.5.2　3D PCB 板 STEP 3D 导出 …… 218

项目 9　PCB 设计的后期处理 …… 221

任务 9.1　PCB 设计与原理图设计交互更新 …… 221
任务 9.2　PCB 报表 …… 223
任务 9.3　PCB 元器件报表 …… 223
任务 9.4　生成智能 PDF 文档 …… 223
　　9.4.1　PCB 设计文件的 PDF 导出 …… 224
　　9.4.2　3D PCB 的 PDF 导出 …… 227
任务 9.5　生成 Geber 文件 …… 229
任务 9.6　生成 NC 钻孔文件 …… 231
任务 9.7　拼板 …… 232

项目 10　其他主流 PCB 设计平台 …… 235

任务 10.1　Altium 系列 …… 235
任务 10.2　Cadence 产品 …… 236
　　10.2.1　Cadence Allegro …… 236
　　10.2.2　Cadence OrCAD Capture …… 237
任务 10.3　Mentor 产品 …… 237
　　10.3.1　Mentor EN 系列 …… 237

10.3.2　Mentor WG 系列 ··· 238
　　10.3.3　Mentor PADS 系列 ·· 238

项目 11　信号完整性设计简析 ·· 239
　任务 11.1　信号完整性概述 ·· 239
　　11.1.1　信号完整性定义 ··· 239
　　11.1.2　信号完整性问题分类 ·· 240
　任务 11.2　信号完整性设计的特点 ·· 242
　任务 11.3　信号完整性分析工具 ··· 243

附录　Altium Designer 快捷键列表 ·· 246
参考文献 ·· 248

项目 1

了解 Altium Designer

本项目从了解电子电路设计的自动化为起点，阐述 Altium 公司的发展历程以及其软件的基本版本，简单扼要地介绍了 Altium Designer 的功能、优势和特点，以及 Altium Designer 软件的启动、打开、新建和系统自动备份、中英文菜单等操作和应用，让操作者由浅入深地熟悉其相关操作，为进一步的设计奠定基础。

知识技能素养导航	知识了解	Altium Designer 的发展历史及性能
	知识熟知	Altium Designer 的项目结构； Altium Designer 的文档类型
	技能掌握	Altium Designer 的打开、关闭； 工程项目新建、设计文档新建与保存等
	技能高手	工作面板的操作； 自动备份设置
	职业素养	责任心、爱岗敬业、精益求精、有效沟通、团队合作

任务 1.1　Altium Designer 的特点与运行环境

21 世纪是电子信息技术飞速发展的时代，其典型的代表就是计算机软硬件的日新月异及迭代升级。Altium Designer 系统是 Altium 公司于 2006 年年初推出的一种电子设计自动化（Electronic Design Automation，EDA）软件，该软件借助强大的计算机辅助设计功能并综合了电子产品一体化开发所需的必要技术和功能。在单一设计环境中集成了板级设计和 FPGA 系统设计、基于 FPGA 和分立处理器的嵌入式软件开发以及 PCB 设计、编辑和制造，并集成了现代设计数据管理功能，使其成为电子产品开发的完整解决方案。

1.1.1　Altium Designer 的发展简史

Altium 公司前身为 Protel 公司，1985 年始创于澳大利亚，并推出 DOS 版本的 PCB 设计软件。1999年推出著名的Protel99 SE版本，它一直以易学易用而深受广大电子设计者的喜爱。2001年8月Protel公司更名为"Altium公司"，2008年5月推出了Altium系列。Altium Designer作为新一代的板卡级设计软件，以Windows的界面风格为主；同时，其独一无二的技术集成平台也为设计系统提供了所有工具和编辑器的相容环境，友好的界面环境及智能化的性能为电路设计者提供了最优质的服务。

1.1.2　Altium Designer的优势和特点

Altium Designer系列是流传到我国最早的电子设计自动化软件，该软件将原理图设计、电路仿真、PCB绘制编辑、拓扑逻辑自动布线、信号完整性分析和设计输出等技术进行了完美融合，为设计者提供了全新的设计解决方案，使设计者可以轻松进行设计，熟练使用这一软件必将使电路设计的质量和效率大大提高。该软件的主要优势和特点如下。

1. 一体化的设计流程

在单一完整的设计环境中，Altium Designer集成了板级设计和FPGA系统设计，基于FPGA和分立处理器的嵌入式软件开发，以及PCB设计、编辑和制造等，为用户提供了所有流程的平台级集成，以及一体化的项目和文档管理结构，并支持相互独立设计学科的融合。用户可以有效管理整个设计流程，并且在设计流程的任何阶段和项目的任何文档中随时都可以进行修改和更新。而系统则会提供完善的同步操作，以确保将这些变化反映到项目中的所有设计文档中，保证了设计的完整性。

2. 增强的数据共享功能

Altium Designer完全兼容了Protel的各种版本，并提供Protel99 SE下创建的DDB和库文件的导入功能。同时增加了P-CAD、OrCAD、AutoCAD和PADS PowerPCB等软件的设计文件和库文件的导入，能够无缝地将大量原有单点工具设计产品转换到Altium Designer设计环境中。其智能PDF向导则可以帮助用户把整个项目或所选定的设计文件打包成可移植的PDF文档，以便于团队之间的灵活合作。

3. 结构化的设计管理

Altium Designer的原理图编辑器能够保证任意复杂度的结构化设计输入，支持分层的设计方法。用户可以方便地把设计分割成功能块，从上至下或者从下至上查看电路。项目中可包含的页面数目没有限制，分层的深度也是无限的。而多通道设计的智能处理能够帮助用户在项目中高效地构建重复的电路块。

4. 面向嵌入式芯片的设计

Altium Designer提供了多功能的32位RISC软处理器——TSK 3000和一系列的通用8位软处理器，这些软处理器内核均独立于目标和FPGA供应商。增强了对更多的32位微处理器的支持，对每一种处理器都提供完备的开发调试工具。并提供了处理器之间的硬件和C语言级别的设计兼容性，从而提高了嵌入式软件设计在特殊软处理器、FPGA内部的桥接硬处理器和连接到单个FPGA的分立处理器之间的可移植性。它广泛支持Wishbone Open Bus互联标准，从而简化了处理器到外设和存储器之间的连接。用户可以在页面中快速地添加外设器件，以便配置。

5. 支持高密度和高速信号设计

Altium Designer 加强了对高密板设计和高速信号设计的支持，创新的 Bload – Insight 系统把光标变成了交互的数据挖掘工具，可以透视复杂的多层板卡。光标放在 PCB 上设计时，会显示出下面对象的关键信息，使用户可以毫不费力地浏览和编辑设计中叠放的对象，提高了在密集和多层设计环境中的编辑速度；强大的"逃逸布线"引擎，可以尝试将每个定义的焊盘通过布线刚好引到 BGA 边界，使密集 BGA 类型封装的布线变得十分简单，节省了用户的设计时间；为差分信号提供系统级范围内的支持，使用户可以充分利用大规模可编程器件的低电压差分信号功能，降低高密度电路的功率消耗和电磁干扰，改善反射噪声。布线前可以进行信号完整性分析，帮助用户选择正确的信号线终结策略，及时添加必要的器件到设计中以防止过多的反射。布线结束后还可以在最终的 PCB 上运行阻抗、反射和串扰分析来检查设计的实际性能，进一步优化信号质量。

6. 支持完善的 3D 建模预览设计

Altium Designer 完善了 3D 建模和预览功能，3D 视图效果逼真。3D 功能丰富，可以导入导出常用的 STEP 格式的 3D 模型，也可以导出 3D PDF 文档，让 PCB 设计技术显性、直观。图 1.1 为 Altium Designer 范例 DT01.PcbDoc 的 3D 效果视图。

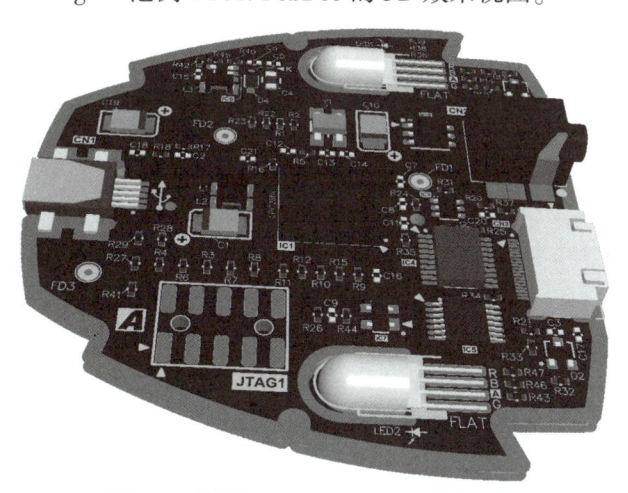

图 1.1 范例 DT01.PcbDoc 3D 效果视图

图 1.2 为本书任务 8.4 中机械臂关节通信主板六层 PCB 设计的 3D 预览图。

图 1.2 任务 8.4 中机械臂关节通信主板六层 PCB 设计的 3D 预览图

1.1.3　Altium Designer 的运行环境

最新的 Altium Designer 对系统要求比较高，最好采用 Windows 7 操作系统或以上版本操作系统。其最低的配置可参考表 1.1。有条件的用户可以采用高性能的计算机系统和双显示系统，如图 1.3 所示，以方便在文档管理、原理图界面和 PCB 设计界面等切换和交互。

表 1.1　Altium Designer 运行环境配置表

	最低配置	推荐配置
操作系统	Windows XP SP2	Windows 7 或以上版本
PDF 阅读器		Adobe Reader 8 或以上
CPU	Intel 1.8 GHz 或同等处理器	Intel 酷睿双核/四核 2.66 GHz 或同等处理器
内存	1 GB RAM	4 GB RAM
硬盘	3.5 GB 空间	10 GB 空间以上
显卡	集成或 128 MB 显存	NVIDIA Geforce 1 GB 显存以上
显示器 1	15 英寸①1 280×1 024 分辨率	19 英寸 1 920×1 080 分辨率
显示器 2		19 英寸 1 600×1 200 分辨率

注：①1 英寸=2.54 厘米。

任务 1.2　Altium Designer 的工程项目文件操作

1.2.1　熟悉 Altium Designer 的工作环境

1. Altium Designer 的启动

Altium Designer 能充分发挥 Windows 7 或以上操作系统的优势，安装后，系统会在 Windows "开始"菜单栏中加入程序项，并在桌面上建立 Altium Designer 的启动快捷方式。

启动 Altium Designer 的方法很简单，与其他 Windows 程序一样。在 Windows "开始"菜单栏中找到 Altium Designer 并单击，或者在桌面上双击 Altium Designer 快捷图标，即可启动。

Altium Designer 的主窗口如图 1.4 所示，是类似 Windows 界面的风格，主要包括菜单栏、工具栏、工作面板区、工作窗口区、状态栏和导航栏。

图1.3　Altium Designer 双显示系统

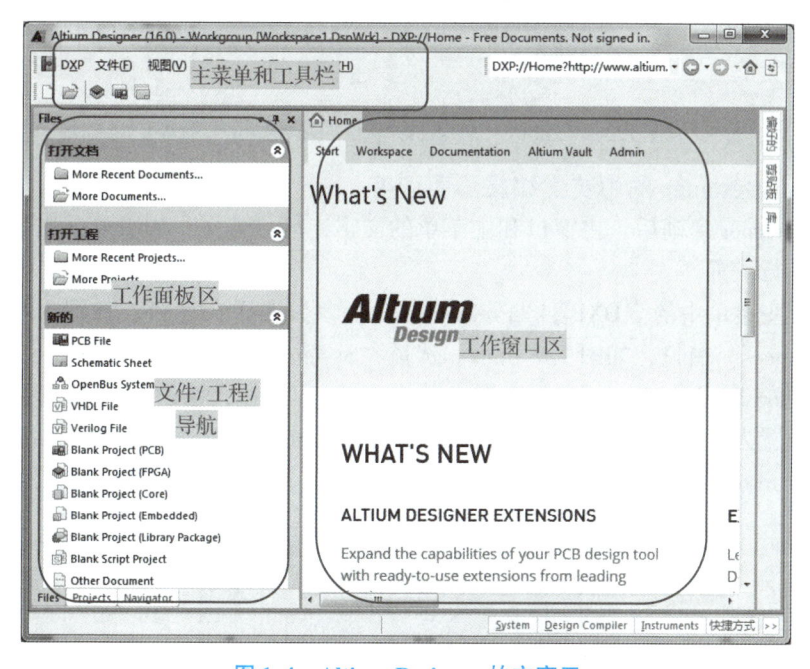

图1.4　Altium Designer 的主窗口

（1）主菜单栏：主要有"DXP""文件""视图""工程"和"窗口"等选项卡，用于配置系统的基本选项，以及打开和关闭文件等命令。

（2）工具栏：常用的快速功能命令，如"新建文件"和"打开文件"等按钮。

（3）工作面板区：为了便于设计过程中的快捷操作，包括"Files"（文件）、"Projects"（工程）和"Navigator"（导航）等面板，如图1.5所示。可以单击面板底部的标签，在不同的面板之间进行切换。"Files"面板主要用于打开和新建各种文件和工程，包括"打开文档""打开工程""新的""从已有文件新建文件"和"从模板新建文件"5个选项栏，单击每一部分右上角的双箭头按钮，即可打开或隐藏其中的各项命令。

(4) 工作窗口区：文档的显示区，主要显示设计的文档等。

(5) 状态栏：显示当前的命令状态和坐标等。

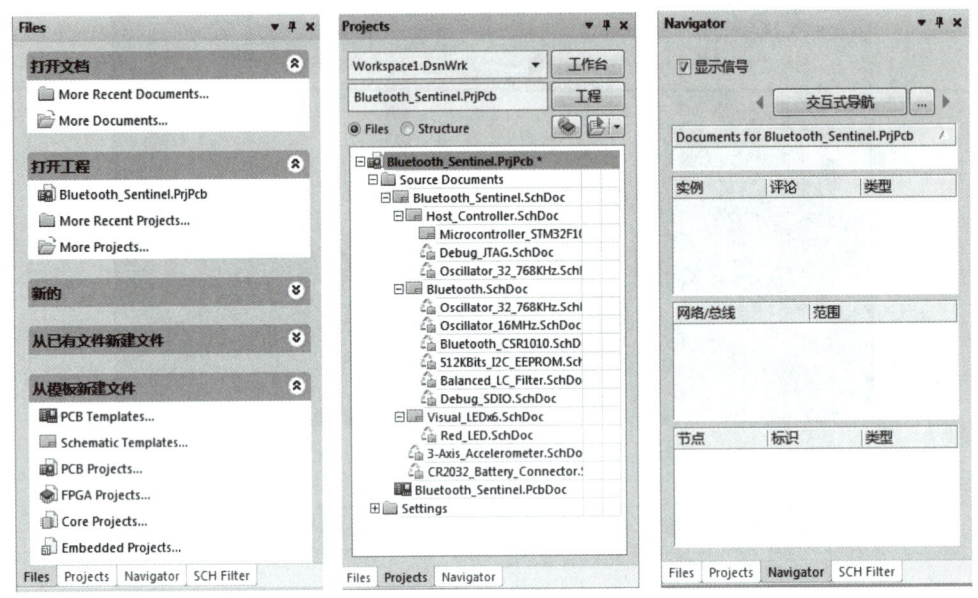

图 1.5 "Files""Projects"和"Navigator"面板

2. Altium Designer 的中英文编辑界面切换

Altium Designer 启动后，主窗口和主菜单的文字一般是英文，如需要采用中文显示，可在主菜单中进行设置。

单击系统主菜单中的"DXP"|"Preferences"（参数选择）命令，如图 1.6 所示，系统弹出"Preferences"窗口，如图 1.7 所示。选择"System"|"General"选项，在右侧的设置区勾选"Use localized resources"复选框，单击"OK"按钮，系统重启后主窗口和主菜单的语言将被设置为中文。如要恢复为英文菜单，重新选择"System"|"General"选项，将"Use localized resources"复选框勾选去除，单击"OK"按钮后重启系统即可。

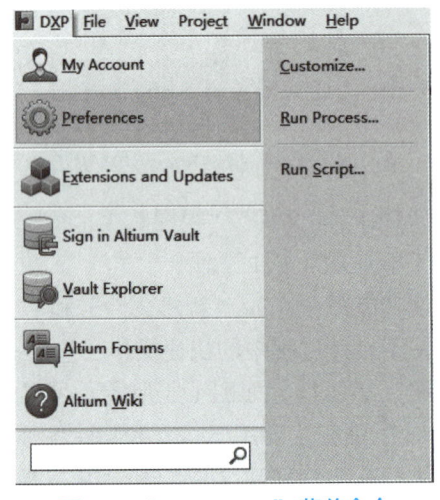

图 1.6 "Preferences"菜单命令

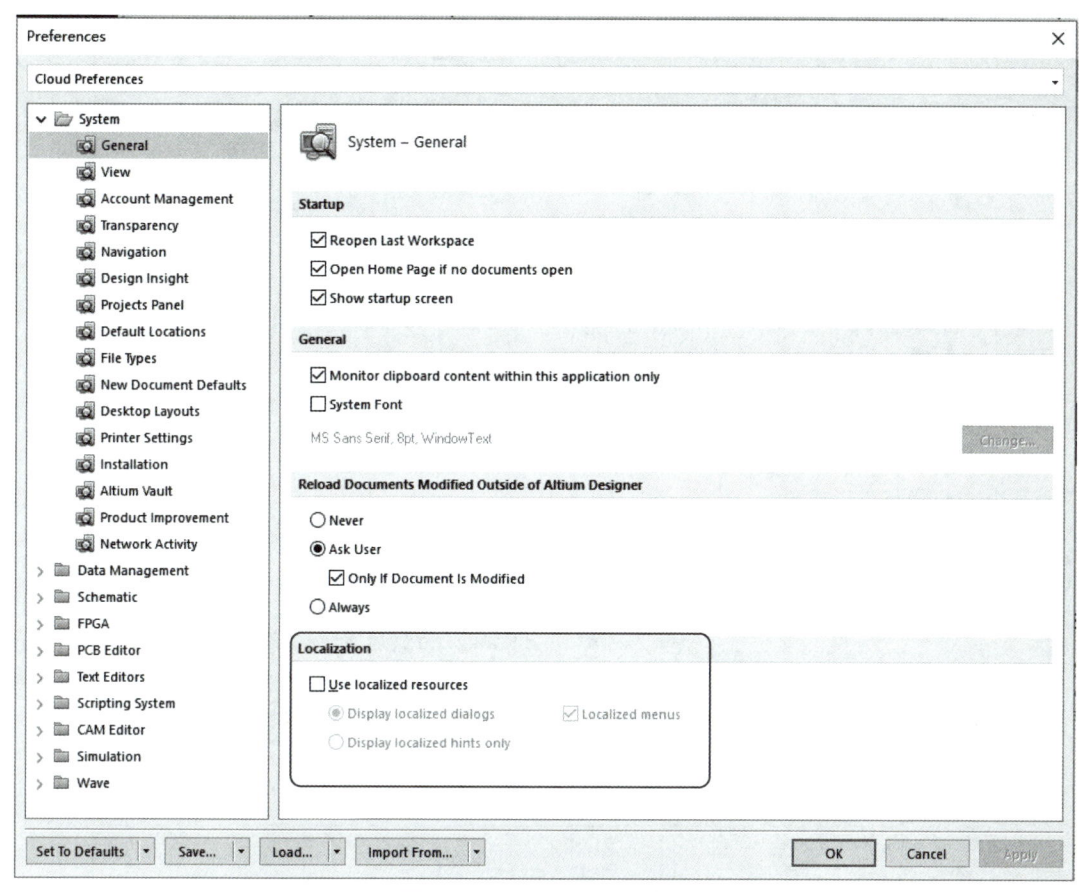

图1.7 "Preferences"窗口

1.2.2 工程项目文件操作

Altium Designer 在第 1 次启动后，并没有打开任何设计文档，可以从其自带的实例文档来熟悉设计文档的管理操作。

1. 打开已有的设计文档

打开已有的设计文档一般有以下几种方法。

（1）从主菜单中打开。单击菜单中的"文件"|"打开…"或"文件"|"打开工程…"命令，系统弹出"Choose Document to Open"窗口，如图1.8所示。

（2）从工具栏中打开。单击打开按钮 ![icon]，打开窗口。

（3）从"Files"工作面板打开。单击"打开文档"中的相应选项，就会弹出打开窗口。

Altium Designer 在默认安装的情况下，其重要的库文件和实例等文件存放在"C:\Users\Public\Documents\Altium\AD16\Examples"下，如图1.9所示。Examples 文件夹内存放的是Altium 公司设计实例和范例，Library 文件夹内存放的是各公司的元件库文件；Templates 文件夹内存放的是各种图纸和设计的模板，见表1.2。

7

Altium Designer 电路板设计与 3D 仿真

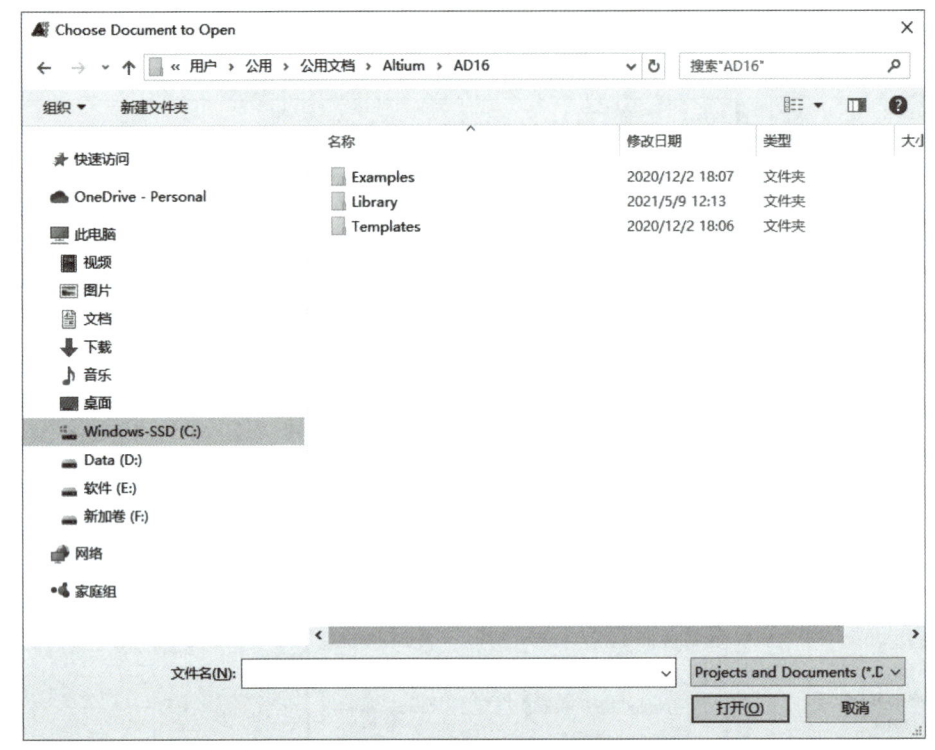

图 1.8 "Choose Document to Open" 窗口

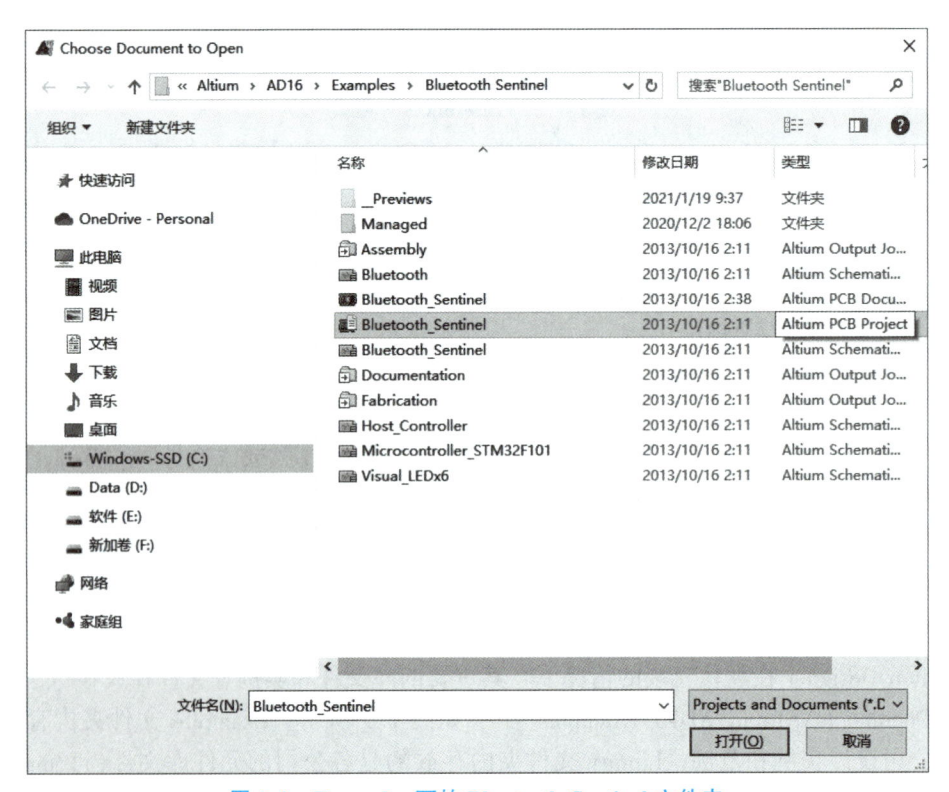

图 1.9 Examples 下的 Bluetooth Sentinel 文件夹

表 1.2　系统设计范例、模板和库文件夹

	文件夹	相关内容
1	Examples	Altium 公司设计实例和范例
2	Library	各公司的元件库文件
3	Templates	各种图纸和设计的模板
	默认安装目录为"C:\Users\Public\Documents\Altium\AD16\"。	

打开 Examples 下的 Bluetooth Sentinel 文件夹，其中有各种设计文档和管理及报表文件，如图 1.9 所示。一般选择工程管理文件 Bluetooth_Sentinel.PrjPcb，Altium Designer 就将此工程项目打开并显示，如图 1.10 所示。图中左边的工作面板"Projects"区显示了该工程中的各设计文档，双击相关文件即可打开此文件，图中打开了该工程项目中的原理图设计文件 Microcontroller_STM32F101.SchDoc。

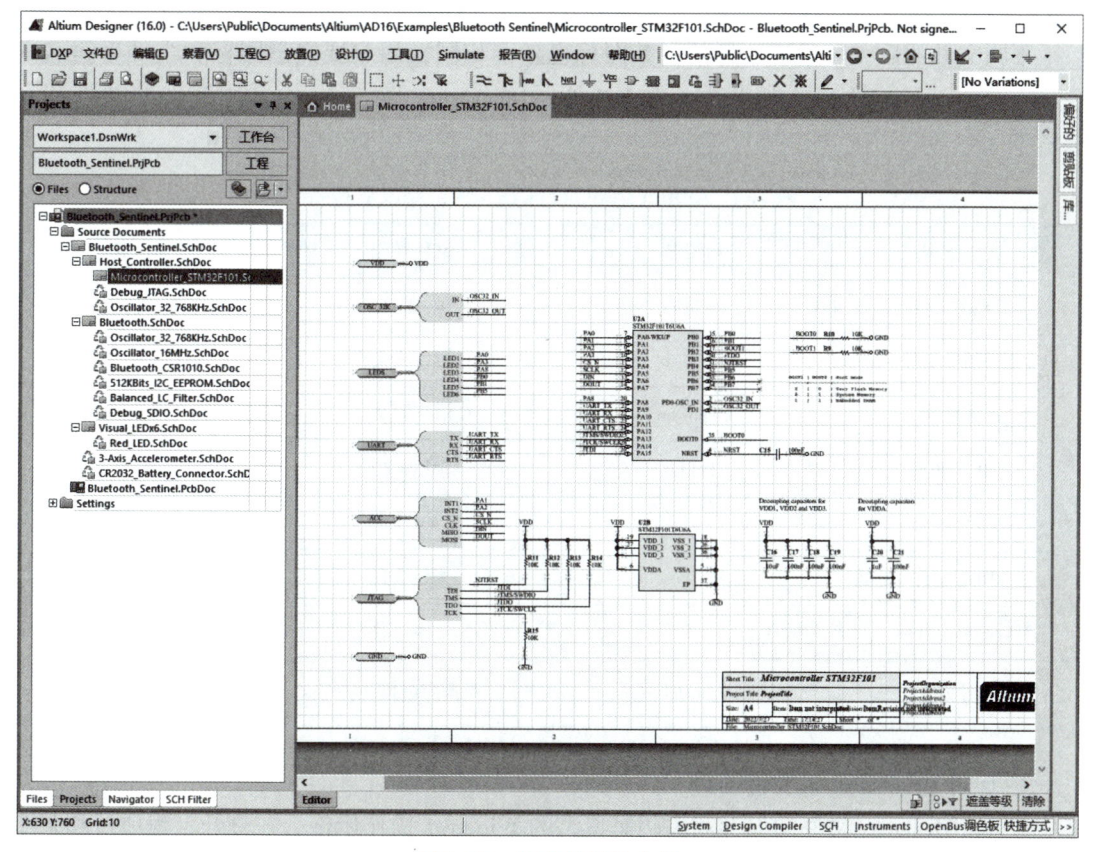

图 1.10　打开的设计文档

2. 工程文档类型

Altium 是集成化设计平台，可以设计电路原理图、PCB 板材和嵌入式源代码等一体化工程项目，因此 Altium Designer 提出了工程项目的概念，简称"工程"，即将某个工程项目从设计到工艺一整套文档统一管理，这些文档可以放在或不放在一个文件夹内，各文档的

联系由工程项目文件来链接,便于日后能够更清晰地阅读、更改和管理。当然建议用户在设计一个工程项目时,将各文档尽量放在同一文件夹内,如图1.9所示。

Bluetooth_Sentinel.PrjPcb 就是 PCB 工程项目的工程文件。Altium Designer 有多种工程类型,见表1.3。但在业界和高校里,Altium Designer 主要还是用于原理图设计和 PCB 设计。

表1.3 Altium Designer 的工程类型

工程类型	文件后缀名	主要链接文件
PCB 工程	PrjPcb	*.SchDoc、*.PcbDoc、*.IntLib、*.SchLib 和 *.PcbLib
FPGA 工程	PrjFpg	*.Vhd、*.V、*.Vhdl
核心工程	PrjCor	*.C
嵌入式工程	PrjEmb	*.C、*.Cpp、*.h;*.Asm
脚本工程	PrjScr	

不同文件的后缀名是不一样的,其图标也各不相同,用户要熟悉图标和文件后缀名的意义,做到一目了然,熟能生巧。表1.4所示为 Altium Designer 中常用文件的类型和后缀名。

表1.4 Altium Designer 常用文件类型及后缀名

文件类型	后缀名	文件类型	后缀名
原理图文件	.SchDoc	C++源文件	.Cpp
原理图库文件	.SchLib	C语言头文件	.C
PCB 文件	.PcbDoc	C语言源文件	.h
PCB 库文件	.PcbLib	ASM 源文件	.Asm
集成库文件	.IntLib	CAM 文件	.Cam
VHDL 文件	.Vhd	光绘文件	.Gerber
Ven.log 文件	.V	文本文件	.Txt
输出文件	.OutJob	数据库链接文件	.DBLink

3. 保存文档和保存工程项目

Altium Designer 文件的保存和关闭是典型的 Windows 操作风格,在打开工程项目和某个设计文档的状况下,保存该设计文档一般有以下几种方法:

(1)单击主菜单中的"文件"|"保存"或"保存为"命令。

(2)单击工具栏中的保存按钮 📄。

(3)在"Projects"面板中,单击目录结构中某个需保存的设计文档,然后单击鼠标右键,在弹出的快捷菜单下选择"保存"或"保存为"命令,如图1.11所示。

在 Altium Designer 系统中，未保存的设计文档或工程，在"Projects"面板的目录结构中，对应的文件名末尾会带个"＊"号，如图 1.11 中 Bluetooth_Sentinel. PrjPcb 文件名后的"＊"号，表示该文件有新的编辑操作且未保存。在保存操作完成后，该"＊"号就会消失。

图 1.11 在工作面板中右击设计文档后的快捷菜单

4. 关闭设计文档或工程项目

在设计完善后需要退出或关闭某个设计文档时，常规的方法也有如下几种，设计人员可根据个人的操作习惯和便捷性来关闭文档。

（1）直接单击系统主窗口右上角的关闭按钮 ✕。

（2）在"Projects"面板，单击目录结构中某个需保存的设计文档，然后单击鼠标右键，在弹出的快捷菜单中选择"关闭"命令。

（3）在工作窗口区，右击某个设计文档，然后在弹出的快捷菜单中选择对应的关闭命令，如图 1.12 所示。

① "Close Microcontroller_STM32F101. SchDoc"：此命令是关闭当前设计的文档。
② "Close Schematic Documents"：此命令是关闭所有打开的原理图设计的文档。
③ "关闭其余所有文档"：此命令是关闭除当前设计文档以外的所有其他的设计文档。
④ "关闭所有文档"：此命令是关闭所有设计的文档，主工作窗口完全清空。

选择关闭命令后，系统弹出是否保存工程的窗口，如图 1.13 所示，提醒设计人员是否保存工程项目文件，一般情况下单击"Yes"按钮。

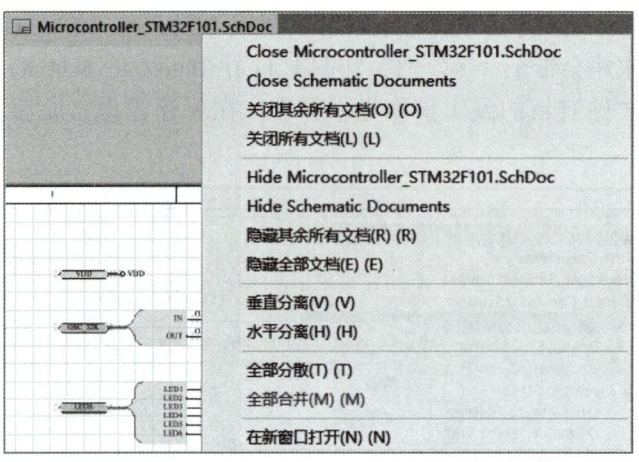

图1.12　在工作窗口区右击设计文档后的快捷菜单

图1.13　是否保存提醒窗口

1.2.3　系统自动备份设置

Altium Designer 系统为匹配不同的设计和应用的需求，防止设计过程中不可预估的系统崩溃或停电等原因而导致设计文件丢失等情况，在系统中可配置系统自动备份。

1. 打开系统自动备份

Altium Designer 系统的自动备份默认是关闭的，建议工程设计人员在使用时将该功能打开。当然该功能打开后系统自动地定时将设计文档备份到相关路径，如默认安装路径情况下，备份路径为"C:\Users\XXX\AppData\Roaming\Altium\Altium Designer\Recovery\"，长期在系统盘备份要注意数据的冗长，要定期清除和整理。

单击主菜单中的"DXP"|"参数选择"命令，在弹出的"参数选择"窗口中单击左侧目录结构中的"Data Management"|"Backup"选项，然后在右侧的设置栏目"自动保存"下，勾选"自动保存每..."复选框，如图1.14所示。默认自动保存的时间为30分钟，保存的版本数为5个。保存路径根据需要可自行设置。

2. 设置本地历史

Altium Designer 每次手动保存设计文件时，在完成正常的保存工程项目文档和设计文档的同时，都会在当前工程的 History 文件夹中，以压缩文件 zip 的方式自动生成一个文件的副本。当原设计文档被破坏或丢失后，可在 History 文件夹查找备份文件。History 文件夹中的数据追溯期默认是7天，可单击主菜单中的"DXP"|"参数选择"|"Data Management"|"Local History"命令进行设置，如图1.15所示。History 文件夹中的数据有时也会过于冗长，在能保证设计文档安全、完整的情况下，也要定期清除和整理 History 文件夹中的数据。

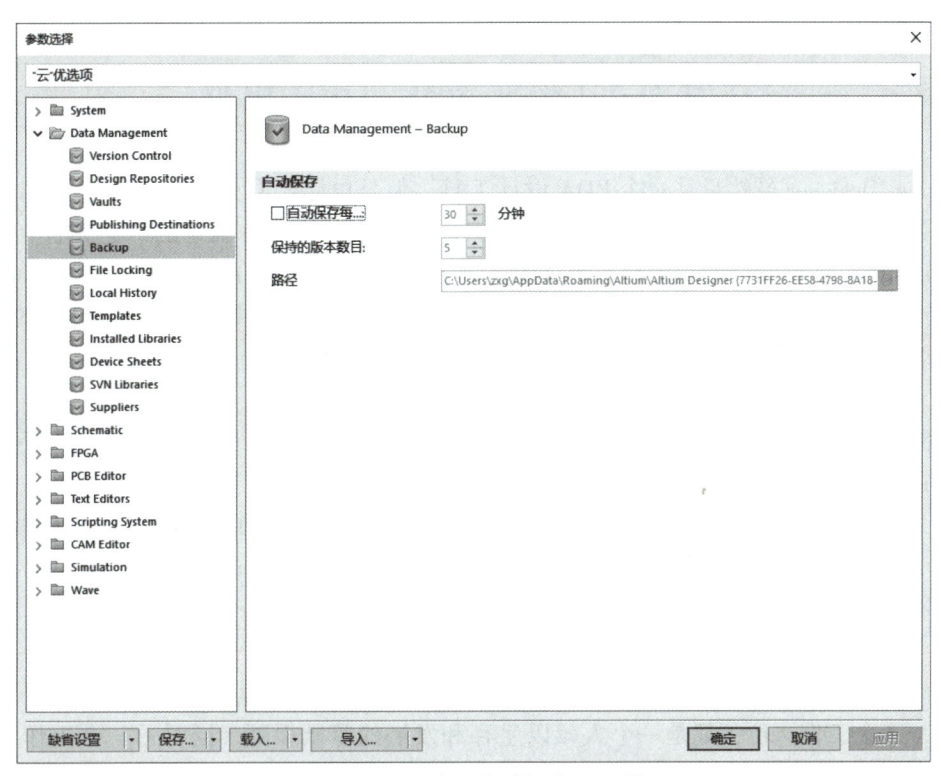

图1.14　系统"自动保存"设置

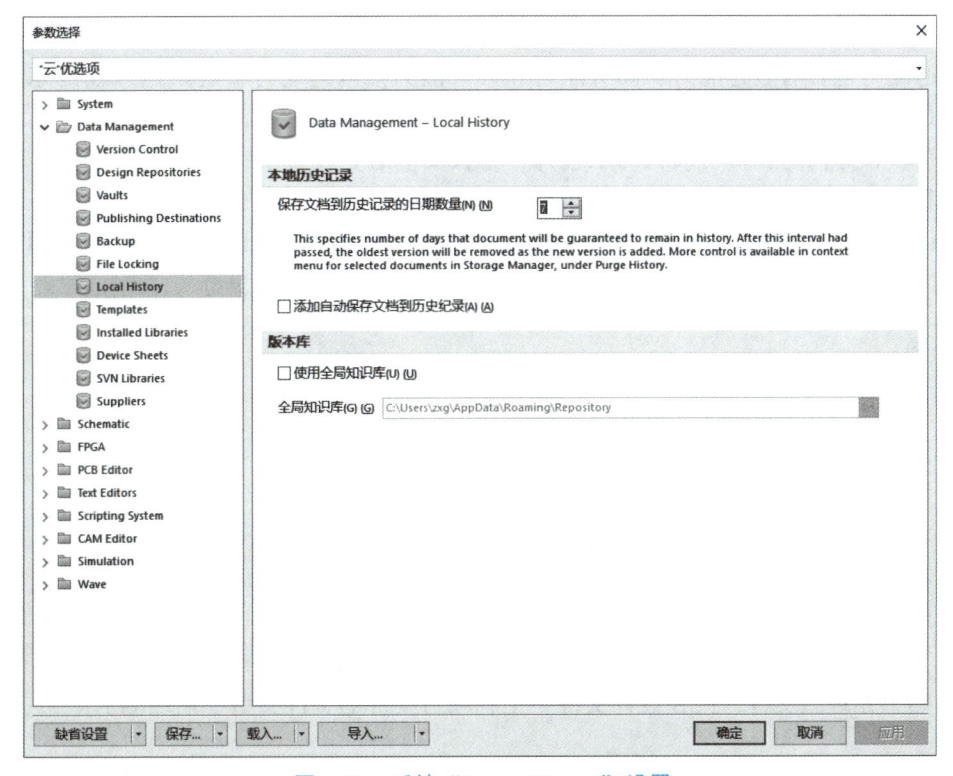

图1.15　系统"Local History"设置

任务 1.3 职业素养与爱岗敬业

Altium Designer 虽然只是一个 EDA 设计工具，但是电路不只是科学、技术、工艺的综合体，更是工程师或技术员经过精密构思、严谨操作、软件硬件结合的"艺术品"。使用 Altium Designer 软件的一般是业界硬件工程师、LayOut 工程师或 PCB 设计工程师，他们是设计到产品的创作者，所以硬件工程师的职业素养和工作能力往往决定了产品性能的层次。

一般要求的职业素养包括以下几点。

1. 责任心

电路设计包含设计原理、器件选择、封装、物料保管、加工工艺、装配、品管等众多环节，在现代化的设计和流水化生产的今天，如此多的工序和环节是不可能仅由一个人去完成的，因此，每道工序的实操者的责任心就尤为重要。而硬件工程师不是一般的操作者，是综合考虑功能实现、成本、生产工艺、EMC、美观等多种因素的创作者，但是实现的过程往往不会一帆风顺，此时责任心就是最重要的因素。

2. 爱岗敬业

爱岗和敬业，互为前提，相互支持，相辅相成。"爱岗"是基石，"敬业"是升华。一份职业，一个工作岗位，都是一个人赖以生存和发展的基础保障。同时，一个工作岗位的存在，往往也是人类社会存在和发展的需要。所以，爱岗敬业不仅是个人生存和发展的需要，也是社会存在和发展的需要。

3. 沟通能力与团队合作精神

沟通能力包含着表达能力、倾听能力和设计能力。沟通能力看起来是外在的东西，而实际上是个人素质的重要体现，它关系着一个人的知识、能力和品德。电路设计工程师需要和同事、领导沟通；负责项目的工程师，不仅要和客户反复有效地沟通，还需要协调团队工作和各种资源，并和其他岗位的人员紧密配合。对于整个项目要了然于心，合理安排各个子任务的发布时间，对于可能出现的技术难题和风险有恰当的估计和控制。因此，一名优秀的 PCB 工程师，一定要具备优秀的沟通能力和全局控制的能力。

项目训练

1. 从桌面启动 Altium Designer。
2. 从开始菜单启动 Altium Designer。
3. 浏览 PCB 论坛：www.PCBbbs.com。
4. 将 Altium Designer 系统的语言设置为中文/英文。
5. 将 Altium Designer 的自动备份设置为 15 分钟，存放路径为"D:\PCB\"。
6. 将本地历史 History 文件夹备份时间设置为 3 天。
7. 熟悉、查找 Altium Designer 系统的 Examples、Library 文件夹的路径。
8. 熟悉原理图文件、PCB 设计文件、工程项目文件的文件类型（后缀名）。

项目 2

简单电路原理图设计

电路图分为电路原理图、框图、装配图和印制电路板等形式，电路原理图设计是最基础和最重要的工作，一般电路工程项目中会有多张电路原理图。原理图设计要有层次、直观且清晰，尽量将各功能部分模块化。图纸要标注正确，并且要科学和美观。本项目主要讲解原理图设计界面的基本操作与应用，以使读者熟悉各功能的应用。

知识技能素养导航	知识了解	原理图设计的基本步骤
	知识熟知	原理图设计界面的参数设置
	技能掌握	原理图库文件的调用管理；元器件的放置与连线；元件属性的编辑
	技能高手	视图缩放与移动的快捷操作；元件放置与连线的快捷操作
	职业素养	责任心、爱岗敬业、精益求精、有效沟通、团队合作

任务 2.1 熟悉原理图设计界面基础操作

2.1.1 电路原理图的设计步骤

电路设计都是从原理图开始，将物理上的逻辑关系转变成电路中元器件的集合和连接关系。使用 Altium Designer 设计原理图时要经过如图 2.1 所示的几个步骤，使电路图规范、美观、有序且清晰。

新建工程和原理图文件 → 设置图纸大小和环境编辑参数 → 加载原理图库文件 → 放置元件及调整位置 → 放置导线和网络名 → 编辑元件的属性 → 电气规则检查 → 添加文本、图案导出网络表

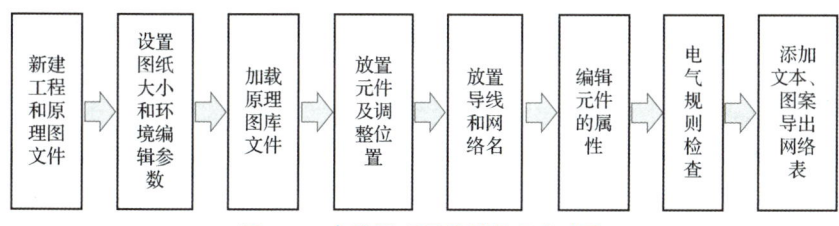

图 2.1 电路原理图设计的几个步骤

1. 新建工程和原理图文件

Altium Designer 作为电路设计和 PCB 设计的软件，因功能强大且复杂，所以工程技术人员在绘制原理图时应该养成良好的操作习惯。首先新建工程项目（Project），然后在此工程项目中新建相应的原理图文件并命名。一般不推荐使用 Altium Designer 默认的工程项目名和原理图文件名，即默认的原理图文件名名字是"Sheet1. SchDoc""Sheet2. SchDoc"。这种文件名不能望名思意，建议大家使用直观的名字，如"Power""DC – AC"等，或直接用中文命名。Altium Designer 支持使用中文命名文件名，如电源的原理图就可以命名为"12 V 转5 V 电源. SchDoc"。

2. 设置图纸大小和环境编辑参数

原理图设计前为了更好地显示元件的放置及移动等操作，一般要根据项目和电路的复杂程度对图纸大小、方向、标题栏及颜色等加以设置，使原理图的设计更加方便且合理。

3. 加载原理图库文件

原理图使用的元器件因种类繁多，各元件制造商的元器件也不尽相同，因此在放置元器件之前要加载对应公司的元件库文件包。有些元器件因没有现成的原理图库文件包，则其原理图库文件需提前设计。

4. 放置元件及调整位置

根据电路的实际需求和应用从原理图库中选择不同的元器件放置到原理图中，然后根据需要将元器件进行移动、旋转、镜像等操作。

5. 放置导线和网络名

在原理图中，电路的逻辑关系是通过导线连接或网络来实现的，使电原理图符合设计的电气功能。

6. 编辑元件的属性

这一步主要修改元件在电路中的序号和参数值，比如电阻 R1 为 10 kΩ、C10 为 10 μF等。

7. 电气规则检查

根据校验规则检测设计的原理图有无错误，并对出错的内容进行修改和调整。

8. 添加文本、图案导出网络表和元件清单

原理图设计完毕后，根据电路设计需求或需要导出网络表，或需要添加一些文字说明、图案等美化和标注工作。也可以使用各种报表工具生成原理图文件的报表文件。

2.1.2　原理图设计界面

根据项目 1 的讲解，Altium Designer 软件主要有主菜单、主工具栏、工作面板区和文件编辑区，图 2.2 所示为 Altium Designer 自带的范例文件 Bluetooth Sentinel 中某个原理图文件。

1. 主菜单

Altium Designer 的主菜单是典型的 Windows 界面的菜单形式，如图 2.3 所示为其在原理图设计界面下的主菜单。下面对主菜单的命令做简要的介绍，具体的各条命令和功能在后续的应用中讲解。

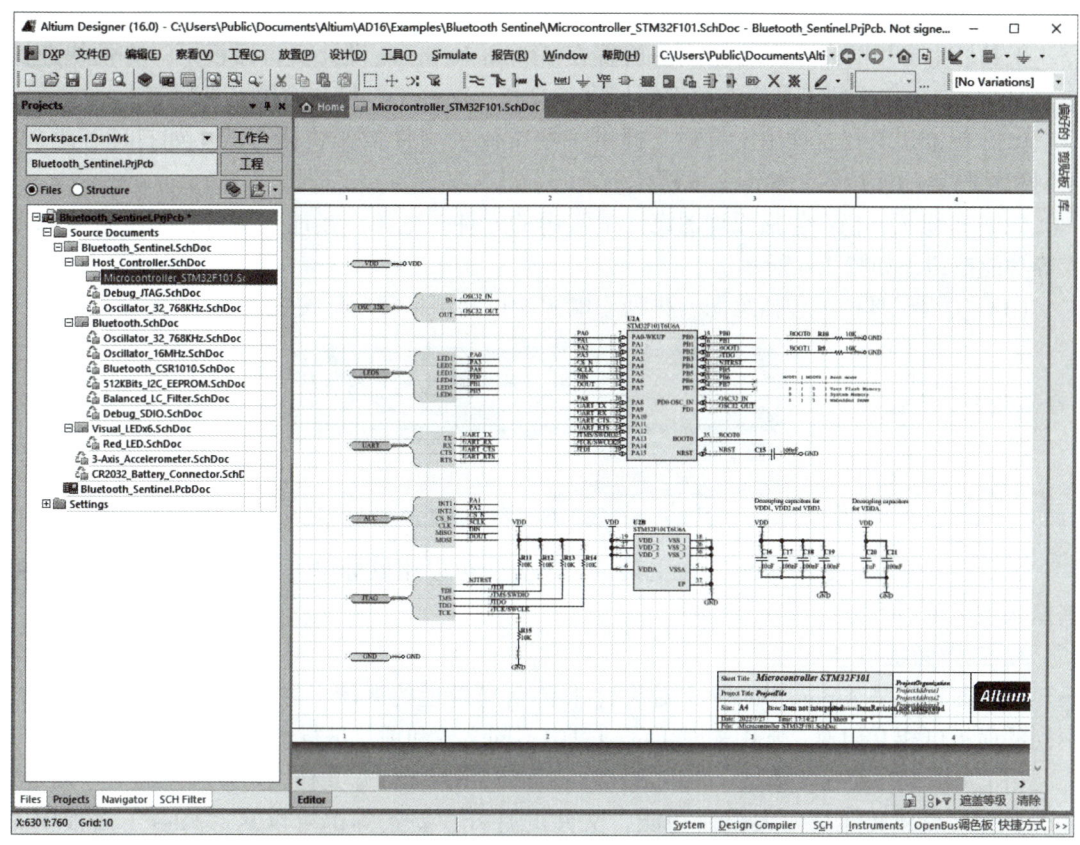

图 2.2　原理图设计编辑界面

图 2.3　原理图设计界面的主菜单和主工具栏

（1）"文件"菜单：主要用于文件的新建、打开、关闭、保存与打印等操作。

（2）"编辑"菜单：用于对象的选取、复制、粘贴与查找等编辑操作。

（3）"察看"菜单：用于视图的各种管理，如工作窗口的放大与缩小，各种工具、面板、状态栏及节点的显示与隐藏等。

（4）"工程"菜单：用于与工程有关的各种操作，如工程文件的打开与关闭以及工程的编译及比较等。

（5）"放置"菜单：用于放置原理图中的各种组成部分，如元器件、导线。

（6）"设计"菜单：用于对元件库进行操作和生成网络报表等操作。

（7）"工具"菜单：可为原理图设计提供各种工具，如元件快速定位等操作。

（8）"自动布线"菜单：用于 PCB 设计时的快速、自动布置走线等操作。

（9）"报告"菜单：可进行生成原理图中的各种报表的操作。

（10）"Window"（窗口）菜单：可对窗口进行各种操作。

（11）"帮助"菜单：帮助菜单。

2. 工具栏

工具栏将常用的命令和功能按钮放置在 Altium Designer 设计窗口面板下，方便快速操作。Altium Designer 的工具栏有原理图标准工具栏、布线工具栏和实用工具栏等。

（1）标准工具栏：即主工具栏，提供一些常用的文件操作快捷方式，如打印、缩放、复制和粘贴等功能按钮，如图 2.3 所示。

（2）布线工具栏：包括原理图设计中常用的元件、电源、接地、端口、图纸符号和布线等功能按钮，如图 2.4 所示。

（3）实用工具栏：包括绘图、排列、电源端口和栅格等功能按钮。

图 2.4　布线工具栏和实用工具栏

工具栏常规状态是"吸附"在主菜单栏下方，可以用鼠标单击并按住将其拖出，或将其拖入主菜单栏下方。

3. 工作面板

工作面板区是 Altium Designer 对设计平台全局管理的区域，主要有 4 个面板标签项，不同的面板可相互切换，常用来对工程项目中不同文件和项目进行管理。

（1）"Files"面板：集成了 Altium Designer 常用的"打开文档""打开工程""新的"和"从模板新建文件"四大模块功能，文件的打开、新建等都可以从"Files"面板中完成，如图 2.5 所示。

图 2.5　"Files""Projects"面板

（2）"Projects"面板：显示打开工程的目录结构和文件结构，如图2.5所示。
（3）"Navigator"面板：显示原理图分析和编译后的相关信息，通常用于原理图。
（4）"SCH Filter"面板：用于设计原理图时过滤显示相应元器件，如图2.6所示。

图2.6 "Navigator" "SCH Filter" 面板

4. 图纸编辑区

图纸编辑区即显示、编辑图纸的区域，元器件和导线等构成的原理图在此区域中显示。

5. 状态栏

整个原理图设计界面的最底部是当前功能和状态的显示区，如显示光标或元器件当前的坐标点，如图2.6所示，显示为"X：0 Y：550 Grid：10"，表示当前鼠标的位置为（0,550），栅格为10，一般原理图设计或编辑时栅格的默认单位为10。

2.1.3 视图操作

在原理图设计界面中对原理图进行设计和编辑时经常要用到视图操作命令，完成将图纸区放大、缩小或移动等操作。常规的方法有菜单命令、工具栏按钮和快捷键三种方法。

单击主菜单中的"察看"命令，系统弹出菜单如图2.7所示。这里主要介绍常用的几个命令。

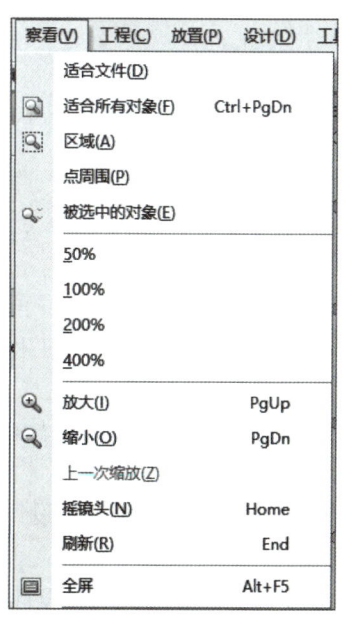

图2.7 主菜单的"察看"菜单

（1）"适合文件"：该操作在工作窗口中显示整个原理图，包括所有元件、标题栏和边框。

（2）"适合所有对象"：用来观察整张原理图中所有的元器件和文本等，但不包括标题栏和边框。在主工具栏上有个对应的适合所有对象的功能按钮 🔍。

（3）"放大"：放大显示比例，以光标为中心放大图纸。放大操作也可以用常用的快捷键操作，快捷键是 PgUp。

（4）"缩小"：缩小显示比例，以光标为中心缩小图纸。缩小操作也可以用常用的快捷键操作，快捷键是 PgDn。

（5）"50%"等，直接将图纸显示为 50%、100%、200%、400% 等的比例。

更常用的操作技能是在原理图设计时采用左手键盘与右手鼠标操作来实现视图的放大、缩小及上下左右的滚动，对应的快捷键见表 2.1。

表 2.1 视图操作的快捷键

功能	快捷键盘	鼠标操作
图纸放大/缩小	PgUp/PgDn	Ctrl + 滚轮滚动
图纸上下移动		滚轮滚动
图纸左右移动		Shift + 滚轮滚动
看图纸全局	Ctrl + PgDn	

> 使用快捷键是电路设计工程中大大提高效率的方法，远比单击主菜单和工具栏来实现相应的功能要更快、更方便。熟练的用户都是左右手一起操作，快捷键和鼠标操作轮番上阵，三下五除二，杂乱的元件堆就变成了规则有序的电路图，读者在练习中应逐步强化快捷键的操作。

任务 2.2　+5 V 集成稳压电源电路图的设计

熟悉了 Altium Designer 的基本界面和操作后，我们将从设计 +5 V 集成稳压电源电路图开始讲述 Altium Designer 工程项目的新建、原理图新建和电路设计编辑等的方法和过程。

2.2.1　新建工程文件

工程文件是整个电路设计过程中的原理图文件、原理图库文件、PCB 设计文件、封装库文件与生产文件等管理文件。如没有工程文件，上述各文件之间就不能数据交换，如图 2.8 所示为工程文件与各设计文件的关系。

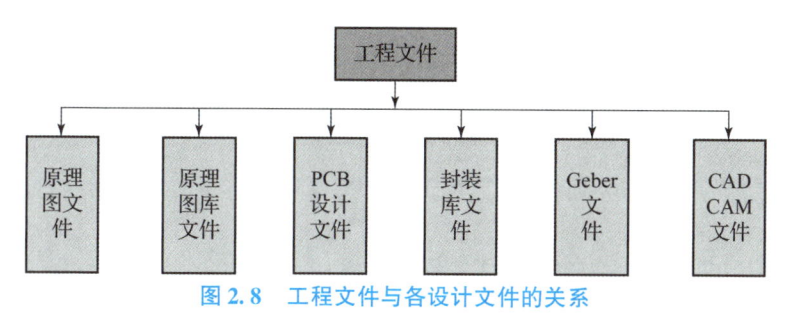

项目 2　简单电路原理图设计

图 2.8　工程文件与各设计文件的关系

单击主菜单中的"文件"|"New"|"Project..."命令，或者单击工作面板区的"Files"|"从模板新建文件"|"PCB Projects..."命令，如图 2.9 所示，系统弹出"New Project"窗口，如图 2.10 所示。

图 2.9　从菜单和工作面板新建工程文件

在"New Project"窗口中，要设置以下参数。

◆ "Project Types"：设置工程文件的类型。"PCB Project"为 PCB 工程，"FPGA Project"为 FPGA 工程，"Core Project"为核心工程，"Embedded Project"为嵌入式工程，"Intergrated Library"为集成库，"Script Project"为脚本工程。本项目选择"PCB Project"。

◆ "Project Templates"：工程项目的模板，这里选"Default"（默认）。Altium Designer 内置了常用的原理图图纸和 PCB 板的尺寸和接插口等参数，如通用 AT 主板和 PCI 插卡等，方便工程技术人员进行标准化设计。

◆ "Name"：输入 PCB 工程文件的名称，图中默认为 PCB_Project，建议改成比较直观的名字，默认的 PCB_Project1 及 PCB_Project2 时间长了就不能望文思意，这里命名"Power-5V.PrjPcb"。

◆ "Location"：存放的位置，一般要存放在某个文件夹内，不要存放在默认位置。

21

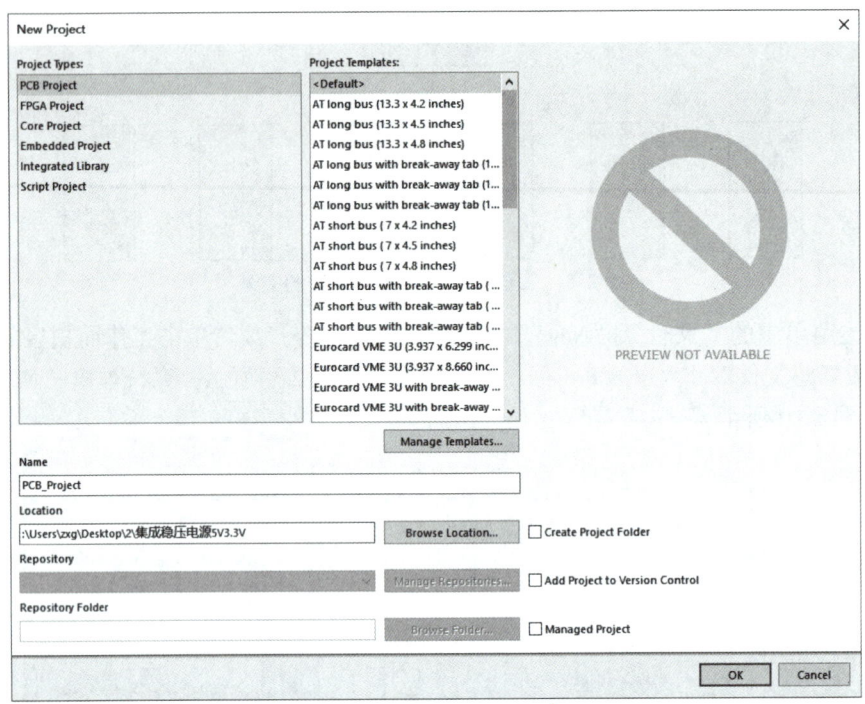

图 2.10 "New Project" 窗口

存放的路径和位置可通过单击"Browse Location…"按钮加以设置。工程文件的类型、名称以及存放路径，设置完毕后，单击"New Project"窗口右下方的"OK"按钮，系统完成工程文件 Power–5 V.PrjPcb 的创建，并在"Projects"面板中呈现出来，如图 2.11 所示。工程文件在文档目录结构中处于根目录的位置。

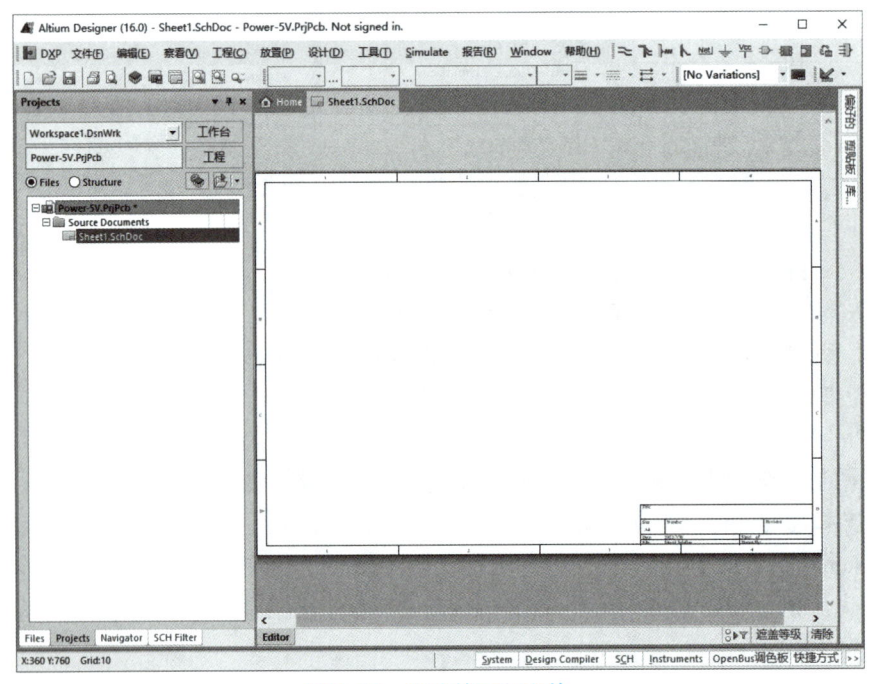

图 2.11 新建的工程文件

2.2.2 新建原理图

工程项目文件如 Power-5V.PrjPcb 只是一个管理文件，负责此工程项目内各设计文档的管理和链接。它不是某设计的技术文档，一般 PCB 设计的技术文档包括原理图文件、PCB 文件和库文件等。有了工程项目文件后就可以在此工程项目下新建或增加相关的技术文档。我们在 Power-5V.PrjPcb 工程下新建一个空的原理图文件。

1. 新建原理图文件

单击工作面板"Projects"下的"Power-5V.PrjPcb"文件，选择此工程，然后单击主菜单中的"文件"|"新建"|"原理图"命令，就会在 Power-5V.PrjPcb 工程下增加一个原理图文件，默认的名字为"Sheet1.SchDoc"，如图 2.11 所示。也可以单击工作面板区的"Files"|"新的"|"Schematic Sheet"命令新建，或直接单击在主工具栏的 ▯ （新建）按钮来创建新的原理图文件。

2. 保存原理图文件

新建的原理图文件默认的名字为"Sheet1.SchDoc"，再新建一个原理图文件时则默认的名字为"Sheet2.SchDoc"，以此类推。建议将原理图文件命名为直观、简洁的名字。

单击选择需保存的原理图文件，如单击"Sheet1.SchDoc"文件，该文件被选中并以蓝色背景加以显示，然后单击工具栏中的"保存"按钮，在弹出的"Save"窗口中选择文件存放的路径，输入文件的名字后单击"保存"按钮加以保存，如图 2.12 所示。

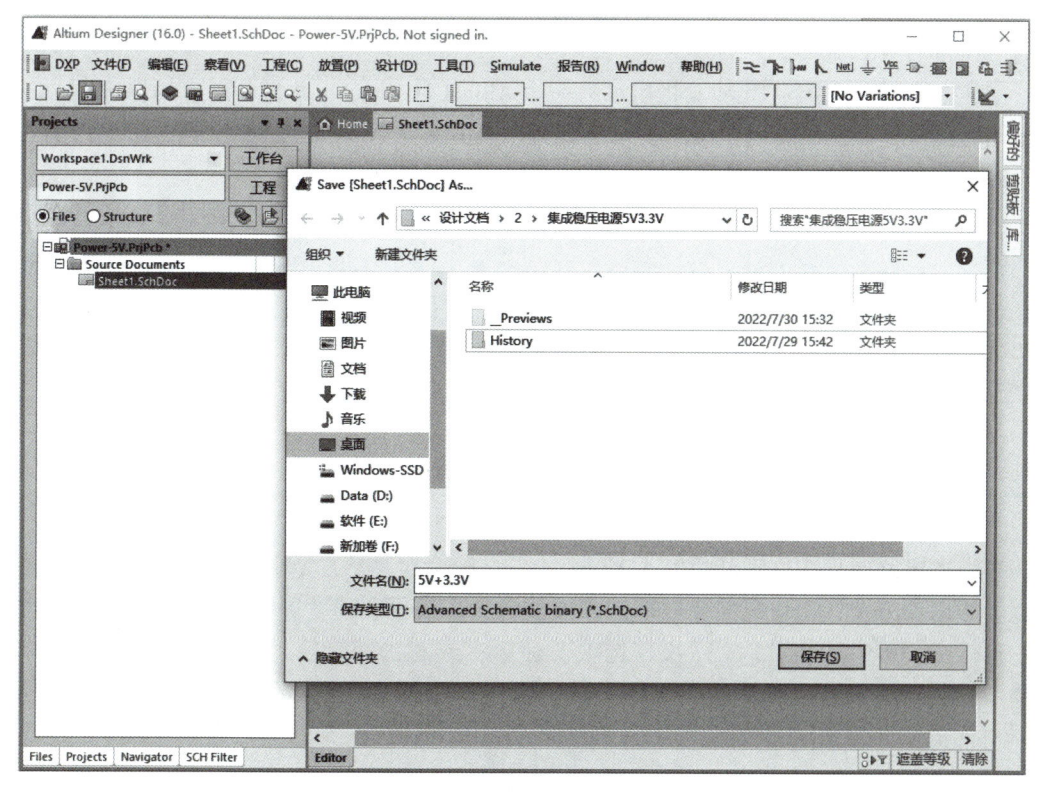

图 2.12 保存原理图窗口

3. 原理图文件标签

在 Altium Designer 的原理图操作界面下每打开一个原理图文件就会在图纸上方增加一个该原理图的标签，打开多个文件就会有多个原理图标签，方便用户观察和切换打开的文件。

单击文件编辑窗口区左上角的原理图文件名，然后右击鼠标，系统会弹出文件标签快捷菜单，如图 2.13 所示。可以在快捷菜单中选择保存、关闭、隐藏文件或多个文件的水平或垂直分离显示等功能。

（1）关闭文件：可以选择关闭原理图文件、原理图窗口、其余所有文档和所有文档。

（2）保存原理图文件：将该原理图文件保存到硬盘中，建议在电路设计中经常保存原理图，以免数据丢失。

（3）隐藏：隐藏打开的原理图，隐藏后原理图打开在计算机的内存中，只是在 Altium Designer 的原理图设计界面不显示而已。要再次显示时，可双击原理图设计界面左边工作面板中对应的原理图文件的名称即可。

（4）视图窗口的分散、分割与合并：分散和分割就是将窗口图纸区分成两个或多个显示区，可同时显示多个原理图文件。分散分割显示后，如想单独显示一个原理图文件，可用鼠标右击该文件的标签，然后单击菜单中的"全部合并"命令。

图 2.13　文件标签快捷菜单

（5）在新窗口打开：此功能将启动另一个 Altium Designer，并打开对应的原理图。不推荐采用此功能，因为 Altium Designer 系统庞大，打开多个 Altium Designer 会更多地占用 CPU 等资源。

> 电路设计一般是交互设计的过程，比如通常需要根据设计要求设计原理图、根据原理图设计 PCB 电路板等。用户要同时查看多张图纸，这时一般要求 Altium Designer 支持双显示器显示。如果没有双显示器则可以使用垂直或水平并排显示功能。

2.2.3　图纸设置

在进入电路原理图编辑环境时，Altium Designer 会自动给出默认的相关参数，一般不必设置。为操作方便，用户只需要根据工程项目的大小及复杂程度等因素来设置图纸的参数。

执行主菜单中的"设计"|"文档选项"命令，或右击编辑窗口，在弹出的快捷菜单中选择"选项"|"文档选项"或"文件参数"命令，如图 2.14 所示，系统会打开"文档选项"对话框，如图 2.15 所示。

图 2.14 在快捷菜单中选择"选项"|"文档选项"命令

图 2.15 "文档选项"对话框

"文档选项"对话框中有 4 个选项卡,分别为"方块电路选项""参数""单位"和"Template",在"方块电路选项"选项卡中有以下几项参数可设置。

1. 图纸大小

在"方块电路选项"选项卡中单击"标准风格"右边的下拉按钮,在下拉列表中选择合适的图纸尺寸。图 2.15 中所示选择的是 A4 大小的图纸,然后单击"确定"按钮加以确认。

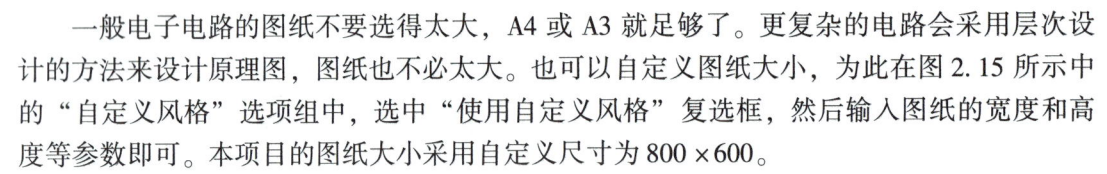

一般电子电路的图纸不要选得太大，A4 或 A3 就足够了。更复杂的电路会采用层次设计的方法来设计原理图，图纸也不必太大。也可以自定义图纸大小，为此在图 2.15 所示中的"自定义风格"选项组中，选中"使用自定义风格"复选框，然后输入图纸的宽度和高度等参数即可。本项目的图纸大小采用自定义尺寸为 800×600。

2. 图纸的标题栏、方向和颜色

在"方块电路选项"选项卡中，还可以设置图纸的其他参数，如方向、标题栏和颜色等，这些可以在左侧的"选项"选项组中完成，如图 2.15 所示。

（1）图纸方向：在"方块电路选项"选项卡中，单击"定位"右边的下拉按钮，可选择横向（Landscape）或纵向（Portrait）。

（2）图纸标题栏：图纸的标题栏是对设计图纸的附加说明，可以在此栏目中对图纸做简单的描述，包括名称、尺寸、日期和版本等，也可以作为日后图纸标准化时的信息。勾选"标题块"复选框，可选择标准格式（Standard）或者美国国家标准格式（ANSI）。

（3）图纸颜色：单击"方块电路颜色"（即图纸底色）右边的颜色框，会弹出"选择颜色"对话框，选中某一颜色即可，Altium Designer 默认的图纸颜色是淡的黄白色。

3. 栅格与捕捉

在进入原理图编辑环境后可以看到编辑窗口的背景是网格形的，这种网格被称为"栅格"。在原理图的绘制过程中栅格为元器件的放置、排列和线路的连接带来了极大的方便，使操作者可以轻松地排列元器件和整齐地走线，极大地提高了设计速度和编辑效率，使电路图更加美观。

（1）设置栅格：为打开或关闭栅格，可勾选如图 2.15 所示对话框中"栅格"选项组中的"可见的"复选框，并设置栅格的单位，系统默认的单位为 10 个像素。若取消勾选该复选框，图纸上将不显示栅格。

（2）设置捕捉：捕捉用来与栅格配合使用，当捕捉打开后，鼠标的移动是以"捕捉"中设置的步长为单位的，图 2.15 所示对话框就是一步 10 个单位像素；当捕捉关闭时，鼠标的移动就是以 1 个像素为最小单位。对于"捕捉"的打开设置，可勾选图 2.15 所示对话框中"栅格"选项组中的"捕捉"复选框，并设置捕捉的步长；若取消勾选，则关闭"捕捉"功能。

（3）电栅格：勾选"使能"复选框，表示启用电气栅格功能。在绘制连线时，系统会以光标所在位置为中心，"电栅格"中的设置值为半径，向四周搜索电气节点。如果在搜索半径内有电气节点，光标将自动移到该节点上并在该节点上显示一个亮圆点，对于搜索半径的数值，用户可以自行设定。若未勾选该复选框，则表示取消系统自动寻找电气节点的功能。图 2.15 所示的"栅格范围"为 4 个单位像素。

> 若栅格和捕捉设置恰当，会大大提升原理图设计时的便捷性，能方便地捕捉到导线和元器件的引脚等。一般捕捉的步长要小于栅格的步长，"栅格范围"的步长要小于捕捉的步长。实际应用中可按快捷键"G"，使捕捉的步长在 1 个单位→5 个单位→10 个单位→1 个单位范围内循环跳变。栅格大小在系统的状态栏有显示。

2.2.4 元件库的管理

电路原理图就是各种元器件的逻辑连接，Altium Designer 作为一个专业的电子电路计算机辅助设计软件，包含了常用的各种元器件，元器件的分类叫"库"。Altium Designer 的元件库中的元器件数量庞大，分类明确，它采用下面两级分类方法。

（1）一级分类：以元器件制造厂家的名称分类。

（2）二级分类：在厂家分类下面以元器件种类（如模拟电路、逻辑电路、微控制器和 AJD 转换芯片等）进行分类。

用户若要在 Altium Designer 的元件库中调用一个所需要的元器件时，首先应该知道该元器件的制造厂家及其分类，以便在调用该元器件之前把含有该元器件的元件库载入系统。初学者一般使用 Miscellaneous Devices.IntLib（常用器件元件库）和 Miscellaneous Connectors.IntLib（常用接插件库）中的元器件。如要下载新的元件库，可以到 Altium Designer 官方库下载。表 2.2 为 Miscellaneous Devices.IntLib 库中的常用元器件的图形符号及名称。

表 2.2 Miscellaneous Devices.IntLib 库中的常用元器件

序号	元器件	符号	描述	序号	元器件	符号	描述
1	2N3904	Q3 2N3904	三极管 2N3904	6	Bell	LS1 Bell	电铃
2	2N3906	Q4 2N3906	三极管 2N3906	7	Bridge1	D2 Bridge1	桥堆
3	ADC-8	U1 ADC-8	ADC 模/数转换	8	Bridge2	D5 Bridge2	桥堆
4	Antenna	E1 Antenna	天线	9	Buzzer	LS2 Buzzer	蜂鸣器
5	Battery	BT1 Battery	电池	10	Mic1	MK2 Mic1	麦克风

续表

序号	元器件	符号	描述	序号	元器件	符号	描述
11	Motor	B2 Motor	电动机	21	Cap Pol1	C6 Cap Pol1 100pF	电解电容
12	Res Pack4	R3 Res Pack4 1K	排阻	22	D Schottky	D8 D Schottky	肖特基二极管
13	NPN	Q6 NPN	NPN三极管	23	D Zener	D7 D Zener	稳压二极管
14	PNP	Q7 PNP	PNP三极管	24	DAC-8	U2 DAC-8	数/模转换器
15	Res2	R2 Res2 1K	电阻	25	LED0	D4 LED0	发光二极管
16	RPot	R1 RPot 1K	电位器	26	Inductor	L1 Inductor 10mH	电感
17	Op Amp	AR1 Op Amp	运放	27	Dpy Amber-CA	DS1 Dpy Amber-CA	数码管
18	Photo Sen	D1 Photo Sen	光敏二极管	28	Fuse 1	F1 Fuse 1	保险丝
19	Cap	C3 Cap 100pF	无极性电容	29	SW-PB	S2 SW-PB	按钮
20	Diode	D6 Diode	二极管	30	SW-SPDT	S3 SW-SPDT	单刀双掷开关

续表

序号	元器件	符号	描述	序号	元器件	符号	描述
31	SW – SPST	S4 SW–SPST	单刀单掷开关	35	XTAL	Y1 XTAL	晶振
32	Triac	Q5 Triac	可控硅	36	Volt Reg	VR1 Vin Vout GND Volt Reg	稳压块
33	1N4001	D3 Diode 1N4001	二极管 1N4001	37	Trans Eq	T1 Trans Eq	变压器
34	SW – DIP4	S1 SW–DIP4	拨码开关	38	Fuse 2	F2 Fuse 2	保险丝

1. 打开"库"面板

Altium Designer 提供了元器件和库文件操作的"库"面板，如图 2.16 所示。"库"面板是 Altium Designer 中最重要的工作面板之一，用户应熟练掌握，并加以灵活运用。

打开该"库"面板一般常用如下操作。

（1）用鼠标单击系统界面右侧"库..."标签，此时会弹出一个"库"面板，如图 2.16 所示。

（2）单击主菜单中的"File"|"设计（D）"|"浏览库（B）"命令，弹出"库"面板。

"库"面板主要由以下几个部分组成。

（1）当前元件库：其中显示当前加载的所有元件库，单击右边的下拉箭头"▼"按钮可以显示所有元件库的信息。也可以单击选择对应的元件库。单击右边的"..."按钮可选择库的类型，分别有"器件""封装"和"3D 模型"3 种模式，一般绘制原理图时选择"器件"模式。

（2）元件过滤栏：用于搜索或过滤库中元件的名称，并在元件列表中显示。通配符"*"表示显示所有元器件。如要搜索和显示电阻 RES，可以在过滤栏中输入"R"，则在元件列表中显示所有以 R 开头命名的元器件。

（3）元件列表：显示所有符合搜索和过滤条件的元器件。

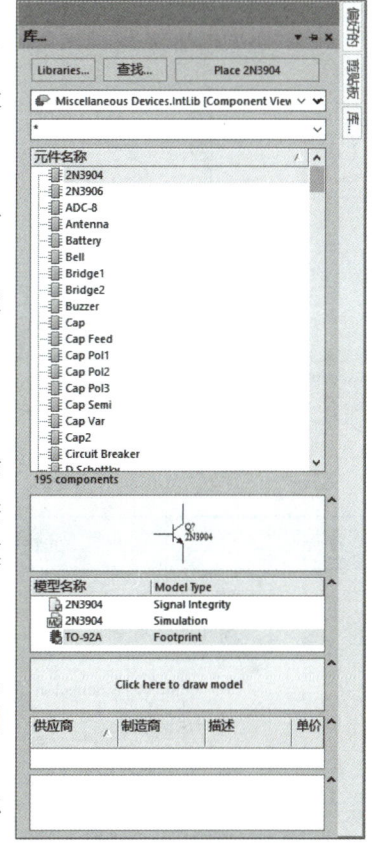

图 2.16 "库..."面板

(4) 元件原理图符号：显示所选元器件的原理图符号。

(5) 元件模型：显示所选元器件的 3D 模型和 PCB 封装模型等信息。

2. 加载元件库

虽然 Altium Designer 自带丰富的元件库和数量庞大元器件，但是实际应用时需要根据电路设计的需要加载和删除相应的元件库，以减少软件对电脑内存的使用。

单击主菜单中的"File"|"设计（D）"|"添加/移除库（L）"命令，或在"库"面板中单击"Libraries"按钮，系统弹出"可用库"窗口，如图 2.17 所示，从"可用库"窗口中的"Installed"选项卡中可以清楚地显示系统此时加载的元件库。如要加载元件库，则单击"安装"按钮，在弹出的快捷菜单中选择"Install from file..."命令，就会弹出"打开"对话框，从中寻找存放 Altium Designer 元件库的文件夹和元件库库文件即可。Altium Designer 系统默认安装条件下库文件是存放在"C:\Users\Public\Documents\Altium\AD16\Library\"目录下的，后缀名为".IntLib"，常用的元件库如表 2.3 所示，元件库文件后缀名如表 2.4 所示。

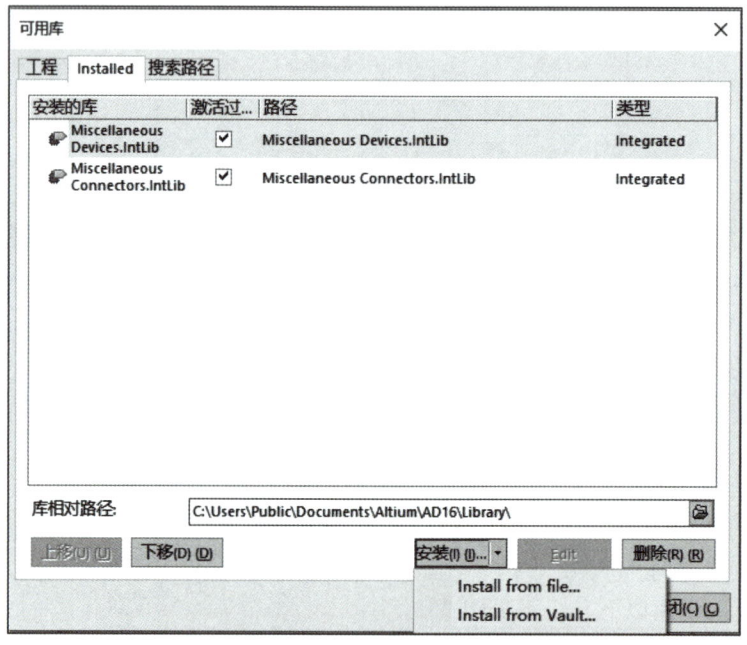

图 2.17 "可用库"窗口

表 2.3 常用的元件库

序号	元件库名称	包含元件
1	Miscellaneous Devices. IntLib 常用器件元件库	常用的电阻、电容、二极管、三极管、发光二极管、场效应管、运算放大器和开关等
2	Miscellaneous Connectors. IntLib 常用接插件库	各种端口和连接器
3	Atmel Microcontroller 8–16–Bit AVR XMEGA. IntLib	Atmel 8 位 AVR 单片机
4	RenesasTechnology \ Renesas Logic. IntLib	数字门电路和组合电路等

项目 2　简单电路原理图设计

表 2.4　元件库库文件后缀名

序号	元件库后缀名	包含元件
1	*.IntLib	集成元件库
2	*.SchLib	原理图元件库
3	*.PcbLib	元器件封装库

3. 卸载元件库

需要卸载相应的元件库时，只要在如图 2.17 所示"可用库"窗口中选中某个元件库，然后单击窗口右下角的"删除（R）"按钮即可。

2.2.5　放置与调整元件

根据原理图样图 2.18，从原理图库文件中查找对应元器件，并逐个放置到原理图编辑窗口区中。

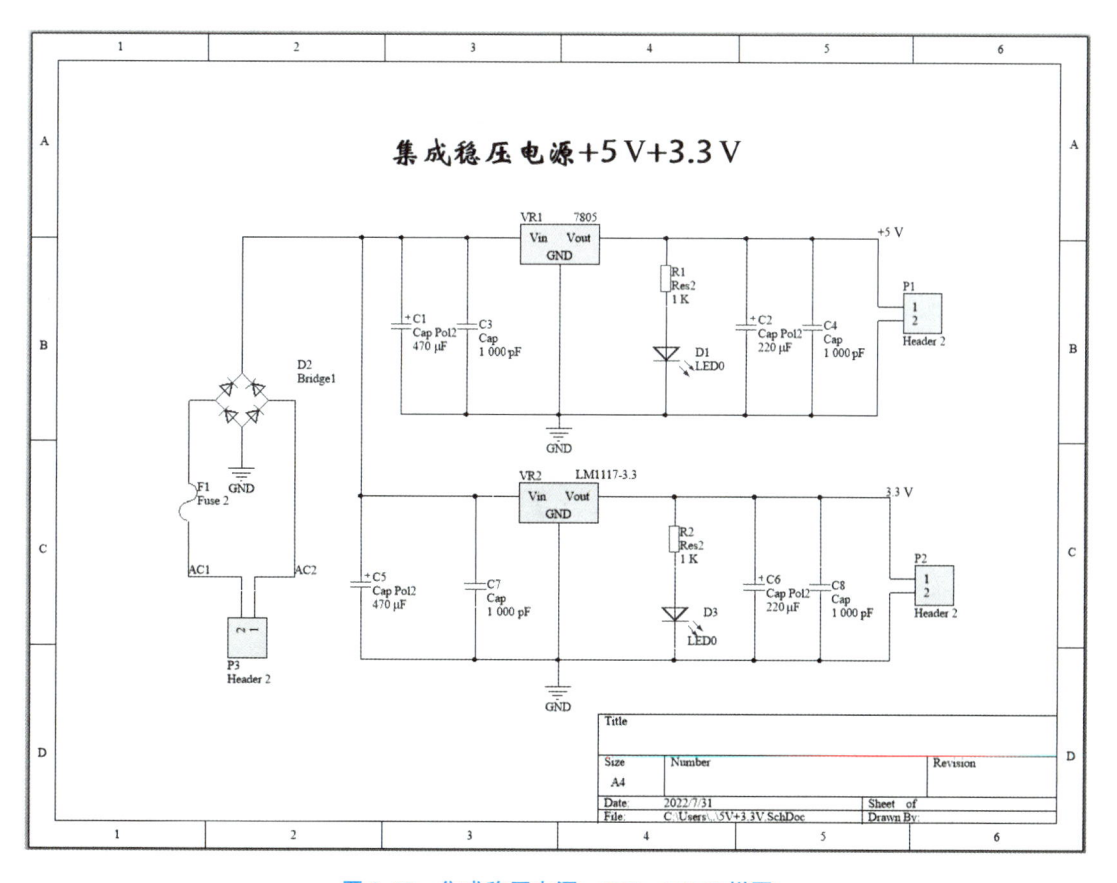

图 2.18　集成稳压电源 +5 V+3.3 V 样图

31

1. 放置元件

元件的放置最常用的方法是通过"库"面板来操作，具体步骤如下。

（1）单击系统界面右侧的"库..."标签，弹出"库"面板操作界面。

（2）选择相应的元件库，如这里选择 Miscellaneous Devices.IntLib 通用元件库。

（3）通过过滤栏和元件列表选择需要的元件。

（4）双击所选元件，然后将鼠标移动到左侧的图纸区域。这时鼠标会变成一个十字形状，跟随在十字鼠标旁会出现一个你所选元件的原理图符号，如图 2.19 所示。将鼠标移动到图纸适当处单击鼠标左键，则在图纸中放置了一个元器件。放置元器件后，系统仍处于放置元件的状态，此时可继续放置该元器件，若放置结束，单击鼠标右键或按键盘上的 Esc 键结束元件的放置。

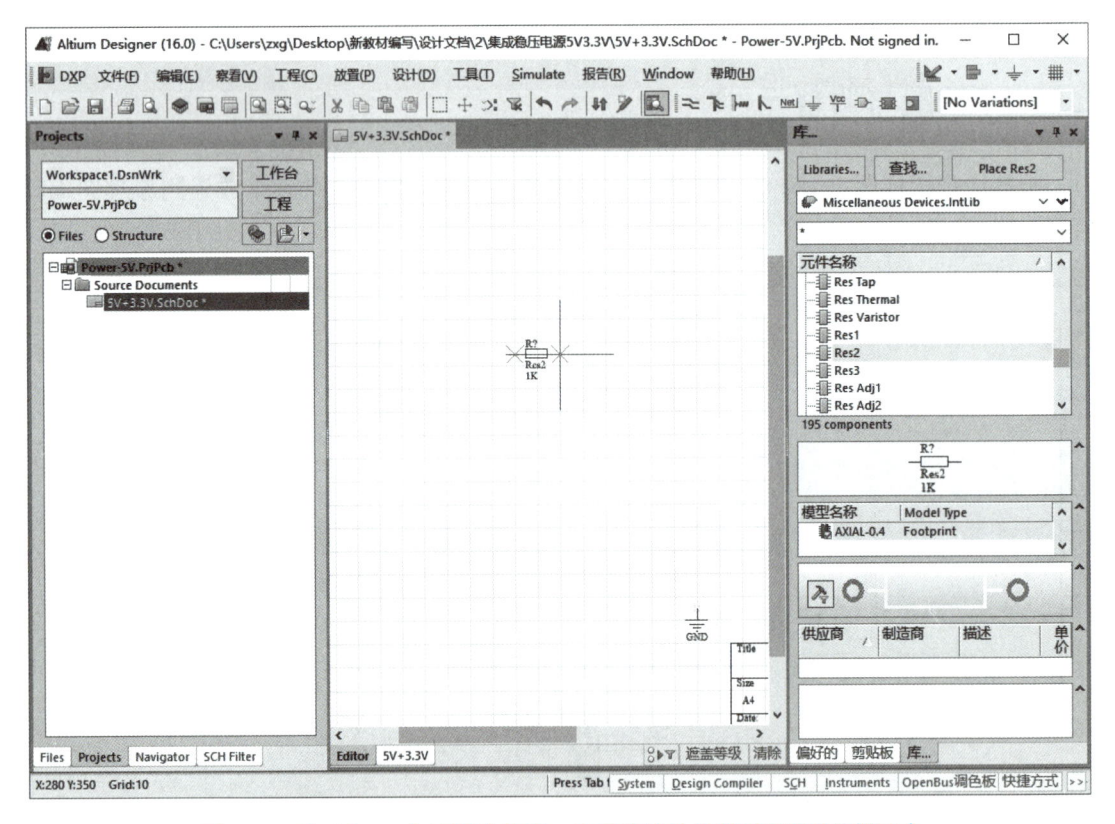

图 2.19 从"库..."面板中拖出一个元器件并放置到原理图编辑区中

重复以上步骤，将原理图中各元器件都放置到位。

放置元器件也可以通过单击主菜单中的"放置（P）"|"器件（P）"命令或单击工具栏中的"器件（P）"按钮 来实现，系统弹出如图 2.20 所示的对话框，在其中可以选择已经放置的元器件，或单击"选择"按钮，在弹出的"浏览库"窗口中选择元件库并放置某个元器件，如图 2.21 所示。

各元器件放置完毕后，其位置和方向可能是无序的，如图 2.22 所示，这只是绘制原理图的第一步。

图 2.20 "放置端口"对话框

图 2.21 选择库再选择元器件并放置元件

> 按组合快捷键"P"+"P",也会弹出如图 2.20 所示的"放置端口"对话框;另外,常用组合快捷键包括:放置导线——"P"+"W"、放置节点——"P"+"J"、放置文本字符串——"P"+"T"和放置电源或地——"P"+"O"。

2. 调整元件位置

元件放置完毕后要适当移动和调整其位置,以符合电路布局要求,也使电路美观且整洁。一般元器件的调整要以一个元器件为核心,将该核心器件放置到合适的位置后,其他器件再围绕该器件逐步调整位置,使电路的布局美观合理。在进行本集成稳压电路的原理图设计时,可以将集成稳压块 7805 作为核心器件。

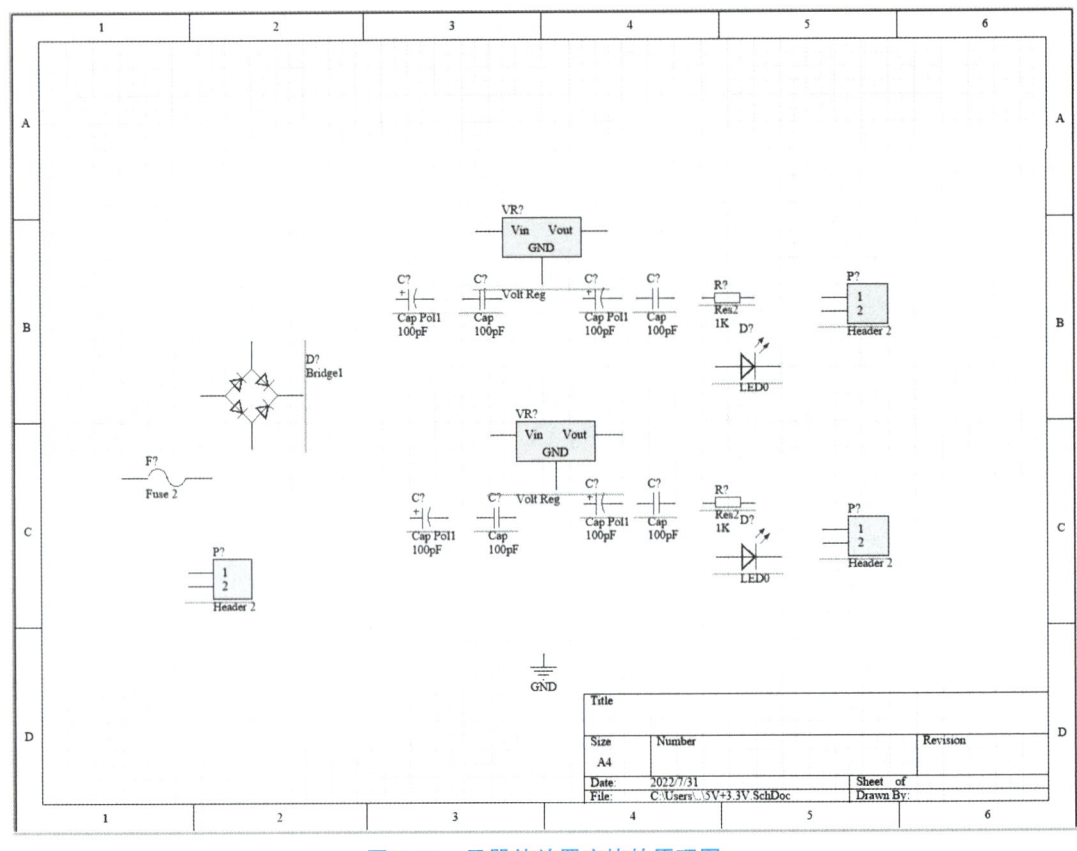

图 2.22 元器件放置完毕的原理图

（1）选择元件：单击左键选中某元器件，该元器件周围出现绿色方框表示该元件被选中。

（2）移动元件：元件选中后，鼠标放在绿色框内时就会变成✥符号，如图 2.23 所示。这时按住鼠标左键，拖动该元器件到合适的地方，松开鼠标左键，则移动元件完毕。

（3）旋转或镜像元件：在移动元器件的状态，若同时按下 Space（空格键）键，元器件将以 90°的角度逆时针旋转；若同时按下 X 键，元器件将作水平镜像；若同时按下 Y 键，元器件将做垂直镜像。元件的旋转、水平镜像和垂直镜像如图 2.24 所示。

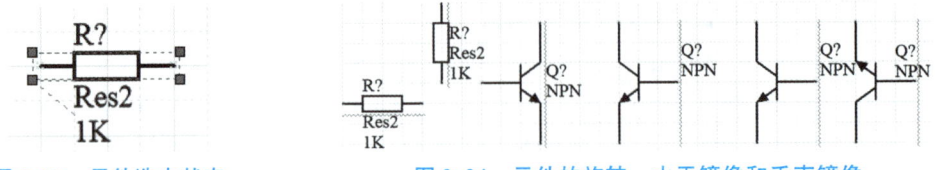

图 2.23 元件选中状态　　　　图 2.24 元件的旋转、水平镜像和垂直镜像

一般元器件的旋转在元器件放置时也可以同时进行，在元器件处于拖曳状态未放置到原理图的情况下，直接按快捷键 Space（空格键）、X 键或 Y 键将器件旋转或镜像操作，然后再将元器件放置到原理图中的某个位置，使元器件的放置和旋转、镜像操作同时进行。

将所有元器件的位置和方向按样图 2.18 所示电路的要求基本调整到位后，器件摆放整齐且布局合理，如图 2.25 所示。

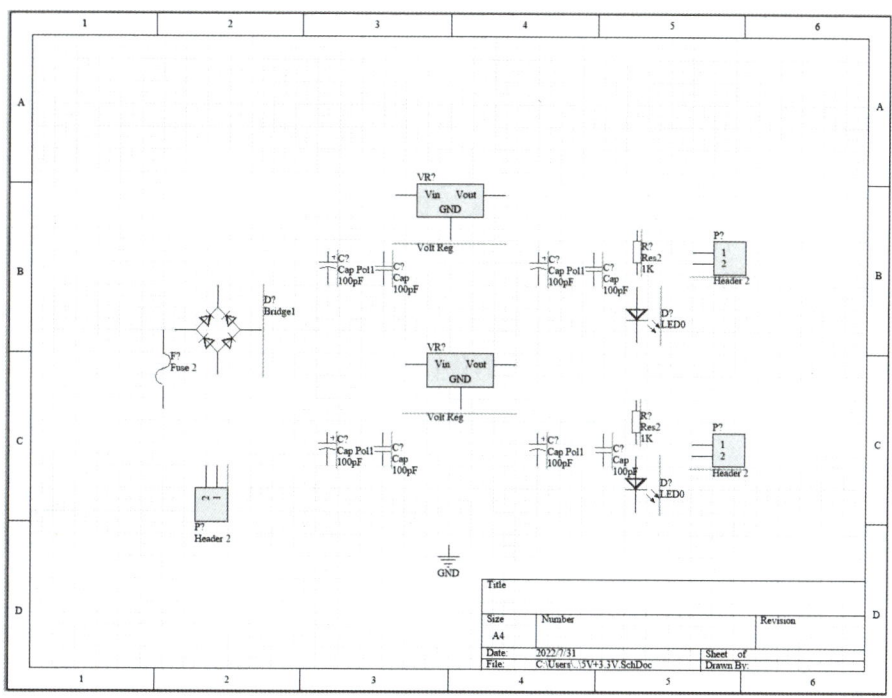

图 2.25　元器件调整完毕的原理图

3. 调整元件属性

元器件属性主要包括元器件的标号、参数值、封装等，如某个电阻 Res，在电路图中的序号即标号为 R2，其电阻的阻值为 1 kΩ。系统放置元器件时一般会有默认参数值，其参数值并不符合电路的设计需求，通常其参数值都要重新设置。要设置某个元器件的参数时，双击元器件，比如双击一个电阻，会弹出"Properties for Schematic Component in Sheet"（元件属性）设置窗口，如图 2.26 所示。主要设置如下。

图 2.26　"Properties for Schematic Component in Sheet" 元件属性设置窗口

35

（1）元器件标号 Designator：标号就是电路图中元器件的序号，如电阻就是 R1、R2 等。"Visible"复选框是设置标号可见与否；"Locked"复选框是设置标号位置是否锁定。

（2）元器件名称 Comment：是元器件在元件库中的名称，一般可以不改或不显示。

（3）元器件的值 Value：是元器件本身的大小，如电阻为 1 kΩ 或 10 kΩ，电容为 100 pF 或 100 μF。

（4）元器件封装 Footprint：对于元器件的封装，简单的原理图可以不设置，具体的应用参考本书的后续章节。

按照样图 2.18 和表 2.5，将元件的属性逐一修改完毕。元器件标号和值等属性的文本也可以直接用鼠标拖动或旋转，放置到合适位置。

表 2.5　集成稳压电源电路原理图各元器件的属性表

序号	元器件 （Comment）	标号 （Designator）	参数值 （Value）	备注
1	Cap Pol2	C1，C5，	470 μF	电解电容
2	Cap Pol2	C2，C6	220 μF	电解电容
3	Cap	C3，C4，C7，C8	1 000 pF	瓷片电容
4	LED0	D1，D3		发光二极管
5	Bridge1	D2		桥堆
6	Fuse 2	F1		保险丝
7	Res2	R1，R2	1K（1 kΩ）	电阻
8	Header 2	P1，P2，P3		接插端口
9	Volt Reg	VR1，VR2	7805，LM1117 - 3.3	集成稳压块

2.2.6　放置导线

元件之间的逻辑关系通过导线（Wire）连接来实现，导线也是原理图中最重要和最多的要素。绘制导线的方法有以下 4 种。

（1）单击主菜单中的"放置（P）"｜"导线（W）"命令。

（2）单击"布线"工具栏中放置导线按钮 。

（3）快捷方式，按快捷键"P"+"W"。

（4）快捷菜单，在原理图编辑状态下在图纸空白区右击鼠标，弹出快捷菜单后选择"放置（P）"｜"导线（W）"命令。

执行放置导线命令后鼠标的状态变成十字形，此时移动鼠标到某个元器件的引脚处，在此引脚上会出现一个红色米字标志，表示找到了元器件的一个电气节点，如图 2.27 所示。单击鼠标左键来确定此导线的起点，移动鼠标，鼠标与起点间会拉出一条细线，此细线就是导线的"雏形",再移动鼠标到导线的终点,即另一个元器件的某个引脚,系统又会捕捉到一个电气节点而出现一个红色米字标记,如图 2.28 所示。再次单击鼠标左键确认导线的终点,这根导线就绘制完毕了,如图 2.29 所示。当一根导线绘制完毕后,系统仍在放置导线状态,可以继续绘制下一根导线。如果要结束绘制导线,单击鼠标右键或按键盘的 Esc 键。

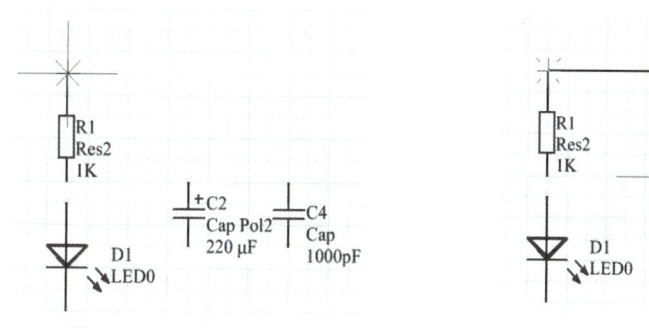

图 2.27 确定导线起点

图 2.28 确定导线终点

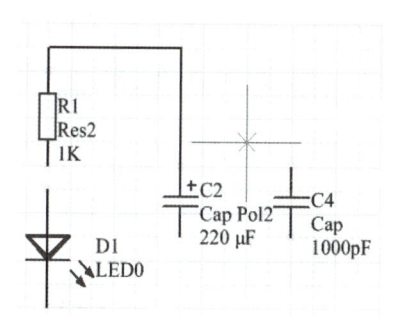

图 2.29 绘制的导线

在绘制导线状态,按下 Tab 键或双击绘制好的导线,会弹出"线"的属性窗口,如图 2.30 所示。在其中可以设置导线的颜色、粗细、导线起点和终点的坐标等参数。

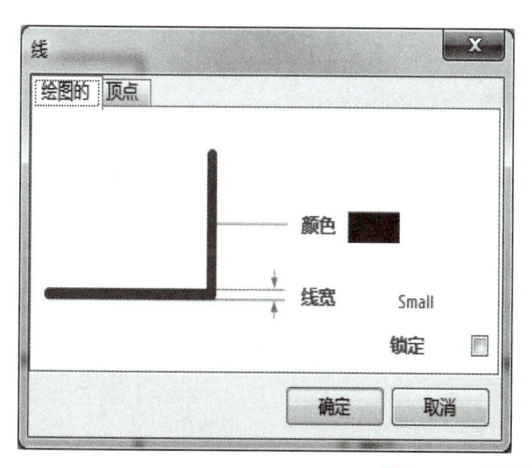

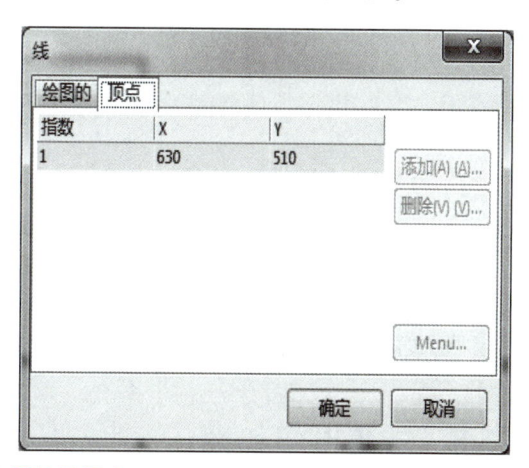

图 2.30 "线"属性设置窗口

(1)线宽:有最细(Smallest)、细(Small)、中(Medium)和大(Large)可选,单击下拉列表框选择即可。

（2）种类：线的种类有实线（Solid）、虚画线（Dashed）、虚点线（Dotted）或虚点画线（Dashed Dotted），可根据实际情况进行设置。

（3）颜色：用于设置直线的颜色。单击颜色框，在弹出的"选择颜色"对话框中设置。

（4）顶点：用于设置直线的端点坐标，可设置精确的坐标点。

一般在电路图中要重点标出的导线可以加粗或用其他颜色加以区别。

2.2.7　放置连接点

导线与导线的交点称为连接点，一般在绘制导线时连接点会自动产生。也可以根据需要放置连接点，单击主菜单中的"放置（P）"|"手工接点（J）"命令，鼠标变成十字形并跟随一个节点的小圆点，移动鼠标将连接点放置到电路中的导线上。此时，鼠标的状态仍是十字形，可以连续放置多个连接点。如果要结束放置连接点命令，单击鼠标右键或按键盘的 Esc 键。

双击某个连接点或在放置连接点时按 Tab 键，系统弹出如图 2.31 所示的"连接"属性设置窗口，在其中主要设置如下连接点的属性。

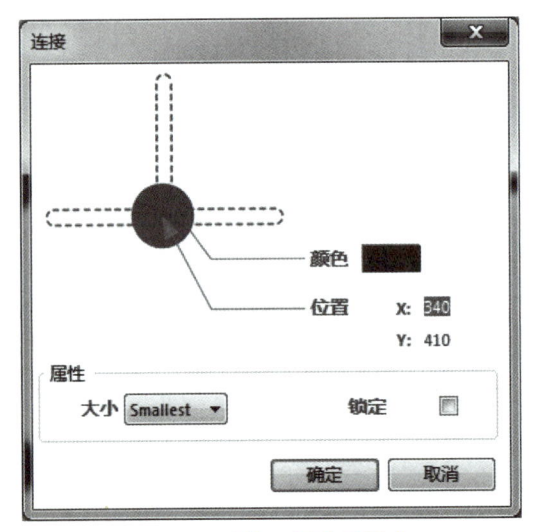

图 2.31　"连接"属性设置窗口

（1）大小：可以设置连接点的大小，有最细（Smallest）、细（Small）、中（Medium）和大（Large）可选，单击下拉列表框选择即可。

（2）位置：通过输入 X 轴、Y 轴的坐标来精确定位节点的位置。

（3）颜色：用于设置直线的颜色。单击颜色框，在弹出的"选择颜色"对话框中选择。一般是默认的棕色，与自动产生的导线交叉点的深蓝色有所区别。

2.2.8　放置电源和地

电路中的电源和地是必不可少的要素。在电路设计中，通常将电源和地统称为"电源端口"。单击主菜单中的"放置（P）"|"电源端口（O）"命令，或单击"布线"工具栏中

的""或"""地"按钮，鼠标变成十字形并拖出一个电源端口符号，移动鼠标将其放置到电路中的合适位置。放置完毕后鼠标的状态仍是十字形，可以连续放置多个电源端口。如果要结束放置此命令，单击鼠标右键或按键盘的 Esc 键。

图 2.32 为实用工具栏中放置各种电源端口的命令按钮。

双击某个电源端口或在放置电源端口时按 Tab 键，系统弹出如图 2.33 所示的"电源端口"设置窗口，在其中可设置如下属性参数。

（1）网络：可以设置该电源端口的网络名，相同网络名的对象在电气上是相互连接的。一般地的网络名设置为"GND"，电源的网络名设置为"VCC"。

（2）显示网络名：选择后会在原理图中直接显示该网络名的名称。

（3）颜色：用于设置电源端口的颜色。单击颜色框后可在弹出的"选择颜色"对话框中进行颜色选择，一般是默认的棕色。

（4）类型：用于设置电源端口的类型。根据端口符号的形式不同可分为几种类型，包括 Wave（波浪形）、PowerGround（电源）、Signal Ground（信号地）和 Earth（接地）等，其不同类型的形式如图 2.32 所示。要注意的是电源端口相互之间的电气关系是通过网络名来实现的。

图 2.32 实用工具栏中放置电源端口按钮

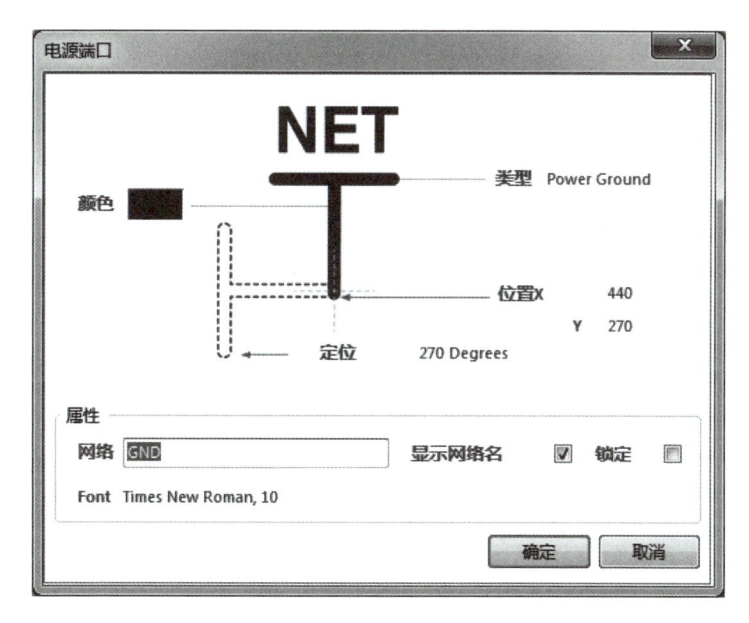

图 2.33 "电源端口"属性设置窗口

通过上述器件的摆放、调整、属性设置、导线连接、放置连接点、放置电源等步骤后，集成稳压电源原理图初步成型，如图 2.34 所示。一般第一次成型的原理图在元器件排列、分布以及导线连接等方面有不完善的情况，要通过再次修改和编辑后原理图设计才能符合要求。

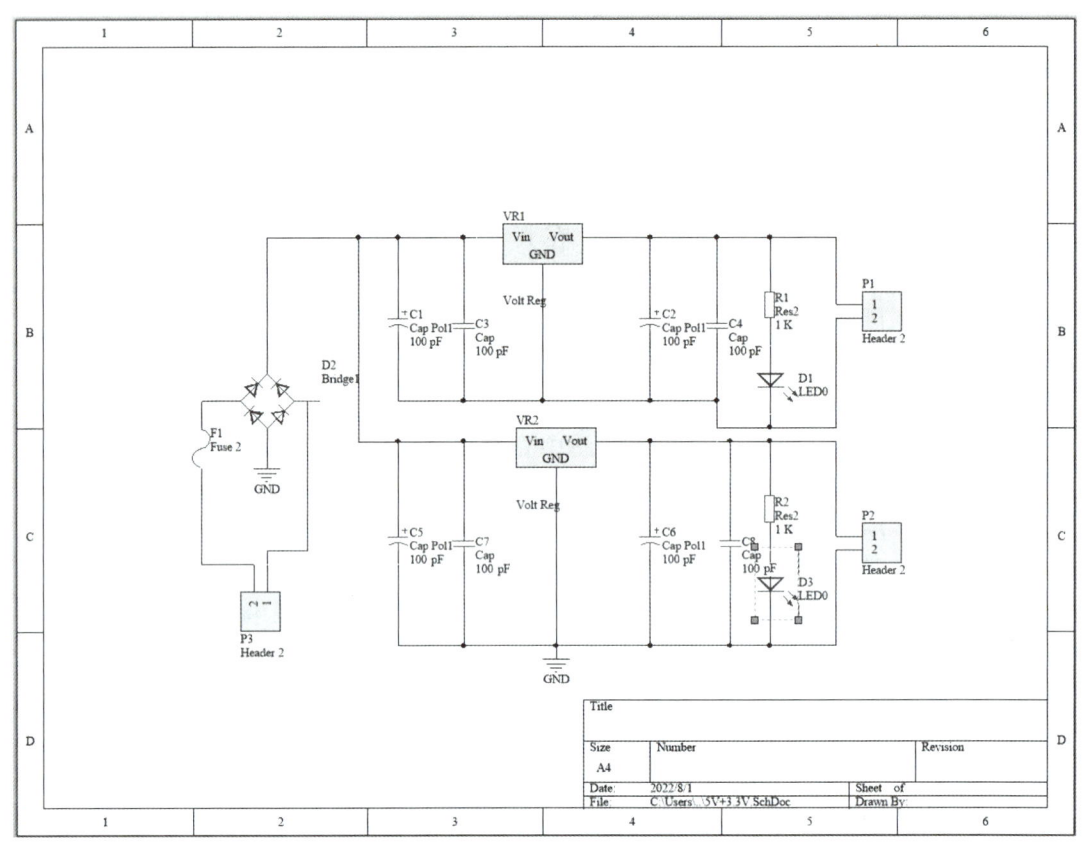

图 2.34　集成稳压电源原理图初稿

任务 2.3　快速编辑原理图

通过放置原理图中各类元器件，以及导线、电源和地等对象，并设置各对象的属性参数，使集成稳压电源电路图的设计符合电路设计的逻辑需求。完成的电路图也完整且美观，为电路设计的后续完善和应用做好准备。检查无误后保存该原理图设计。在编辑整理原理图时，Altium Designer 提供了方便快捷的命令。

2.3.1　删除对象

设计和绘制原理图时难免会画错或多放置元器件、导线和文本等对象，所以删除功能也是经常要用到的。删除的方法如下。

（1）单击对象，被选对象会出现绿色的虚框，这时按 Delete 键就可将被选对象删除；如果要删除大块区域的电路，可以用鼠标框选这一区域的元器件或导线等对象，然后按 Delete 键将被选对象删除。

（2）当需要删除多个对象，但是这些对象又不在一个区域时，可以按住 Shift 键后用鼠标依次单击多个对象后按 Delete 键将被选对象删除。

（3）批量对象删除方法：单击主菜单中的"编辑（E）"|"删除（D）"命令，或按组合快捷键"E"+"D"，鼠标变成十字形，用鼠标依次单击需要删除的对象。要结束删除操作，则单击鼠标右键或按键盘的 Esc 键即可。

2.3.2 撤销操作

当删除操作或其他操作完成后，如果需要还原以前的某种状态，可单击主菜单中的"编辑（E）"|"Undo(U)"命令，或直接单击主工具栏的撤销按钮 ↶。撤销的次数与单击系统主菜单中的"DXP"|"参数选择"|"Schematic"命令后的设置项有关，如图 2.35 所示，可撤销的参数为 50 次。

图 2.35　在"参数选择"属性窗口中设置撤销参数

撤销操作的快捷键为"Ctrl"+"Z"。

2.3.3 打破导线

在设计原理图时为方便和快速绘制电路，一般是将导线画成长长的导线。在编辑原理图需要修改导线时，往往是将这根导线进行整体删除、移动或其他的操作，给导线的修改带来不方便。如果只对导线的一小部分进行修改，而保留大部分原有导线的属性、位置等的要素，可以将该导线"打破"，即分割成几段导线。

打破导线的方法如下：

（1）右击需要修改的导线，在弹出的快捷菜单中单击"打破线"命令。

（2）鼠标形状变成平行短双线，其长度就是要分割去除导线的部分。将鼠标移至被选导线需要分割之处，单击鼠标左键完成该导线的分割，如图 2.36 所示。

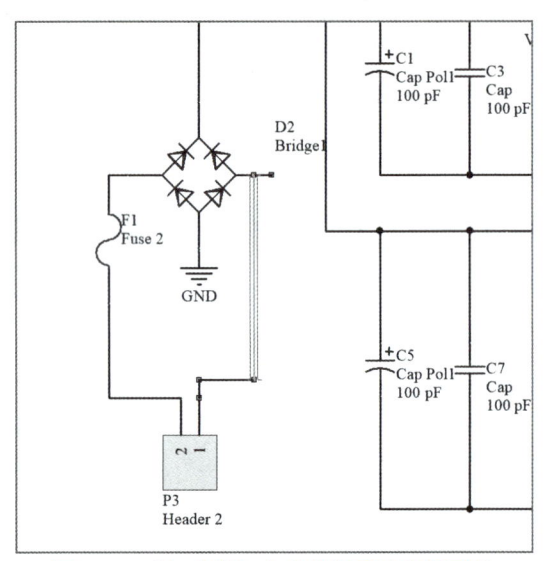

图 2.36 "打破线"命令执行后的鼠标形状

（3）此时鼠标仍是平行短双线的形状，仍在"打破线"命令状态，可继续打破导线的其他部分；单击鼠标右键或按键盘 Esc 键结束。单击集成电路原理图中桥堆的连接导线，将连接错误的导线打破分割后的状态如图 2.37 所示，随后再用"布线"功能将正常的连接导线连接完毕。

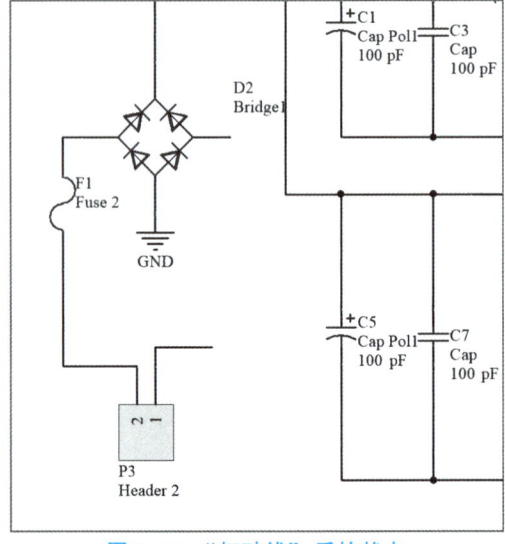

图 2.37 "打破线"后的状态

"打破线"的分割长度等参数与单击系统主菜单的"DXP"|"参数选择"|"Schematic"|"Break Wire"命令后的设置有关，如图2.38所示。

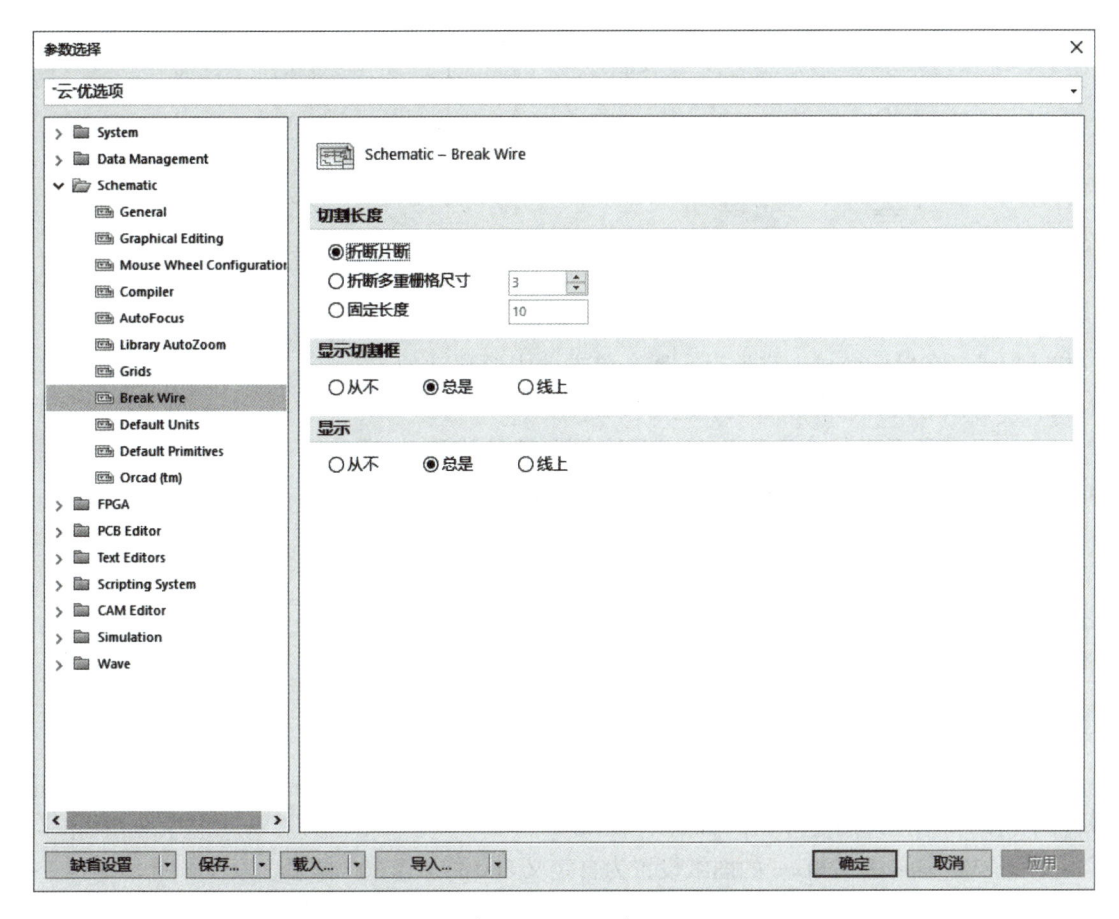

图 2.38 "参数选择"|"Schematic"|"Break Wire"设置窗口

2.3.4 带导线移动对象

在 Altium Designer 中常规移动和拖动对象时，已经绘制好的导线不会跟随对象的拖动而保持导线连接状态，如图2.39和图2.40所示。这样对初始的绘制原理图是比较方便的，但对已经绘制好的原理图的局部显得不方便了。这时可以应用 Altium Designer 的带导线移动的功能，方法如下。

（1）在原理图编辑界面，单选某个元器件，或按住鼠标左键从某处拖曳出某个区域，从而框选出需要移动的多个元器件或导线。按住 Ctrl 键，然后再用鼠标按住需要移动的元器件或区域，拖动到合适的位置松开鼠标将元器件或区域放置下来。我们可以看到对象位置变了，但是对应的连接导线也会跟随对象移动而移动；当然为了不使原理图导线显得杂乱，一般带导线的移动要尽量只在垂直方向或水平方向移动。带导线移动效果如图2.41所示。

图 2.39 需要修改的电路

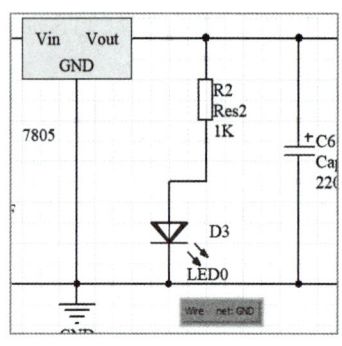

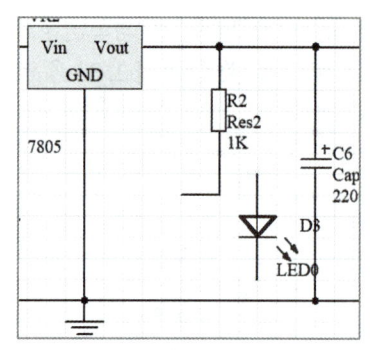

图 2.40 直接移动造成导线断开

（2）如要将多个元器件带导线移动，可以按下快捷键"M"+"D"，在鼠标变成十字形后，逐个单击选中要移动的对象，并将该对象移动和放置到合适的位置。

（3）此时鼠标仍是十字形形状，系统仍在带导线移动的命令状态，可继续选择需移动的对象，然后单击鼠标右键或按键盘的 Esc 键结束。

将集成电源原理图中元器件分布、导线杂乱的部分，通过这种方法快速地重新排列、编辑，能使电路美观、正确，如样图 2.18 所示。

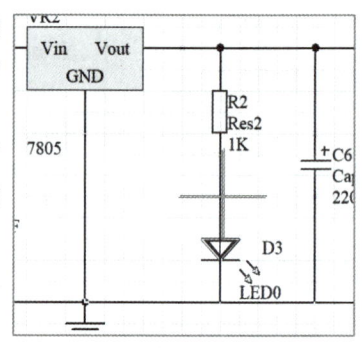

图 2.41 带导线移动效果

项目训练

1. 在计算机硬盘中新建一个文件夹 Lianxi1 和新建一个工程项目 Lianxi.PrjPcb，并在此项目中新建一个原理图文件 My_Sheet1.SchDoc。

2. 将 My_Sheet1.SchDoc 的图纸设置为自定义 800 像素×600 像素。

3. 参照项目 3 中的功率放大器原理图，绘制原理图文件并添加到工程项目 Lianxi.PrjPcb 中。

4. 练习视图操作的各种命令及快捷操作。

5. 在 My_Sheet1.SchDoc 中绘制一个功率放大电路原理图，如图 2.42 所示。

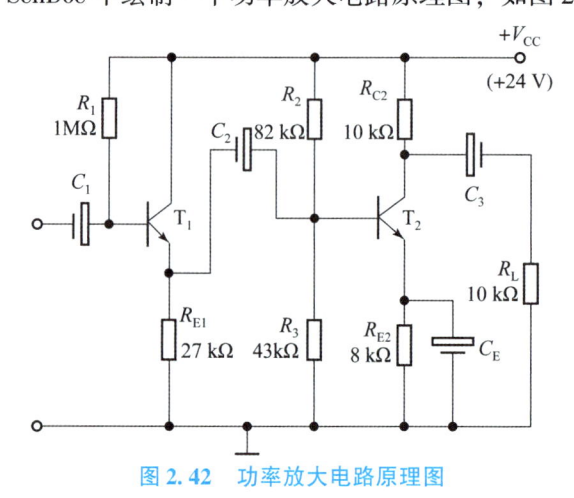

图 2.42 功率放大电路原理图

项目 3

2.1 声道功率放大器的原理图设计

元器件的库文件设计也是 Altium Designer 原理图设计和编辑的精髓部分，另外原理图编辑时的复制粘贴、排列与对齐、自动标注，以及放置网络名等的方法是原理图设计晋级操作；对原理图设计完毕后的辅助工作如编译、文本和图形的绘制、报表的导出等工作也能进一步提升原理图设计、编辑的水平。

知识技能素养导航	知识了解	设计原理图库文件的基本步骤
	知识熟知	创建原理图库文件； 原理图编译与网络表导出
	技能掌握	创建原理图库文件； 放置网络名； 元器件的自动对齐和标号
	技能高手	元器件自动对齐的快捷操作； 元器件复制粘贴的快捷操作
	职业素养	细心、耐心、工匠精神从小处磨炼

任务 3.1 原理图库文件的创建

原理图主要由元器件和连接它们的导线组成，Altium Designer 系统提供了相当完整的内置集成库文件，所存放的库元器件数量非常大，几乎涵盖了世界上所有芯片制造厂商的产品。由于某些比较特殊的且非标准化或者新开发的元器件有时可能无法直接找到，另外某些现有元器件的原理图符号外形及其他模型形式也有可能并不符合实际电路的设计要求。在这些情况下就要求用户能够创建或者编辑元件库，并绘制合适的原理图符号或者其他模型形式。

Altium Designer 系统为用户提供了多功能的库文件编辑器，使用户能够随心所欲地创建符合自己要求的元件库和新元器件，并将元件库加载入工程中，使得工程完整且移植方便。本任务在新建原理图库文件之前，先新建工程项目文件 Pcb_Projetc.PcbDoc 文件和原理图文件"2.1声道有源功率放大器 Sheet. Schdoc"。

3.1.1 原理图库文件的创建

Altium Designer 系统采用原理图库文件来管理各元器件，一般重新设计元器件的原理图符号时需新建原理图库文件来编辑或管理。

1. 新建原理图库文件及编辑界面

单击主菜单中的"文件（F）"|"新建（N）"|"库文件（L）"|"原理图（L）"命令，创建一个默认名为"SchLib1.SchLib"的原理图库文件；同时启动原理图库文件编辑界面，如图3.1所示，使界面与电路原理图编辑环境界面非常相似，主要由实用工具、编辑窗口及面板标签等几大部分组成。

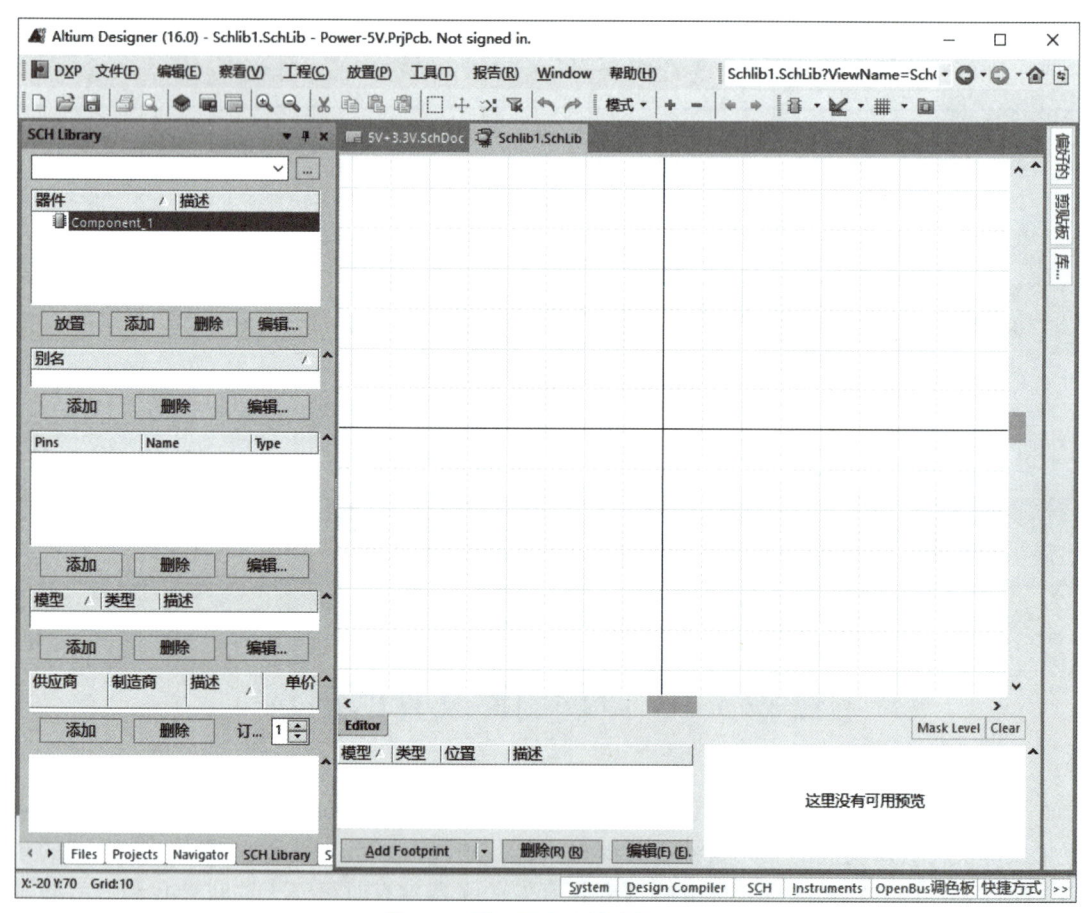

图 3.1 原理图库文件编辑界面

（1）编辑窗口：编辑窗口被十字坐标轴划分为4个象限，坐标轴的交点即为该窗口的原点。一般在绘制元器件时，其原点就放置在编辑窗口原点处，而具体元器件的绘制和编辑则在第4象限内进行。

（2）工作面板：与原理图编辑界面的工作面板类似，除有"Files""Projects"和"Navigator"选项卡以外，原理图库文件编辑界面状态下还多了个"SCH Library"选项卡。

"SCH Library"面板包括元器件列表栏、别名栏和引脚区域等，可以一目了然地熟知当前编辑的元器件信息，如图3.1所示。

"器件"：原理图库文件中的元器件，图3.1所示中只有一个元器件Components_1；

"Pins"：各元器件的引脚，在"Pins"区域均能选择、查阅、添加或删除。

（3）状态栏：整个原理图库文件编辑界面的最底部是当前功能和状态的显示区，如显示光标或元器件当前的坐标点和栅格捕捉的大小。

2. 库文件编辑器工具

库文件编辑器提供了两个实用的重要的工具，即原理图符号绘制工具栏和IEEE符号工具栏。它们是原理图库文件编辑环境中所特有的，用于完成原理图符号的绘制，以及通过模型管理器为元器件添加相关的模型。

（1）绘制工具栏：提供绘制元器件标识符及引脚的必要功能按钮，如直线、弧线、文本、多边形和引脚等，可单击主菜单中的"放置（P）"命令选择对应的图形或者直接在"实用工具栏"中单击绘图按钮，绘图按钮附带的功能如图3.2所示。

（2）IEEE符号工具栏：提供IEEE采用的电气符号，如图3.3所示。具体的符号可通过单击主菜单的"放置（P）"|"IEEE符号（S）"命令逐一放置，这里不一一详述。

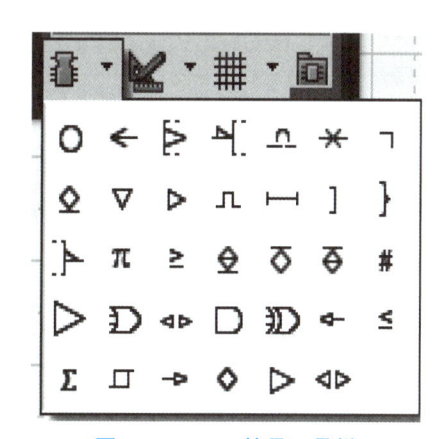

图3.2 绘制工具栏　　　　图3.3 IEEE符号工具栏

3.1.2 原理图库文件的保存

如原理图库文件中的元器件编辑修改完毕后，则要保存原理图库文件。保存的方法也可以在主菜单、主工具栏单击"保存"命令或按钮，或者直接采用快捷键"Ctrl"+"S"保存原理图库文件。

系统执行保存命令后，如新建的原理图库文件没有命名，系统会弹出"Save As"窗口，编辑原理图库文件存放的路径、名字后，单击"OK"按钮即可保存。原理图库文件一般默认的是与工程文件在同一路径下，名字默认为"SchLib1.SchLib"。单击工作面板的"Projects"选项卡，可以观察到工程文件、原理图文件和原理图库文件的层次结构，如图

3.4 所示。

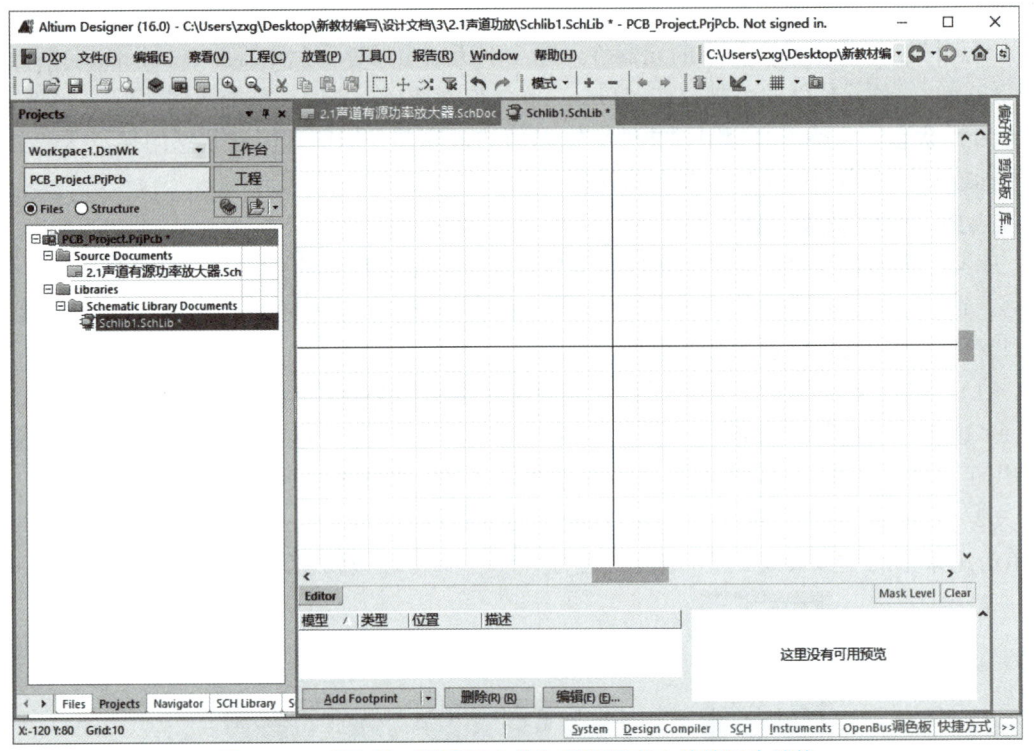

图 3.4　工程文件、原理图文件和原理图库文件的层次结构

任务 3.2　绘制 TDA2030A 元器件

在如图 3.4 所示的"SchLib1.SchLib"原理图库文件中，创建和编辑新的元器件。

3.2.1　新建元器件及命名

执行主菜单中的"工具（T）"|"新器件（C）"命令，系统弹出"New Component Name"属性窗口，如图 3.5 所示。在该窗口中输入新元器件的名称，如输入"TDA2030A"，然后单击"确定"按钮。系统在左侧工作面板的"SCH Library"选项卡下的元件列表"器件"栏中会新增一个新元件"TDA2030A"，如图 3.8 所示。

图 3.5　"New Component Name"属性窗口

对已经命名的元器件如 Components_1，也可以重命名该元器件。在工作面板的"SCH Library"选项卡下的元件列表"器件"栏中选择"Components_1"，然后单击主菜单中的"工具（T）"|"重新命名器件（E）"命令，在系统弹出的"Rename Component"窗口中输入元器件新的名字后单击"确定"按钮保存，如图 3.6 所示。

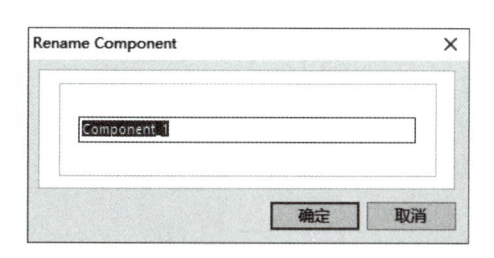

图 3.6 "Rename Component"属性窗口

3.2.2 绘置元器件符号

原理图中的元器件符号由用于标识元件功能的标识图和元件引脚两大部分组成，标识图是一个符号集，仅仅起标识元器件功能的作用，一般要求简单、直观且正确。常规元器件的符号要符合国家标准。

在工作面板的"SCH Library"选项卡下的元件列表"器件"栏中选择"TDA2030A"，然后在原理图库文件编辑窗口中绘制 TDA2030A 的电路标识符号。

（1）单击主菜单中的"放置（P）"|"矩形"命令，或单击绘制工具栏中的"放置矩形"按钮，在编辑窗口的十字坐标附近绘制一个大小合适的矩形。

（2）双击该矩形，在弹出的"长方形"窗口中设置矩形的边框宽度与颜色，以及矩形的填充颜色，在此选择默认的参数，然后单击"确定"按钮，如图 3.7 所示。

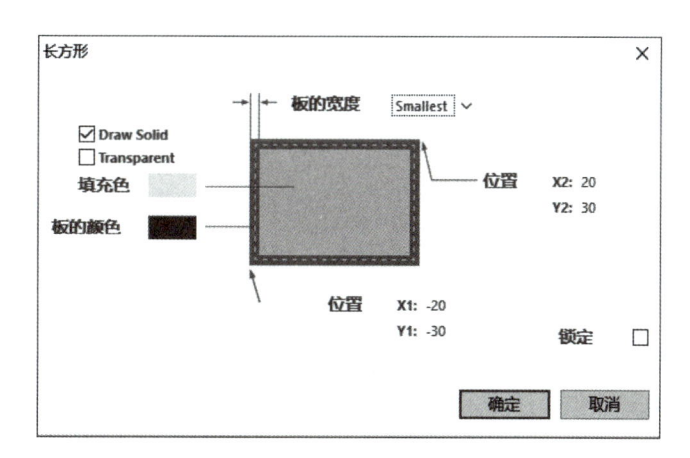

图 3.7 "长方形"属性窗口

（3）放置 IEEE 符号。单击主菜单中的"放置（P）"|"IEEE 符号（S）"|"左右信号流"命令，或单击实用工具栏中的"IEEE 符号（S）"，选择"左右信号流"符号，如图 3.8 所示。

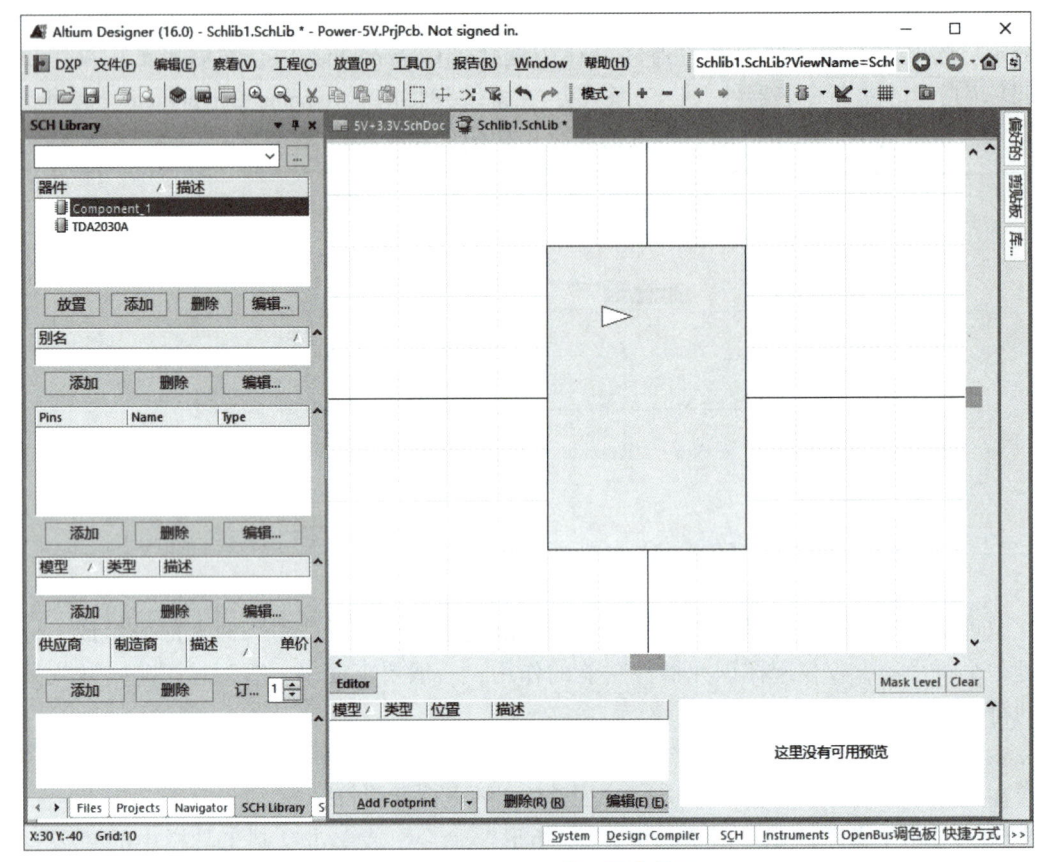

Altium Designer 电路板设计与3D仿真

图 3.8 TDA2030A 的元器件符号

> 在原理图库文件编辑界面下放置、移动部件时，要根据需要改变栅格捕捉的步长。放置轮廓、引脚时要保证符号的位置精准，栅格捕捉步长一般为10个单位，而放置特殊符号时一般步长设置为1或5。直接按快捷键"G"可以快速切换。

3.2.3 放置元器件的引脚

引脚是元器件的核心部分，也叫管脚，每一个引脚都要和实际元器件的引脚对应，所以引脚是有电气功能的。引脚序号用来区分各个引脚，引脚名称用来提示引脚功能。引脚序号是必须有的，而且不同引脚的序号不能相同。引脚名称根据需要设置，应能反映该引脚的功能。每一根引脚都包含序号和名称等信息，引脚在元件图中的位置并不重要，可以不按照顺序放置。

单击主菜单中的"放置（P）"|"引脚（P）"命令，或单击绘制工具栏中的"放置引脚"按钮，快捷键为"P"+"P"。系统会在光标处拖曳一个引脚的符号到文件编辑窗口，如图3.9所示。引脚有两个端点，一个端点有大的光标十字符号，该点称为连接点，用于在原理图中连接导线；另一个端点一般与元器件的标识符靠近，不能用于连接导线。

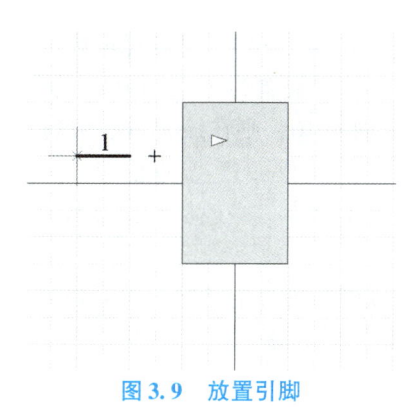

项目3 2.1声道功率放大器的原理图设计

图3.9 放置引脚

在引脚浮动状态即未单击鼠标左键放置到编辑窗口的状态下，按Tab键弹出"引脚属性"窗口，如图3.10所示。引脚若已经放置下来，则双击该引脚也能打开"引脚属性"窗口。

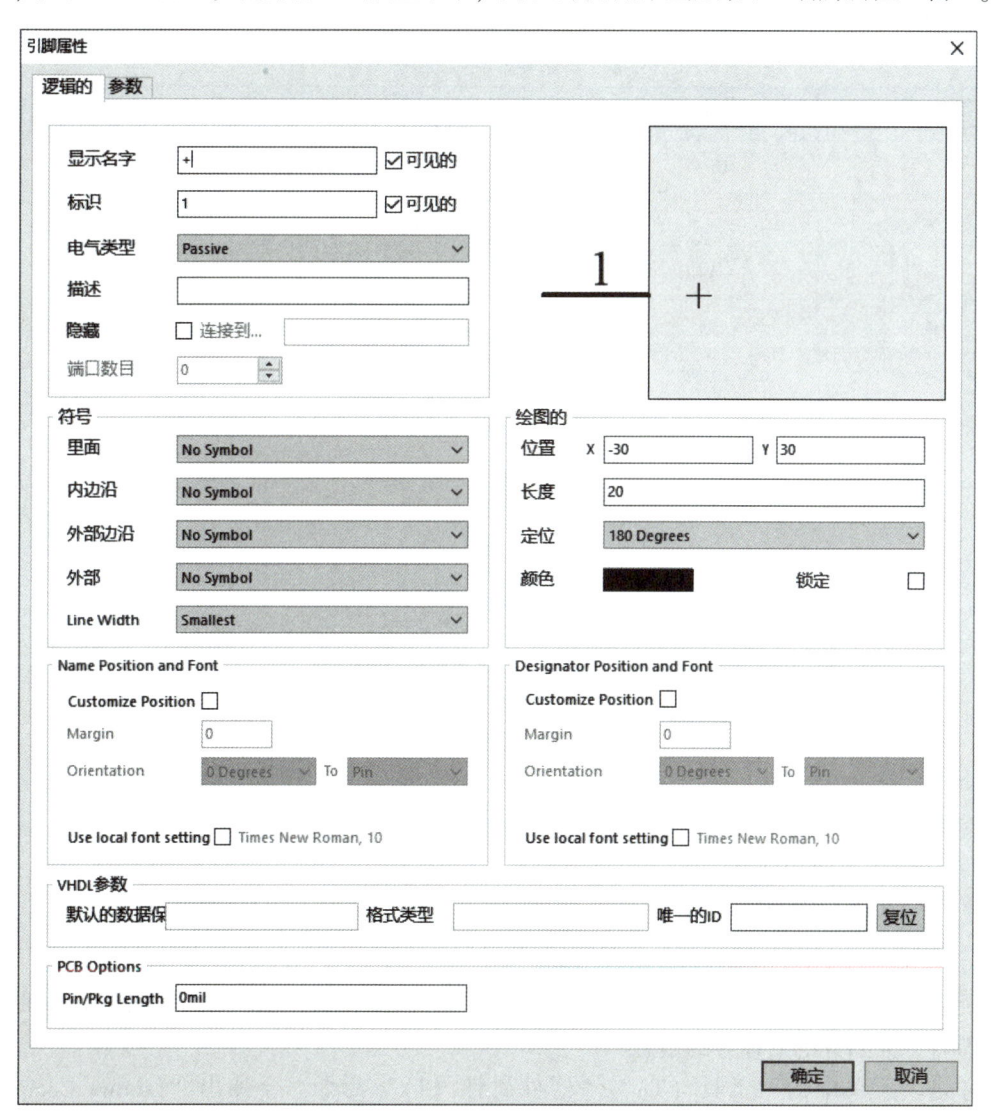

图3.10 "引脚属性"窗口

51

引脚属性的"逻辑的"选项卡一般有如下可设置参数。

▲ 显示名字：即引脚名，如这里设置为TDA2030A的同相输入端，所以名称为"+"。如需要注明低电平有效的符号，如$\overline{INT0}$，则在该文本框中输入I\N\T\0\。根据需要，名字可见或隐藏，为此勾选或取消勾选"可见的"复选框即可。

▲ 标识：即引脚的序号，必不可少，一般从数字序号0或1开始。系统放置引脚时标识号会自动递增。

▲ 符号：可以设置引脚上或引脚内部的符号以符合电气的识图规范，如设置一些上升沿、下降沿和时钟符号等，这里不做详述。

▲ 长度：引脚的长度默认是30个单位，根据需要可在属性文本框中设置。

▲ 颜色：可设置引脚的颜色，一般默认为黑色。

根据表3.1所示的TDA2030A引脚的属性，将TDA2030A的5个引脚放置并编辑完毕，编辑完毕的TDA2030A元器件如图3.11所示。

表3.1　TDA2030A 引脚的属性

引脚序号	名称	特殊符号	备注
1	Ui+		同相输入端
2	Ui-	反相符号DOT	反相输入端
3	-VEE		负电源
4	Uo	Left Right Signal Flow	输出端
5	+VCC		正电源

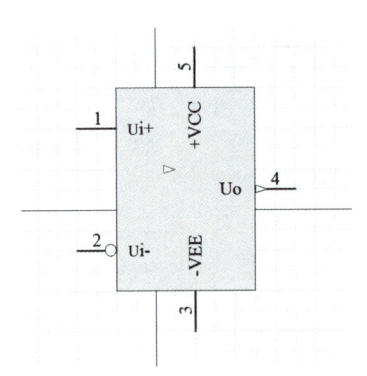

图3.11　编辑完毕的TDA2030A元器件

3.2.4　设置元器件属性

元器件属性是在原理图编辑时，应用到某元器件时所呈现的信息，比如该器件的常规文字符号、元器件的名称等的信息。

单击主菜单中的"工具（T）"|"器件属性（I）"命令，会弹出"Library Component Properties"窗口，在其中主要需设置如下属性，如图3.12所示。

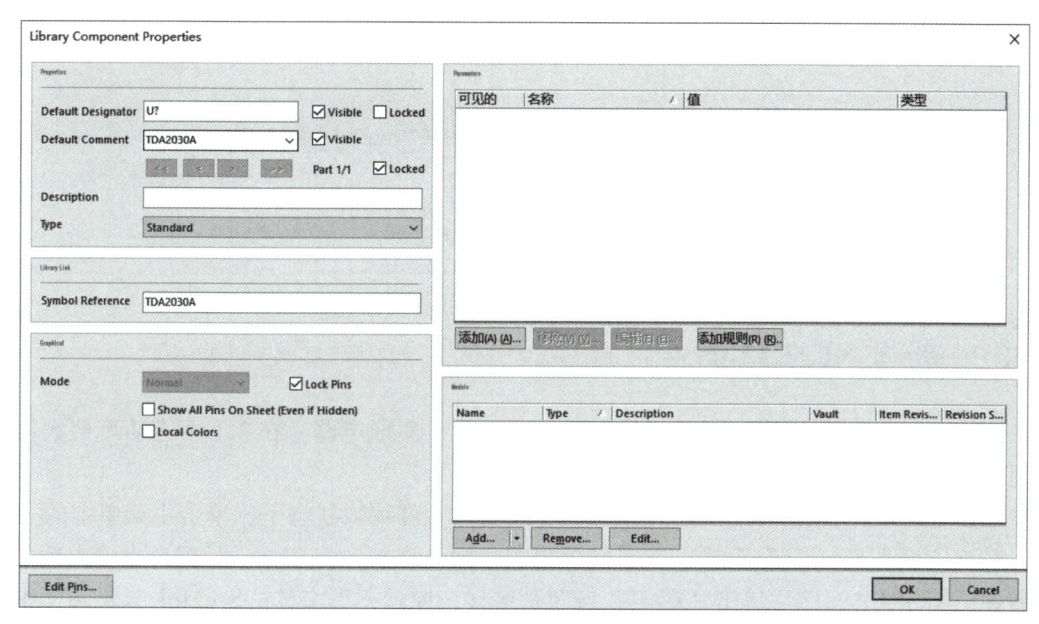

图 3.12 "Library Component Properties"窗口

▲ Default Designator：默认的标识符，即在原理图绘制时使用该元件时显示的默认标识符，这里 TDA2030A 是集成电路，我们将 Default Designator 设置为"U?"，则放置时就会在原图中显示"U?"。根据需要，该标识符可以可见或隐藏，为此勾选或取消勾选"可见的"复选框即可。

▲ Default Comment：器件说明，这里填入"TDA2030A"，这一项不是必需的，该属性也可以选择可见或隐藏。

▲ Description：器件性能描述，可以不填。

任务 3.3　绘制 NE5532（分部器件）

分部元器件是现在常见的电路器件，在一个元器件中包含多个分部，这些分部可能功能完全相同，如常见数字集成电路 74LS00，内部有 4 个一样的二输入与非门，如图 3.13 所示。为了在电路中直观地表示所用器件或分部的逻辑功能，一般将该类型的元器件绘制成具有分部器件的原理图库元件，如图 3.14 所示。

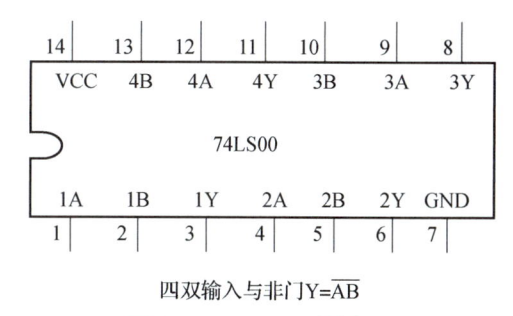

四双输入与非门 Y=$\overline{AB}$

图 3.13　74LS00 结构框图

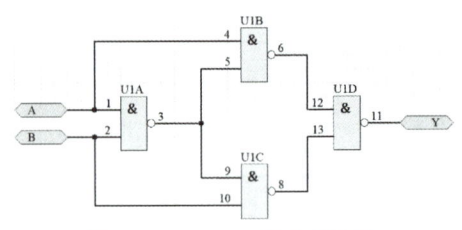

图 3.14　74LS00 的分部画法

3.3.1　新建 NE5532 器件

NE5532 是高性能低噪声双运算放大器（双运放）集成电路，在 2.1 声道功率放大器的原理图电路设计中可用该元器件。

在如图 3.4 所示的"SchLib1.SchLib"原理图库文件编辑状态下，单击主菜单中的"工具（T）"|"新器件（C）"命令，在系统弹出的"New Component Name"窗口中输入新元器件名称"NE5532"，然后单击"确定"按钮。这样在原理图库文件"SchLib1.SchLib"中就有了两个元器件，即 TDA2030A 和 NE5532，如图 3.15 所示。

3.3.2　新增部件

在原理图库文件编辑状态下，单击主菜单中的"工具（T）"|"新部件（W）"命令，系统在元器件 NE5532 下增加了一个新部件"Part A"，如图 3.15 所示。利用同样的方法，再增加一个新部件，系统自动命名为"Part B"。

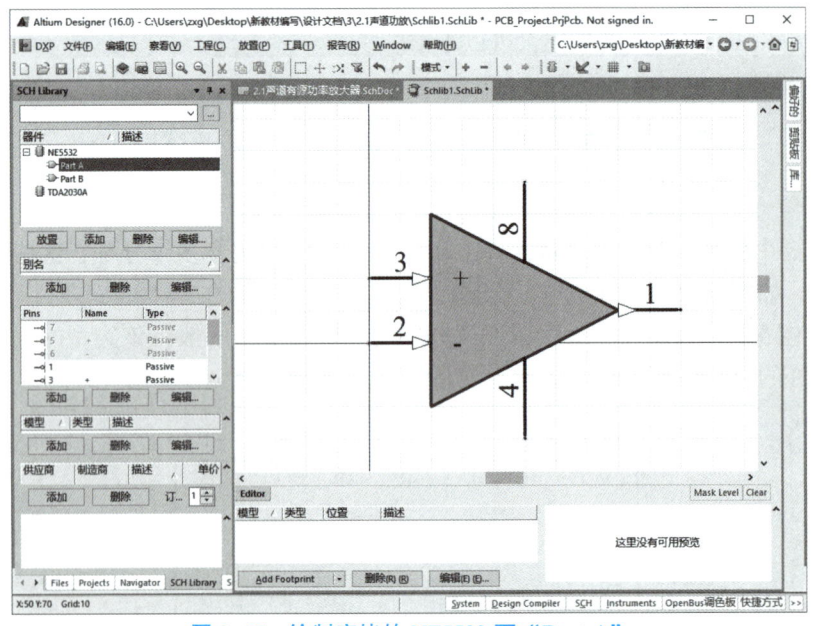

图 3.15　绘制完毕的 NE5532 下"Part A"

在"Part A"中用绘图工具放置多边形，将其设计成运放的三角形符号，再放置引脚构成运放 NE5532 的一个分部。NE5532 的具体引脚及属性如表 3.2。

表 3.2　NE5532 引脚的属性

引脚序号	名称	备注	引脚序号	名称	备注
1		输出端	5	+	同相输入端
2	-	反相输入端	6	-	反相输入端
3	+	同相输入端	7		输出端
4		负电源	8		正电源

绘制完毕的 NE5532 的"Part A",如图 3.15 所示。

"Part B"部分的结构与"Part A"完全一样,可通过系统的复制和粘贴功能来完成。

(1) 复制:选中"Part A"部件中的所有要素,单击主菜单中的"编辑(E)"|"复制(C)"命令或单击主工具栏中的"复制(C)"按钮,将该元器件或电路模块复制到系统的剪贴板。

(2) 粘贴:切换到"Part B"界面,单击主菜单中的"编辑(E)"|"粘贴(P)"命令或单击主工具栏中的"粘贴(P)"按钮,将剪贴板中的元器件或电路模块备份一份并显示在"Part B"界面中。

(3) 根据表 3.2 NE5532 引脚的属性,将"Part B"部分的引脚改成引脚 5、引脚 6 和引脚 7。引脚 4 和引脚 8 在"Part A"中已经存在,在"Part B"中直接将其删除。

特别要注意的是粘贴后的元器件的引脚端一定要放置在原理图库文件编辑界面中的原点附近。

> Windows 系统常用的复制、粘贴和剪切的快捷键在 Altium Designer 中同样适用,即复制、粘贴和剪切的快捷键分别为"Ctrl"+"C"、"Ctrl"+"V"和"Ctrl"+"X"。而且原理图中的其他要素,如文本、导线和符号也能复制和粘贴。另外,Altium Designer 特有的橡皮图章功能是直接复制粘贴,更加方便灵活。

3.3.3　设置元器件属性

单击主菜单中的"工具(T)"|"器件属性(I)"命令,会弹出"Library Component Properties"窗口,在"Default Designator"中输入"U?"即可,单击"保存"按钮来完成 NE5532 元器件的设计。

任务 3.4　2.1 声道有源功放原理图设计

通过前面设计原理图编辑和集成稳压电源电路图,已经掌握了 Altium Designer 系统原理图的基本编辑操作。但是实际电子产品开发系统的电路原理图是比较复杂的,需要采用更加方便的功能和方法来发挥 Altium Designer 的作用。

在本项目中将继续介绍对原理图的一些高级编辑操作,以进一步提高原理图编辑水平。2.1 声道功率放大器的原理图如图 3.16 所示,电路相对比较复杂,元器件较多,元器件清单及所在库见表 3.3,其中 TDA2030A 与 NE5532 为自制的元器件。

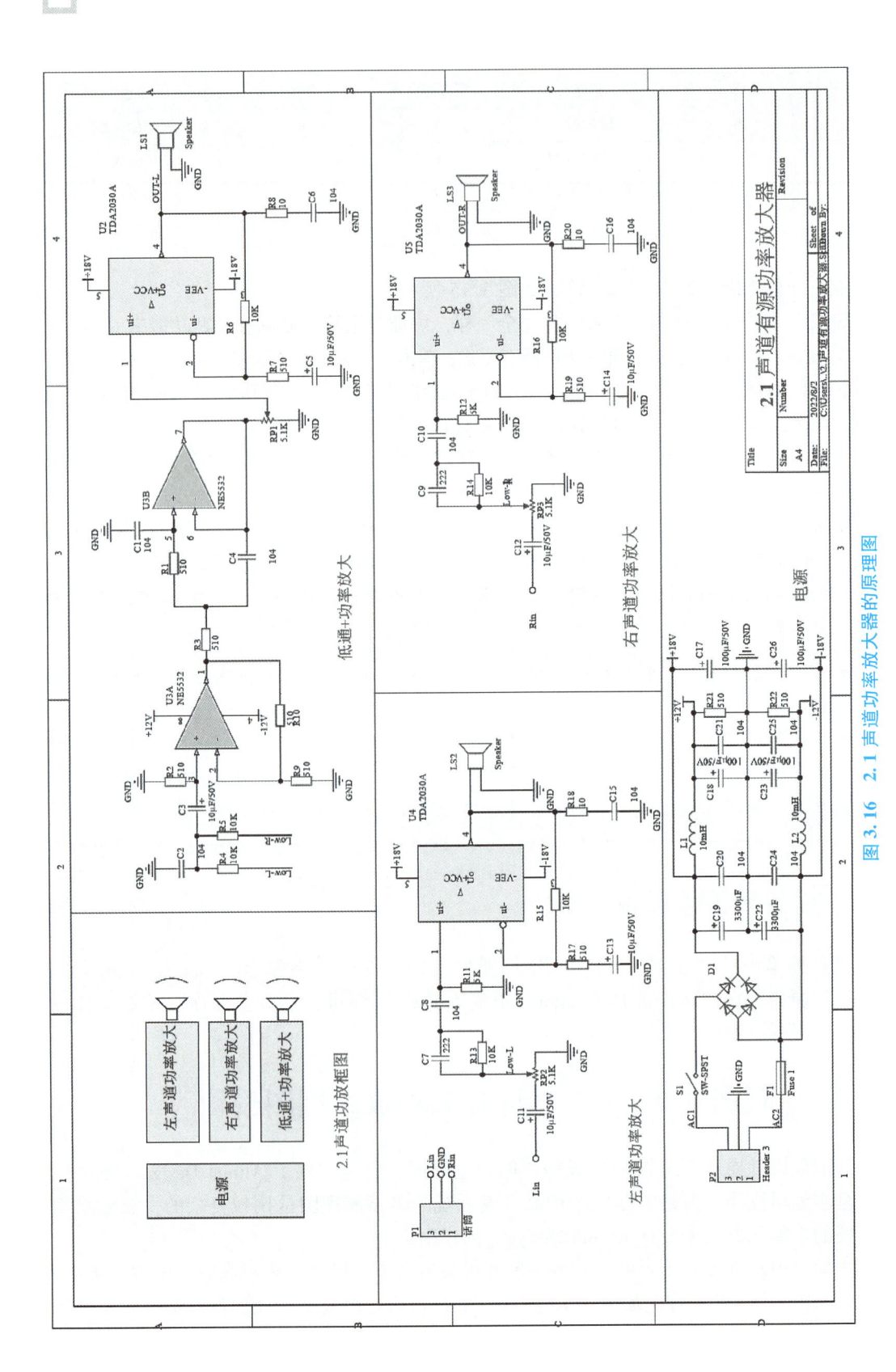

图3.16 2.1声道功率放大器的原理图

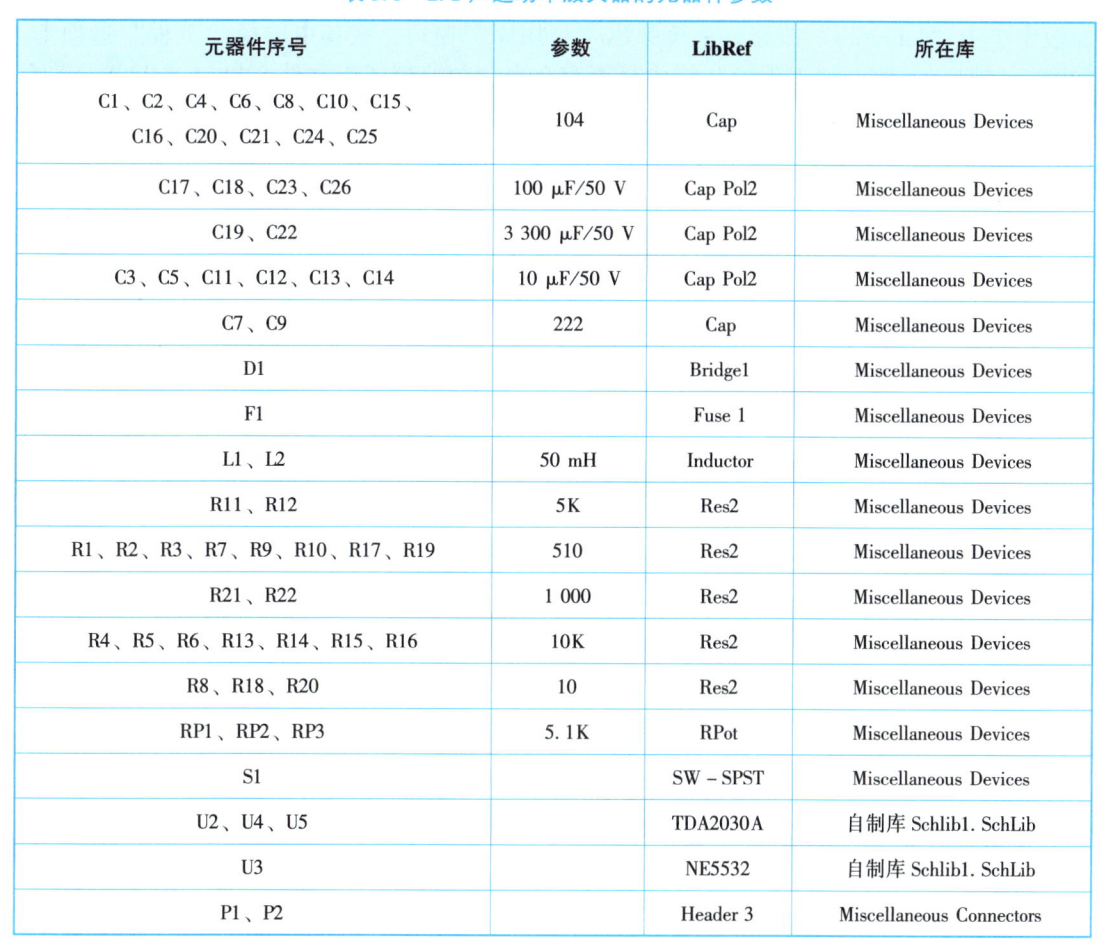

表 3.3　2.1 声道功率放大器的元器件参数

元器件序号	参数	LibRef	所在库
C1、C2、C4、C6、C8、C10、C15、C16、C20、C21、C24、C25	104	Cap	Miscellaneous Devices
C17、C18、C23、C26	100 μF/50 V	Cap Pol2	Miscellaneous Devices
C19、C22	3 300 μF/50 V	Cap Pol2	Miscellaneous Devices
C3、C5、C11、C12、C13、C14	10 μF/50 V	Cap Pol2	Miscellaneous Devices
C7、C9	222	Cap	Miscellaneous Devices
D1		Bridge1	Miscellaneous Devices
F1		Fuse 1	Miscellaneous Devices
L1、L2	50 mH	Inductor	Miscellaneous Devices
R11、R12	5K	Res2	Miscellaneous Devices
R1、R2、R3、R7、R9、R10、R17、R19	510	Res2	Miscellaneous Devices
R21、R22	1 000	Res2	Miscellaneous Devices
R4、R5、R6、R13、R14、R15、R16	10K	Res2	Miscellaneous Devices
R8、R18、R20	10	Res2	Miscellaneous Devices
RP1、RP2、RP3	5.1K	RPot	Miscellaneous Devices
S1		SW – SPST	Miscellaneous Devices
U2、U4、U5		TDA2030A	自制库 Schlib1. SchLib
U3		NE5532	自制库 Schlib1. SchLib
P1、P2		Header 3	Miscellaneous Connectors

3.4.1　设置图纸大小

由于 2.1 声道功率放大器的原理图相对比较复杂，元器件较多，故原理图图纸设置为 A4 或更大。单击主菜单中的"设计"|"文档选项"命令，或右击原理图编辑窗口图纸空白处，在弹出的快捷菜单中选择"选项"|"文档选项"或"文件参数"命令，系统会打开"文档选项"窗口，在"方块电路"选项卡的"标准风格"下拉列表中选择标准图纸 A4，其他参数如栅格、捕捉等设置采用系统默认配置。

3.4.2　加载原理图库文件

系统常用的 Miscellaneous Devices 和 Miscellaneous Connectors 可以采用项目 2 中原理图库文件的加载方法进行添加。自制的原理图库文件 Schlib1. SchLib 如建立在同一个工程项目下，一般不需要添加该原理图库文件，可以在面板中直接选择 Schlib1. SchLib 库，再选择和放置元器件。如果系统没有显示该自制的库文件，可以采用以下的方法添加：

单击主菜单中的"文件（F）"|"设计（D）"|"添加/移除库（L）"命令，或在"库"面板中单击"Libraries"按钮，系统弹出"可用库"窗口，在其中选择"工程"选项卡，如图 3.17 所示，察看"工程库"栏中是否存在自制的原理图库文件 Schlib1.SchLib。若有该文件则直接单击"关闭"按钮即可。若不存在自制的原理图库文件 Schlib1.SchLib，说明没有创建该文件或创建的工程项目下，此时只能采用项目 2 中讲述的方法来添加了。

图 3.17 加载自制的原理图库文件

加载自制完毕的原理图库文件 Schlib1.SchLib 后，在"库"面板原理图库文件的下拉列表栏下至少有 Miscellaneous Devices、Miscellaneous Connectors 和 Schlib1.SchLib 三个库可以选择，如图 3.18 所示。

3.4.3 放置元器件与分部元器件

根据原理图 3.16 所示逐个电路模块进行原理图绘制，在相应原理图库文件中选择元器件放置到原理图编辑界面。带有分部器件的元器件的放置（如放置运放 NE5532）与其他元器件的放置稍有不同。

单击原理图编辑界面右侧的"库"面板标签，将"库"面板浮动打开，然后选择"库"面板原理图库文件的下拉列表栏下 Schlib1.SchLib 库文件，可以看到其"元器件名称"栏中有两个元器件——NE5532 和 TDA2030A。在 NE5532 器件的前面有个加号"+"，代表这个元器件有分部。单击该"+"号各分部就将展开并显示各分部的名称，用鼠标单击某个分部后在"库"面板的下方会有该分部的电路符号和引脚显示，如图 3.18 所示。

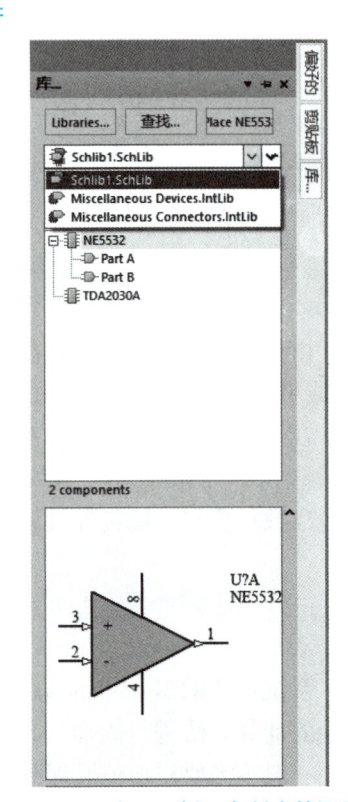

图 3.18 "库"面板下自制库的调用

项目3 2.1声道功率放大器的原理图设计

双击该分部或直接双击 NE5532 并拖动到原理图中，第一个分部自动的编号为 U?A，第二个为 U?B，其分部号是自动分配的，一般不用特意改变，如图 3.19 所示。

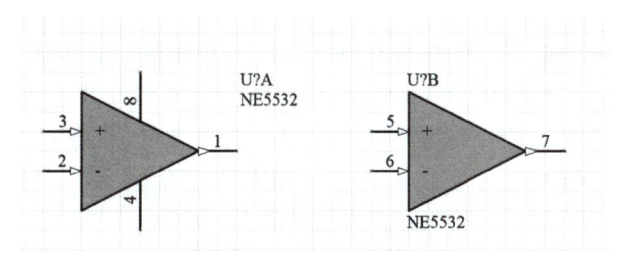

图 3.19 分部元器件的放置

如果分部元器件放置后，需要更改元器件的分部电路，则双击元器件的分部符号，在系统弹出的"Properties for Schematic Component in Sheet"（元件属性）设置窗口中的"Comment"下方有按钮"<<""<"">"和">>"，并有"Part 1/2"状态显示，如图 3.20 所示

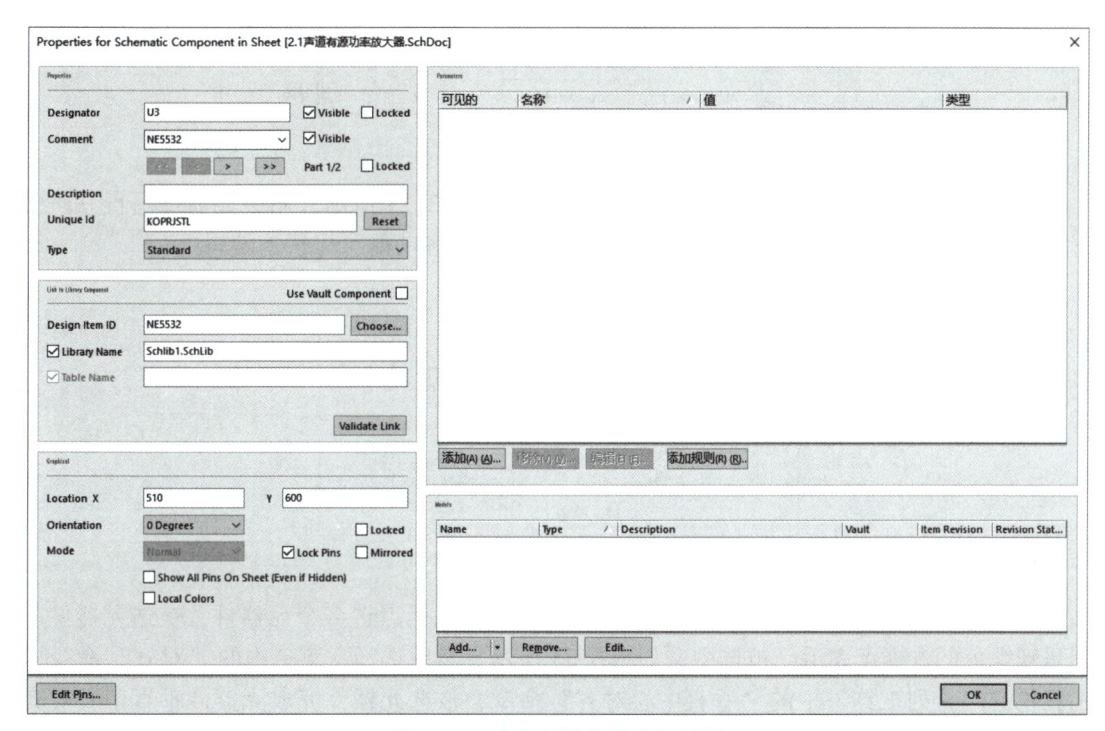

图 3.20 改变元器件的分部属性

"<<"：该按钮能将分部设置为第一个分部，即设置为 Part A 分部；

"<"：该按钮能将分部提前一个序号，如原来是 Part B 分部，单击"<"后就被设置为 Part A 部分。

">"：该按钮能将分部推后一个序号，如原来是 Part A 分部，单击">"后就被设置为 Part B 部分。

">>"：该按钮能将分部设置为最后一个分部。

"Part 1/2"：能显示当前选择的分部状态及所有分部数量的状态。

3.4.4 元件排列与对齐

完善的复杂原理图中元器件的布局和摆放，除了在栅格和捕捉的帮助下采用手动调整和对齐、排列的操作，将元器件分布均匀且排列整齐，也可以借助 Altium Designer 的对齐功能来实现。执行主菜单中的"编辑（E）"|"对齐（A）"命令可实现对齐功能，如图 3.21 所示。或者直接单击实用工具栏中的|"排列工具"按钮，如图 3.22 所示，具体的按钮功能参考图 3.21。

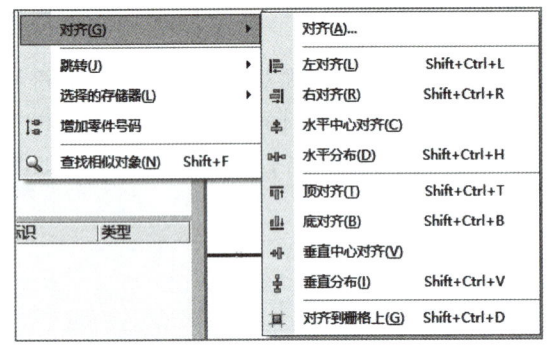

图 3.21 对齐菜单　　　　图 3.22 排列工具按钮

在进行电源模块的元器件摆放时，初步的效果如图 3.23 所示，图中元器件垂直方向没有对齐，水平方向也是高高低低，采用系统的元器件对齐功能可以快速编辑。

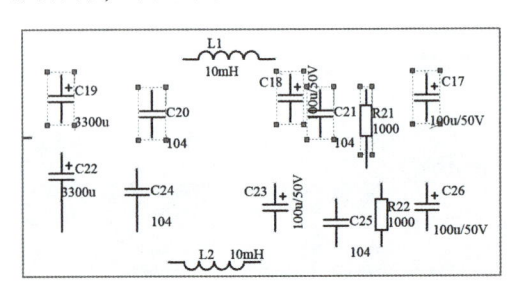

图 3.23 多个被选元器件

首先框选需要编辑的元器件，也可以按"Shift"+鼠标点选多个元器件，被选元器件四周呈现绿色的方框点表示已被选中，如图 3.23 所示。然后选择主菜单中的"对齐"命令或工具栏的"排列工具"中的"垂直中心对齐"命令，被选元器件完成元器件垂直中心对齐的状态如图 3.24 所示。

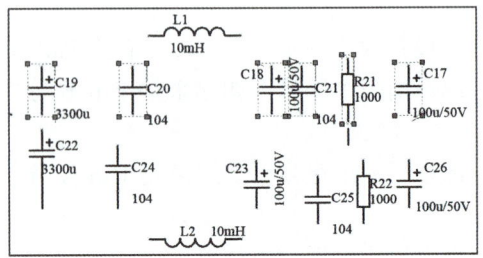

图 3.24 垂直中心对齐

完成部分元器件的垂直中心对齐后，可以继续对其他元器件执行水平对齐、均匀分布等功能的操作，使原理图美观、合理，如图 3.16 所示。

3.4.5 放置导线和网络名

在原理图中，元器件与元器件之间的连接关系是通过导线或网络名来建立的，即导线和网络名均具有电气属性。导线的画法简单，器件与器件的连接关系直观、明了。2.1 声道功率放大器的元器件分布基本到位后，可根据图 3.16 的样图完成各元器件之间的导线连接。

当原理图比较复杂时，导线与导线的连接使得原理图显得凌乱，此时可以采用网络名来表示电气属性。网络名就是对某个导线或元器件的引脚进行命名，网络名相同的电气节点即表示为电气连接，如某导线 A 的网络名为 VCC1，某元器件 B 的引脚的网络名为 Net_4，某 LED 的引脚 2 的网络名为 VCC1，则表示 LED 的引脚 2 与导线 A 是直接连接的。图 3.16 样图中放置的网络名见表 3.4。

表 3.4　2.1 声道功率放大器原理图中的网络名

序号	网络名	备注	序号	网络名	备注
1	Lin	左声道线路输入信号	8	−18 V	−18 V 电源，供功放
2	Rin	右声道线路输入信号	9	OUT_L	左声道扬声器输出
3	Low_L	左声道低音信号	10	OUT_R	右声道扬声器输出
4	Low_R	右声道低音信号	11	AC1	交流输入 1
5	+12 V	+12 V 电源，供运放	12	AC2	交流输入 2
6	−12 V	−12 V 电源，供运放	13	GND	地
7	+18 V	+18 V 电源，供功放	14	UD	整流滤波直流电压

（1）单击主菜单中的"放置（P）"|"NetLabel（N）"命令或直接单击布线工具栏中的"NetLabel（N）" Net 按钮。这时鼠标变成十字形状，并带有初始网络名"NetLabel1"，如图 3.25 所示。

（2）按下 Tab 键，弹出"网络标签"窗口，如图 3.25 所示。在其中可以设置该网络名的名字、颜色和字体大小等，一般只要改变网络名即可。网络名一般第一个字符用大写的字符，字符后如带有数字，如"NetLabel1"，则默认将下一个网络名的数字加 1，变成"NetLabel2"，以此类推。在"网络标签"窗口中，将网络名设置为"AC1"，并将其放置在电源模块左侧的接插件 P1 的 3 脚导线上；随鼠标又会拖出一个网络名"AC2"，将其放置在接插件 P1 的 1 脚导线上，如图 3.16 样图所示。

采用同样的方法将其他网络名一一放置完毕，不同类型的网络名可以采用不同的颜色、字体大小加以区分。

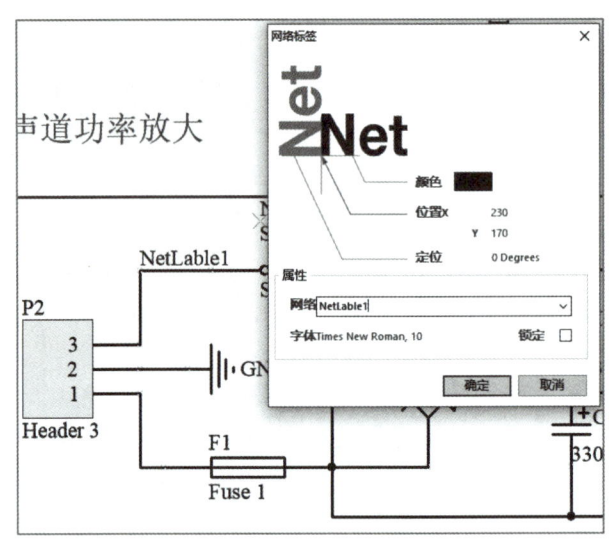

图 3.25 "网络标签"设置窗口

3.4.6 电路块的复制与粘贴

由于 2.1 声道功率放大器的原理图中左右声道的电路完全一模一样，而且 TDA2030A 功放级的电路也是基本相同的，因此在原理图绘制时，可以先绘制好左声道功率放大部分，再通过系统的复制粘贴功能来得到右声道功率放大部分。

用鼠标框选整个左声道部分的电路，单击主菜单中的"编辑（E）"|"拷贝（C）"命令，系统将所选部分备份到内存。再单击主菜单中的"编辑（E）"|"粘贴（P）"命令，在鼠标处会出现一个代表备份电路方框，将该方框移动到合适的位置后，单击鼠标左键后粘贴的电路块就呈现在原理图中。当然也可以直接使用工具栏中的"复制"按钮、"粘贴"按钮以及"橡皮图章"按钮更加快速和方便。

3.4.7 放置电源端口和信号端口

2.1 声道功率放大器的原理图中除有常见的正负电源端口外，还有信号端口，这些端口在 Altium Designer 系统中统称为电源端口，具有电气属性的是这些端口的"网络名"。

1. 放置 +12 V、−12 V、+18 V、−18 V 端

单击主菜单中的"放置（P）"|"电源端口（O）"命令，或单击"布线"工具栏中的 Vcc 或 ⏚ 按钮，鼠标变成十字形并拖出一个"电源端口"符号，按 Tab 键，系统弹出"电源端口"属性窗口，如图 3.26 所示，将属性"网络名"改成"+12 V"，单击"确定"按钮后，出现一个"+12 V"的电源端口符号且跟随鼠标的移动而移动，将其放置到原理图中电源模块的某处导线上，放置完毕后系统仍旧处于放置"+12 V"电源端口的状态，此时可以连续放置，如放置到放放 NE5532 的 8 脚处，放置完毕后按鼠标右键结束该电源端口的放置。电源端口的图形符号有"Bar""Wave""Power Ground""Singal Ground"等形式，

可以在如图 3.26 所示的"电源端口"属性窗口的"类型"中设置。

图 3.26 "电源端口"属性窗口设置 +12 V 网络名

其他 -12 V、+18 V、-18 V 的电源端也采用相同的方法——放置。

2. 放置电源地

电源地的本质也是电源端口，其放置的方法与其他电源端口的方法是一样的。但是电源地又是原理图中使用较多的电路符号，所以一般采用专用的命令或按钮来完成。

单击"布线"工具栏中的 ⏚ 按钮，鼠标变成十字形并拖出一个"地"符号，按 Tab 键，系统弹出"电源端口"属性窗口，如图 3.27 所示，将属性"网络名"改成"GND"，单击"确定"按钮后，出现一个"地"的电源端口符号且跟随鼠标的移动而移动，将其放置到原理图中电源模块的某处导线上，放置完毕后系统仍旧处于放置"地"电源端口的状态，此时可以连续放置，若放置完毕后按鼠标右键结束该电源端口的放置。"地"的图形符号必须选择"Power Ground"类型，如图 3.27 所示。

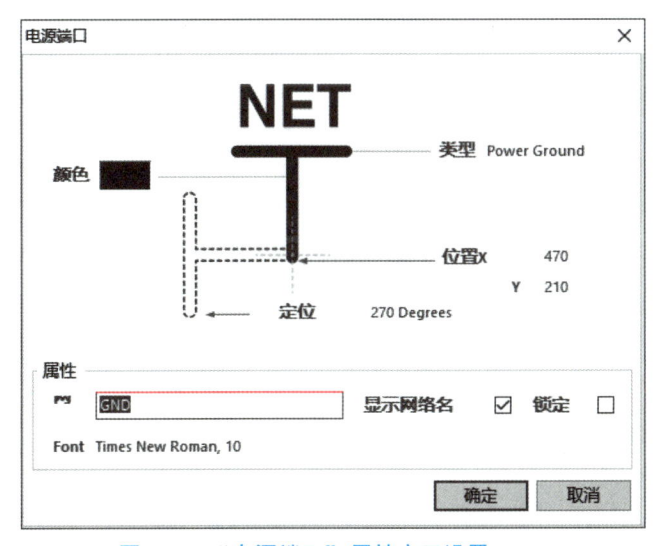

图 3.27 "电源端口"属性窗口设置 GND

63

> 电源端口的本质是网络名，网络名相同就是等同于导线连接。要注意查看"地"网络名，网络名为"GND"的地和网络名为"Gnd"的地是不相连接的，虽然它们的符号都是一样的⏚。不同的地如数字地和模拟地，可以采用不同符号和网络名。

3. 放置信号端口

2.1声道功率放大器原理图中左声道和右声道的输入是通过信号端口Lin和Rin来实现的，Altium Designer系统中的信号端口其实也是电源端口的一种，只是端口的符号不一样。放置电源端口后，在其属性窗口中选择"类型"为"Circle"，端口的符号为一个小圆圈，一般用来表示信号输入。

3.4.8 元件自动标号

元件自动标号可自动为原理图中所有元器件按照某种规律分配元器件的标号，以减少手工分配的麻烦，而且可以避免手工分配产生的错误。

单击主菜单中的"工具（T）"|"注解（A）"命令，弹出如图3.28所示的"注解"属性窗口，可在其中设置如下选项。

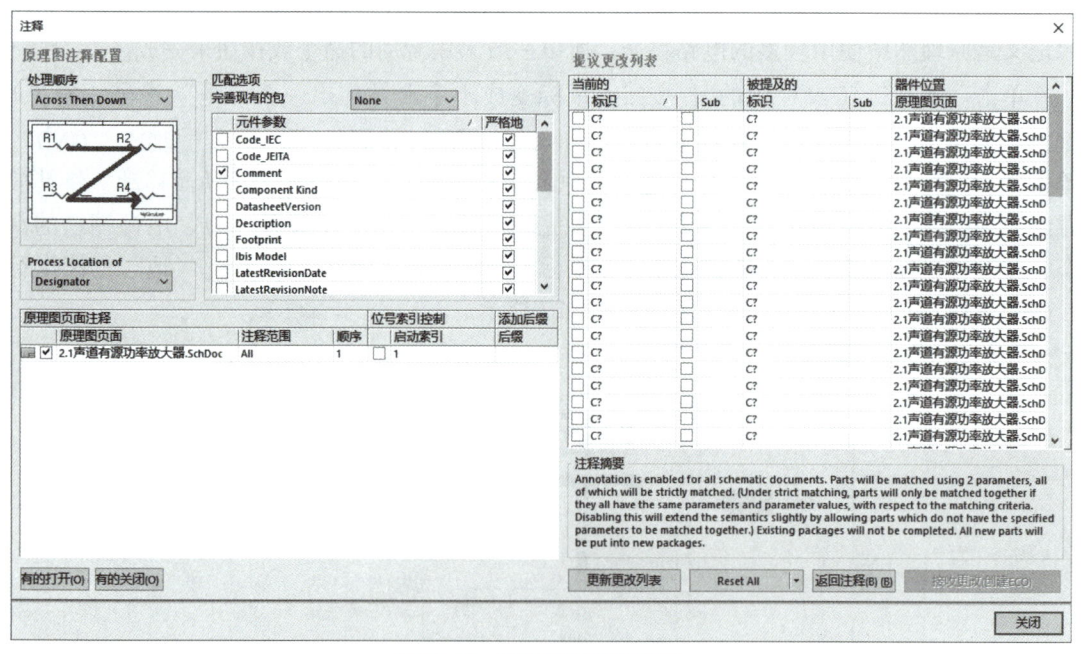

图3.28 "注解"属性窗口

（1）处理顺序：设置自动编号的路径，可选择"Up Then Across"（从下至上，从左到右）、"Down Then Across"（从上至下，从左到右）、"Across Then Up"（从左到右，从下至上）或"Across Then Down"（从左到右，从上至下）选项。

（2）匹配选项：用来设置需要自动标识的元器件的范围，"None"为无设定范围，"Per Sheet"为整张图纸，"Whole Project"为整个项目。

（3）原理图页面注释：在此栏目会列出整个工程项目的所有原理图文件，如需要整个工程统一重新自动标号，则勾选所有原理图文件。

（4）"更新更改列表"按钮：根据设置的自动编号的方式和范围，单击"更新更改列表"按钮后系统会分析标号的变动状况并弹出"Information"窗口，如图3.29所示，提示有多少个元器件的标号即将变更，然后单击"OK"按钮。

图3.29 "更新更改列表"信息窗口

（5）"接受更改（创建ECO）"按钮：在图3.29中单击"OK"按钮，系统返回如图3.28所示的"注解"对话框。此时若要更改的标号生效，则单击"接受更改（创建ECO）"按钮，系统弹出"工程更改顺序"窗口，如图3.30所示，单击"执行更改"按钮则完成自动标号，然后再关闭此对话框。

图3.30 "工程更改顺序"窗口

元器件的标号在原理图中不能重复，否则在原理图中会在元器件上存在红色的报警线，自动标号后这些报警状态就会消失。

任务3.5　绘图工具的使用

原理图中重要的要素当然是元器件与元器件的连接关系，以及元器件的参数等信息。当然，有时一张完善的原理图还会标注一些图形或符号，用来直观地表述电路中的连接关系、电路功能以及工艺加工要求等信息，这些信息没有电气功能，是原理图的标注信息。如图 3.16 所示，图中使用直线分割了电路的模块，并绘制了整个电路的框图结构。

3.5.1 放置直线

单击主菜单中的"放置（P）"|"绘图工具（D）"|"走线（L）"命令或单击实用工具栏中的"放置线"按钮 ，鼠标变成十字形状，选择直线的起点和终点即可绘制该直线。双击该直线或在绘制时按 Tab 键，弹出"PolyLine"设置窗口，如图 3.31 所示。

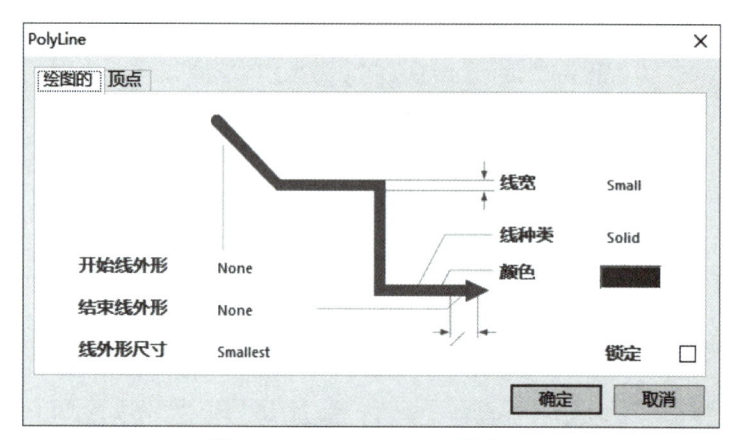

图 3.31 "PolyLine"设置窗口

"绘图的"选项卡，一般设置如下参数。

（1）线宽：直线的宽度，有最细（Smallest）、细（Small）、中（Medium）和大（Large）可选，在下拉列表中选择即可。

（2）种类：可设置线的种类为实线（Solid）、虚画线（Dashed）、虚点线（Dotted）和虚点画线（Dashed Dotted）。

（3）颜色：设置直线的颜色。

"顶点"选项卡主要用于设置直线的端点坐标，可精确设置坐标点，如图 3.32 所示。

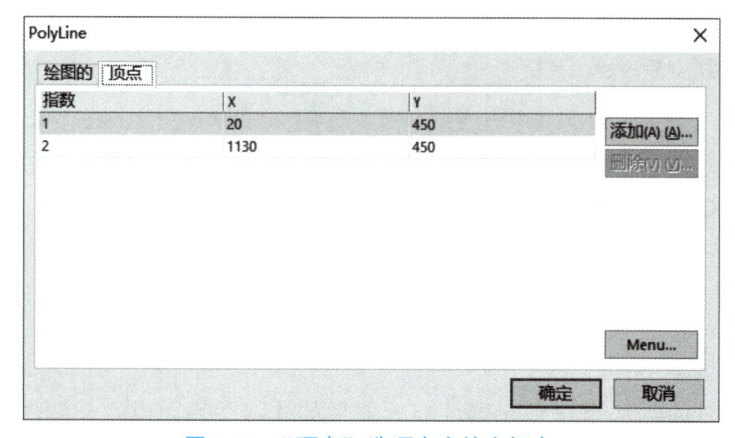

图 3.32 "顶点"选项卡中的坐标点

根据样图 3.16 所示，将电路中各模块采用直线分割。

3.5.2 放置多边形

单击主菜单中的"放置（P）"|"绘图工具（D）"|"多边形"命令或单击实用工具栏中的"放置多边形"按钮，鼠标变成十字形状，选择多边形的各端点即可绘制该多边形，单击鼠标右键，则多边形放置结束。在本任务中通过该方法可绘制电路框图中的扬声器。

多边形放置后可能形状需要修改或编辑，此时单击该多边形，多边形的端点会显现绿色的夹持点，单击鼠标左键点选需要拖动的夹持点，然后拖动到合适的位置后松开鼠标，多边形的形状就完成了修改，如图 3.33 所示。

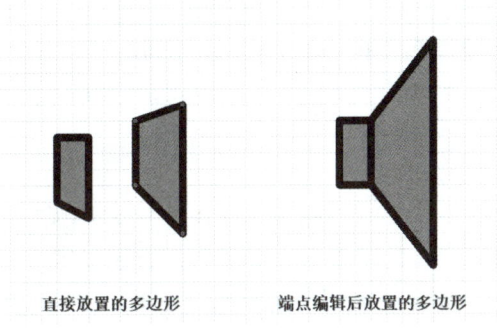

图 3.33 多边形的编辑

当然更精细的多边形的编辑需要在"多边形"的属性窗口中设置，双击该多边形或在绘制时按 Tab 键，系统会弹出"多边形"属性窗口，如图 3.34 所示。

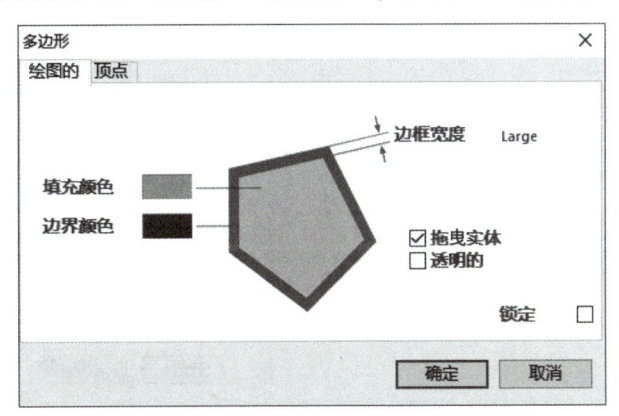

图 3.34 "多边形"属性窗口

在"绘图的"选项卡中设置如下参数。

（1）边框宽度：设置边框的宽度，有最细（Smallest）、细（Small）、中（Medium）和大（Large）可选，在下拉列表中选择即可。

（2）填充颜色：多边形内部的填充色。

（3）边界颜色：边框线条的颜色。

"顶点"选项卡主要用于设置多边形的端点坐标，可精确设置点的坐标。如图 3.35 所示。

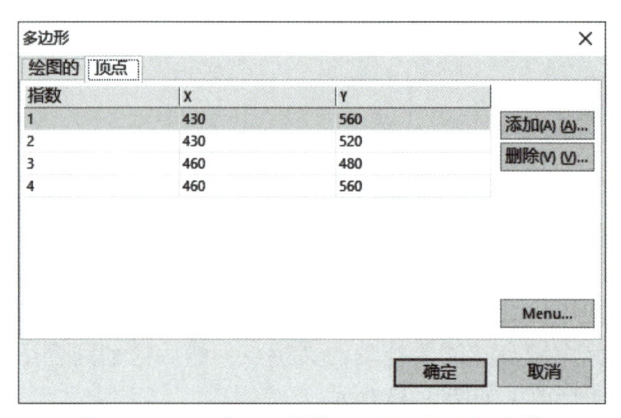

图 3.35 "多边形"属性窗口的顶点坐标设置

根据样图 3.16 所示,绘制多个扬声器的多边形图形。

3.5.3 放置椭圆弧

单击主菜单中的"放置(P)"|"绘图工具(D)"|"椭圆弧"命令或直接单击实用工具栏中的"放置椭圆弧"按钮,鼠标变成十字形状,分别设置多个坐标点来确定圆弧的形状:包括圆心点、X 轴长、Y 轴长、起始角度和终止角度。一般初步绘制后通过"椭圆弧"属性窗口来精确设置椭圆弧的上述参数。

双击该椭圆弧或在绘制椭圆弧时按 Tab 键,可弹出"椭圆弧"属性窗口,如图 3.36 所示。

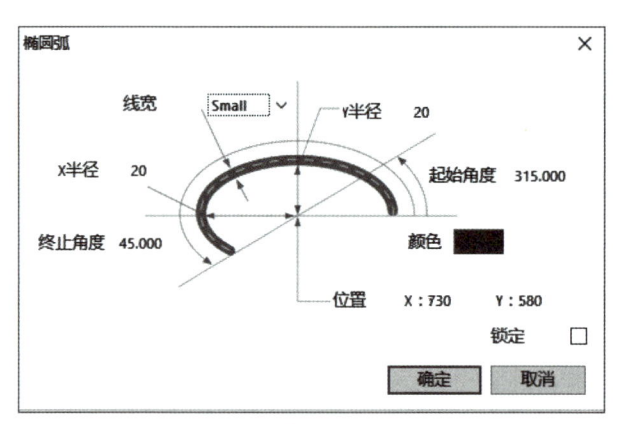

图 3.36 "椭圆弧"属性窗口

(1) X 半径:椭圆弧的 X 轴半径的长度。
(2) Y 半径:椭圆弧的 Y 轴半径的长度。
(3) 线宽:椭圆弧的弧线的宽度,有最细(Smallest)、细(Small)、中(Medium)、大(Large)可选,单击下拉框选择即可。
(4) 起始角度:椭圆弧弧线的起始角度。
(5) 终止角度:椭圆弧弧线的结束角度。
(6) 颜色:椭圆弧弧线的颜色。

根据样图 3.16 所示，用绘制椭圆弧命令绘制多个扬声器声波符号。

3.5.4 放置曲线

执行主菜单中的"放置（P）"|"绘图工具（D）"|"贝塞尔曲线"命令，或直接单击实用工具栏中的"放置贝塞尔曲线"按钮，鼠标变成十字形状，分别设置以下几个坐标点来确定曲线的形状：起点（第 1 控制点）、第 2 控制点、第 3 控制点和终点（第 4 控制点）。

双击该贝塞尔曲线或在绘制时按下 Tab 键，系统会弹出"贝塞尔曲线"设置对话框，如图 3.37 所示。

（1）曲线宽度：有最细（Smallest）、细（Small）、中（Medium）、大（Large）可选，单击下拉框选择即可。

（2）颜色：设定贝塞尔曲线的颜色。

曲线的其他轨迹形状通过拖动曲线的控制点来修改，如图 3.38 所示。

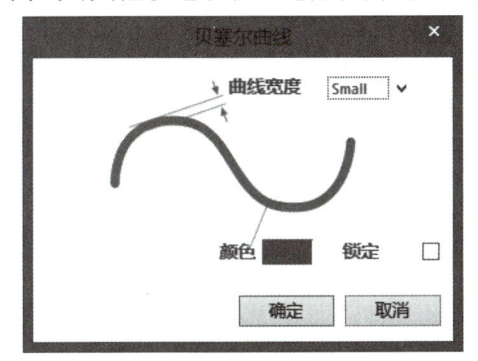

图 3.37 "贝塞尔曲线"对话框 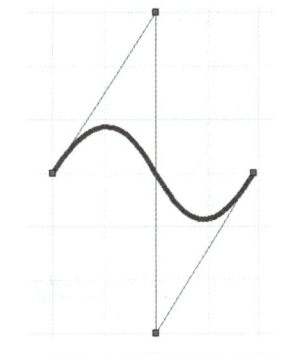　　　　图 3.38 拖动曲线的控制点来修改曲线

根据样图 3.16 所示，在电源模块的输入端放置交流电的符号。

3.5.5 放置字符串

单击主菜单中的"放置（P）"|"文本字符串（T）"命令或直接单击实用工具栏中的"放置文本字符串"按钮，鼠标变成十字形状并拖出一个带有"Text"字样的字符串框。移动到合适的位置后单击鼠标左键将文本框放置好，此时鼠标仍是十字形，仍处于放置字符串状态，可继续放置字符串。若放置完毕，单击鼠标右键或按 Esc 键。双击该字符串或在放置字符串时按 Tab 键，会弹出"标注"属性窗口，如图 3.39 所示。

（1）文本：文本字符串显示的字符。

（2）水平正确：设置字符串水平放置的起点。有左（Left）、右（Right）和中心（Center）三种。

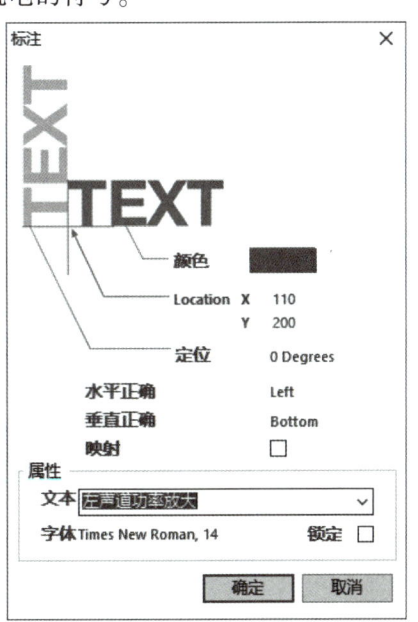

图 3.39 "标注"属性窗口

（3）垂直正确：设置字符串垂直放置的起点，有顶（Top）、底（Bottom）和中心（Center）三种。

（4）定位：字符串的旋转角度。

（5）颜色：字符串的颜色。

根据样图 3.16 所示，用字符串标注各模块的名称以及总电路框图中各单元电路的名称。

3.5.6　放置图像

在原理图文件中，会放置一些图像，如设计单位的 Logo 图像、电路工作点曲线等图像，使得原理图文件图文并茂，设计参数、调试参数等信息一目了然。

执行主菜单中的"放置（P）"|"绘图工具（D）"|"放置图像（G）"命令或直接单击实用工具栏中的"放置图像按钮" ，鼠标变成十字形状，并拖出一个带有图像的边框。移动到合适位置后单击鼠标左键确定放置图像区域的左端点，继续拉出图像框的大小到合适的位置后单击鼠标左键确定放置图像区域的右端点，弹出"打开"窗口，在窗口中选择一个图片文件，单击"打开"按钮该图片被放置到原理图中。

双击该图片或在放置图片时按 Tab 键，会弹出"绘图"设置窗口，如图 3.40 所示。

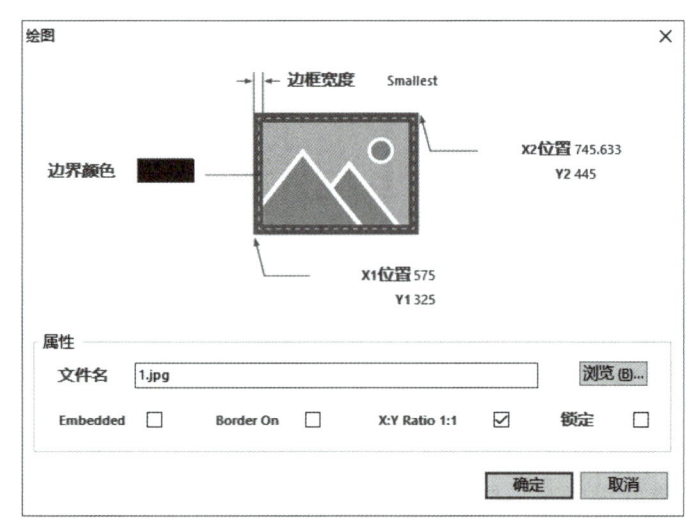

图 3.40　"绘图"设置窗口

"绘图"对话框设置的参数如下。

（1）文件名：指向图片的位置及名称，可以单击"浏览"按钮重新选择图片文件。

（2）边框宽度：图片边框的宽度，有最细（Smallest）、细（Small）、中（Medium）、大（Large）可选，单击下拉框选择即可。

（3）边界颜色：可设置边界的颜色。

3.5.7　放置链接

执行主菜单中的|"放置（P）"|"绘图工具（D）"|"放置链接"命令或直接单击实用

工具栏中的"放置链接"按钮，鼠标变成十字形状，并拖出一个带有"Link"字样的字符串框，移动到合适的位置后单击鼠标左键将其放置好。

双击该链接字符或在放置时按 Tab 键，系统会弹出"超链接"设置窗口，如图 3.41 所示。

"超链接"对话框设置的参数如下。

（1）文本：链接的名称。

（2）URL：链接的网址。

（3）颜色：文本的颜色。

（4）水平对齐：文本水平放置的起点，有左（Left）、右（Right）和中心（Center）三种。

（5）垂直对齐：文本串垂直放置的起点，有顶（Top）、底（Bottom）和中心（Center）三种。

（6）方向：文本的旋转角度。

属性设置完毕后，在原理图中将鼠标放置到该链接文本名上，系统会在文本名下方弹出链接的网络地址，单击即可在 Altium Designer 中打开该网址的网页。

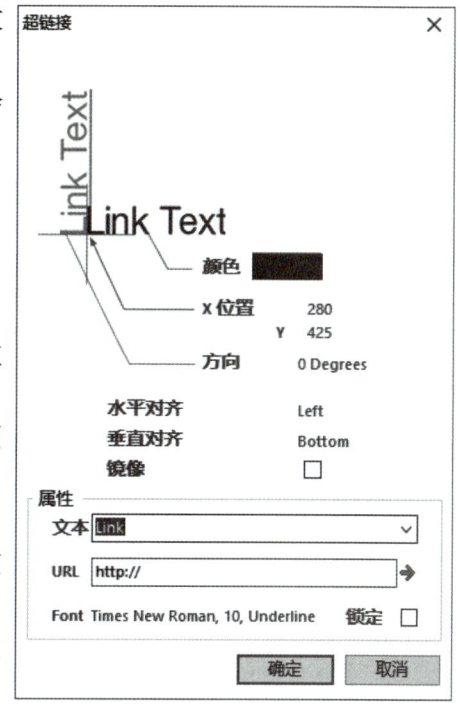

图 3.41 "超链接"设置窗口

放置矩形、直线、弧线和字符串等对象，绘制完成 2.1 声道功率放大器的原理图，绘图工具中的命令在后续的 PCB 设计中同样有效。

任务 3.6　原理图编译及报告

绘制原理图文件后还要生成多种报表及库报告，对元器件规则进行有关检查等，以进一步完善原理图设计的科学性和严密性。

3.6.1　运行元件规则检查

Altium Designer 在用户设计和绘制原理图时，随时在查错，如元器件标号重复时就会在该元器件引脚附近出现红色的波浪线以示报警。对原理图的电气连接特性进行自动检查，检查后发现的错误信息将在"Messages"窗口中列出；同时也会在原图中标注出来。用户可以设置检测规则，然后根据对话框所列出的错误信息修改原理图。

Altium Designer 系统错误类型有 Fatal Error（重大错误）、Error（错误）、Warning（警告）、No Report（不报告）（即无错误）四种，其中元器件标号重复、同一导线或引脚被设置多个网络名（视为短路）等情况的等级为错误。

1. 设置原理图自动检测参数

单击主菜单中的"工程（C）"|"工程参数（O）"命令，系统会弹出"Options for PCB_Project PrjPcb"窗口，如图 3.42 所示。

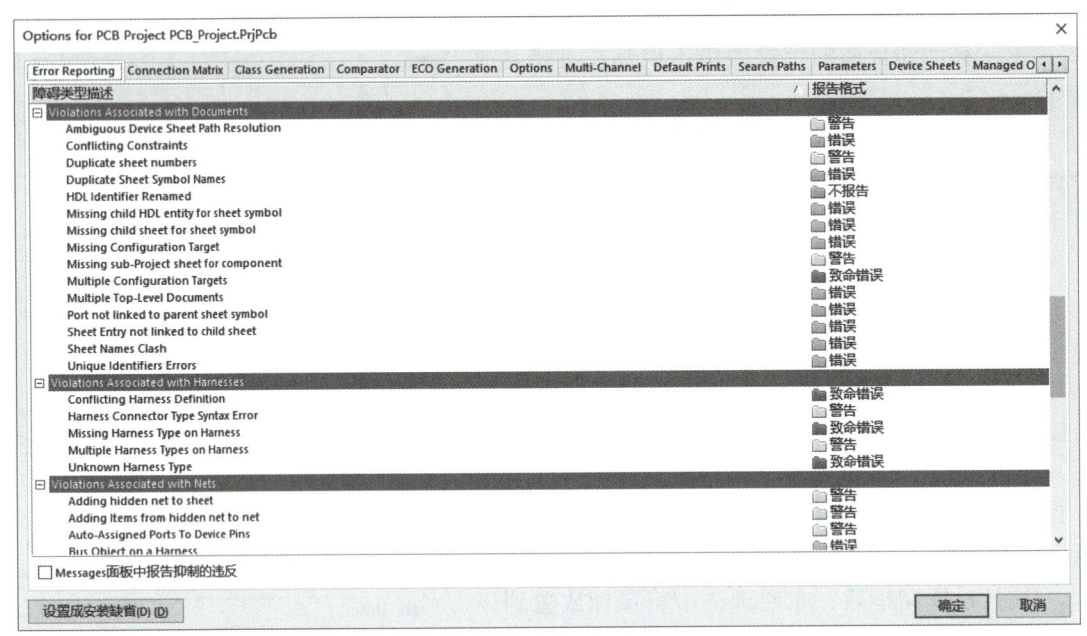

图 3.42 "工程参数"属性窗口

在"Error Reporting"选项卡中，列出了多种错误的情况，大致分类如表 3.5 所示。

表 3.5 编译检查中错误的几种类型

	错误的分类	中文翻译
1	Violations Associated with Buses	有关总线电气错误
2	Violations Associated Components	有关元件符号电气错误
3	Violations Associated with Documents	相关文档电气错误
4	Violations Associated with Nets	有关网络电气错误
5	Violations Associated with Others	有关原理图的各种类型的错误

一般编译检查的参数采用默认，不必进行改变。

2. 编译原理图

设置原理图各种电气错误等级后，即可编译原理图，以检查其电气规则。

执行主菜单中的"工程（C）"|"Compile Document"命令，即编译文件。编译后，自动检测结果将存放在"Messages"面板中。如有电气规则错误，弹出"Messages"属性窗口，如图 3.43 所示。若检查到后面有错误，没有"Messages"信息窗口弹出，此时要打开"Messages"窗口，可单击主菜单中的"察看（V）"|"Workspace Panels"|"System"|"Messages"命令；或单击屏幕右下方的"System"选项卡|"Messages"命令进行查看。

在"Messages"属性窗口中呈现"Error"错误级别的信息中，会有错误点的坐标，如图 3.43 所示，若双击该错误信息，在原理图文件中存在错误的元器件或导线会高亮显示。

如检测到原理图有错误或报警，要将原理图修改后再次检查。

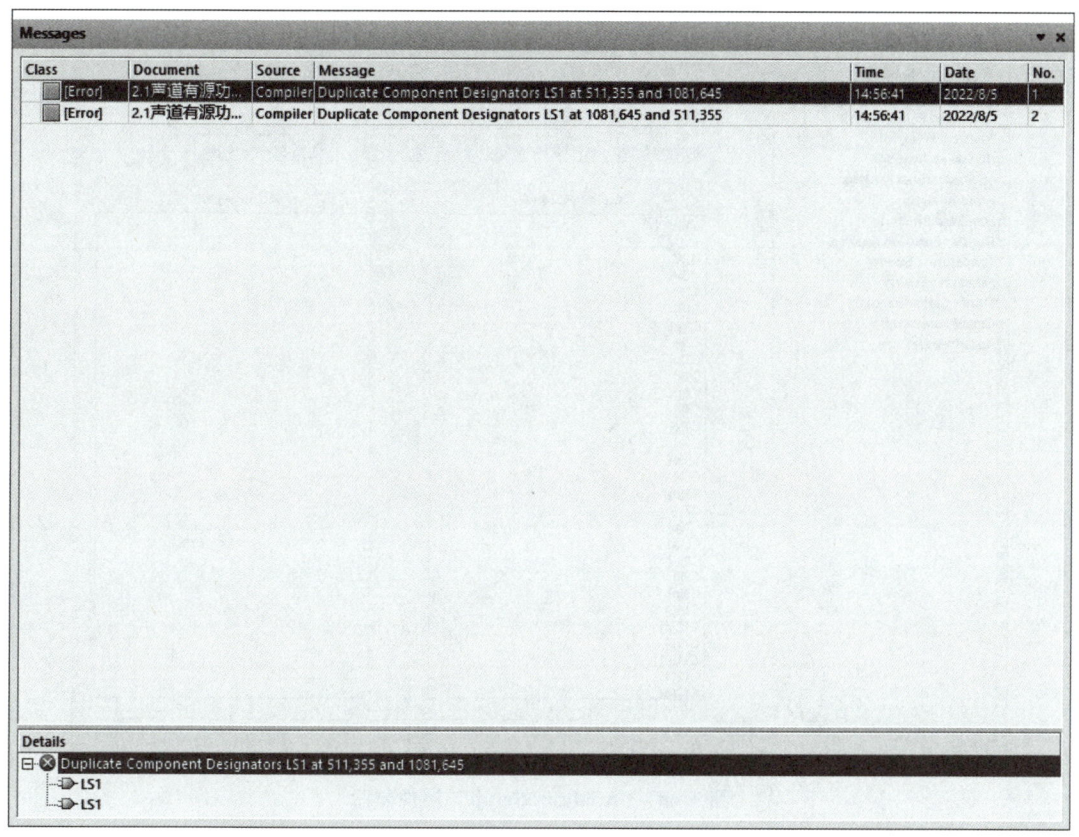

图 3.43 "Messages"属性窗口

3.6.2 生成网络表

网络表是电路中各元器件逻辑连接、封装、参数等的数据表,是采用语言形式来表达电路中各要素的重要文件。在众多的电路设计软件中,网络表是相互兼容、通用的主要数据文件。

网络表的格式有多种,要根据不同的电路设计软件来生成相应格式的网络表,这里以生成 XSpice 格式网络表为例。在原理图设计界面,执行主菜单中的"设计(D)"|"文件的网络表"|"XSpice"命令,系统弹出"Analyses Setup"属性窗口,如图 3.44 所示,一般默认窗口中的设置,然后单击右下角的"OK"按钮。系统根据"Analyses Setup"属性窗口中的设置进行分析、编译后,弹出"Messages"属性窗口,在该属性窗口中标注生成了网络表文件 2.nsx,如图 3.45 所示。

在 Altium Designer 系统左侧工作面板"Projects"下,找到工程项目文件结构中的"Generated"|"2.nsx"文件,双击该文件将其打开,如图 3.46 所示。

XSpice 格式的网络表的语法形式比较简单,这里摘录"2.nsx"文件中几句:

    C1 0 NetC1_2 104: 器件 C1 节点 0 节点 NetC1_2 参数 104
    C2 NetC2_1 0 104: 器件 C2 节点 NetC2_1 节点 0 参数 104

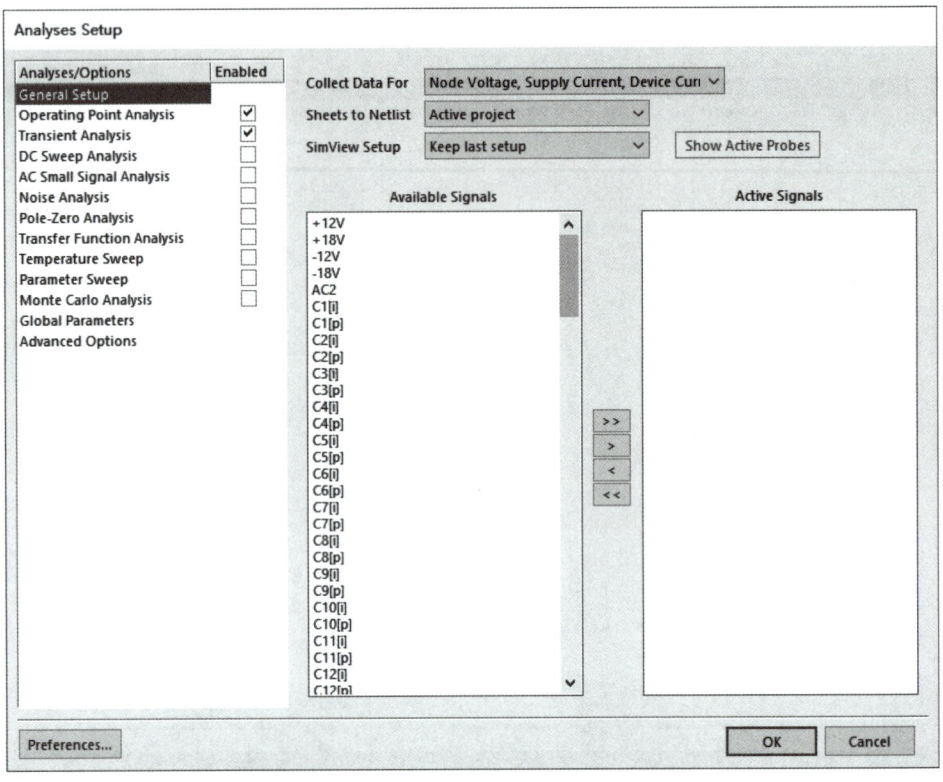

图 3.44 "Analyses Setup" 属性窗口

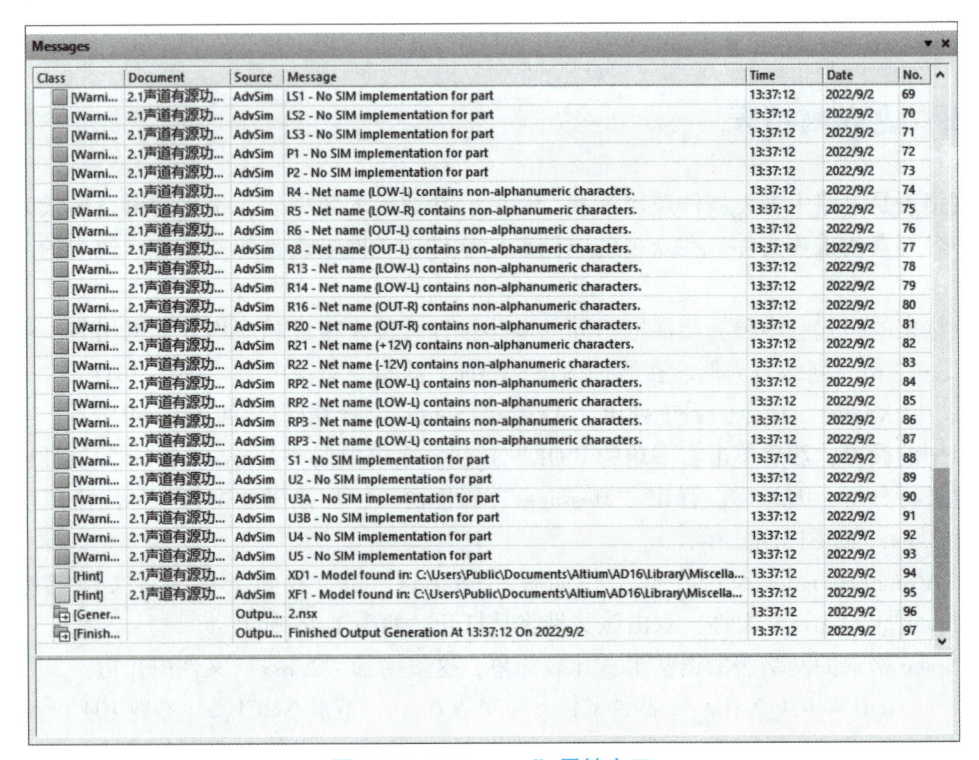

图 3.45 "Messages" 属性窗口

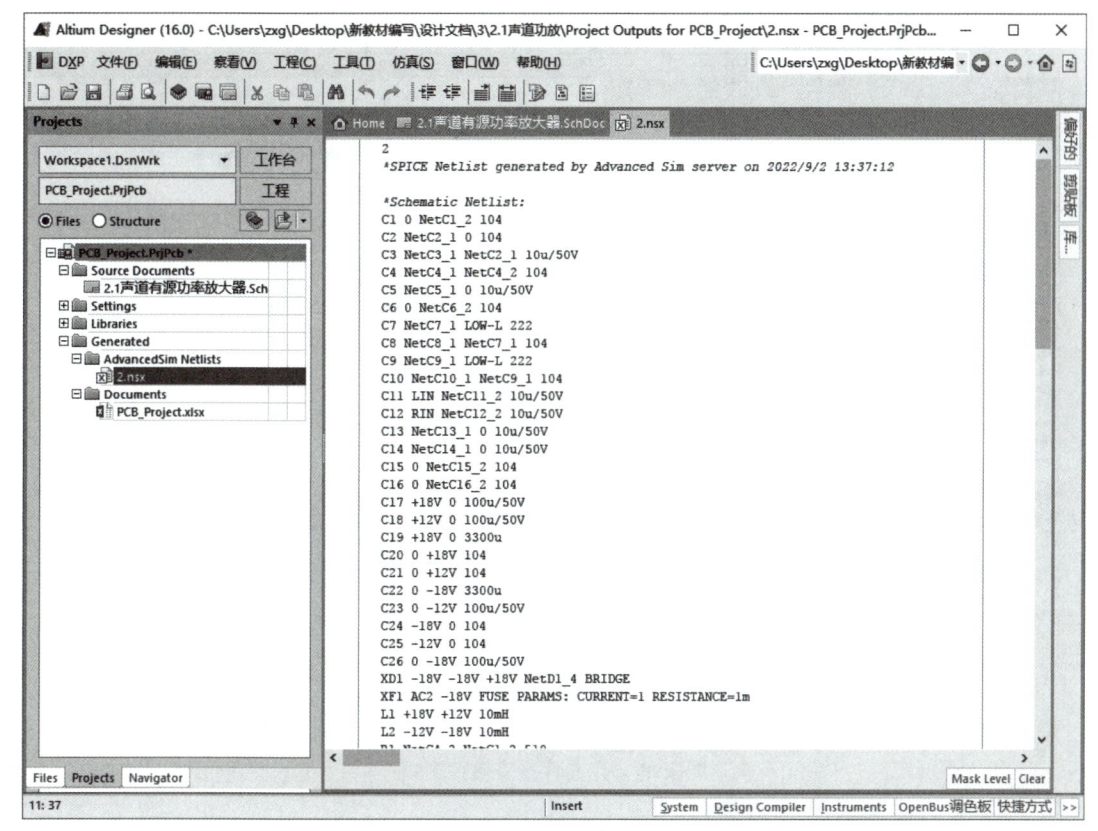

项目3　2.1声道功率放大器的原理图设计

图3.46　网络表信息

通俗的解释为元器件 C1 的引脚 1 接在节点 0（地）上，引脚 2 接在节点 NetC1_2，参数为 104；元器件 C2 的引脚 1 接在节点 NetC2_1 上，引脚 2 接在节点 0（地），参数为 104。

3.6.3　生成元器件清单 BOM

元器件报表主要用来列出当前项目中用到的所有元器件的标识、封装形式和库参考等，即元器件清单。根据这份元器件清单就可以进行装配测试和物料采购等。

1. 设置元器件报表的选项

执行主菜单中的"报告（R）"|"Bill of Materials"命令，弹出相应的元器件报表对话框，如图 3.47 所示。需要设置的主要参数如下。

（1）聚合的纵队：可选择报表的内容包含"Comment"（元件）、"Footprint"（封装），勾选其后的复选框即可。

（2）全部纵列：设置要创建的元器件报表的选项，有"Description"（元件描述）、"Designator"（标号）、"Footprint"（封装）、"LibRef"（库编号）、"Quantity"（数量）和"Value"（值），可根据报表的需要进行选择。

（3）文件格式：设置报表文件的格式，有 CSV、Excel、Pdf、HDML 和 TXT 等格式可以选择。"文件格式"下拉列表框下面有"添加到工程（A）"和"打开导出的（O）"两个复选框可以选择。

75

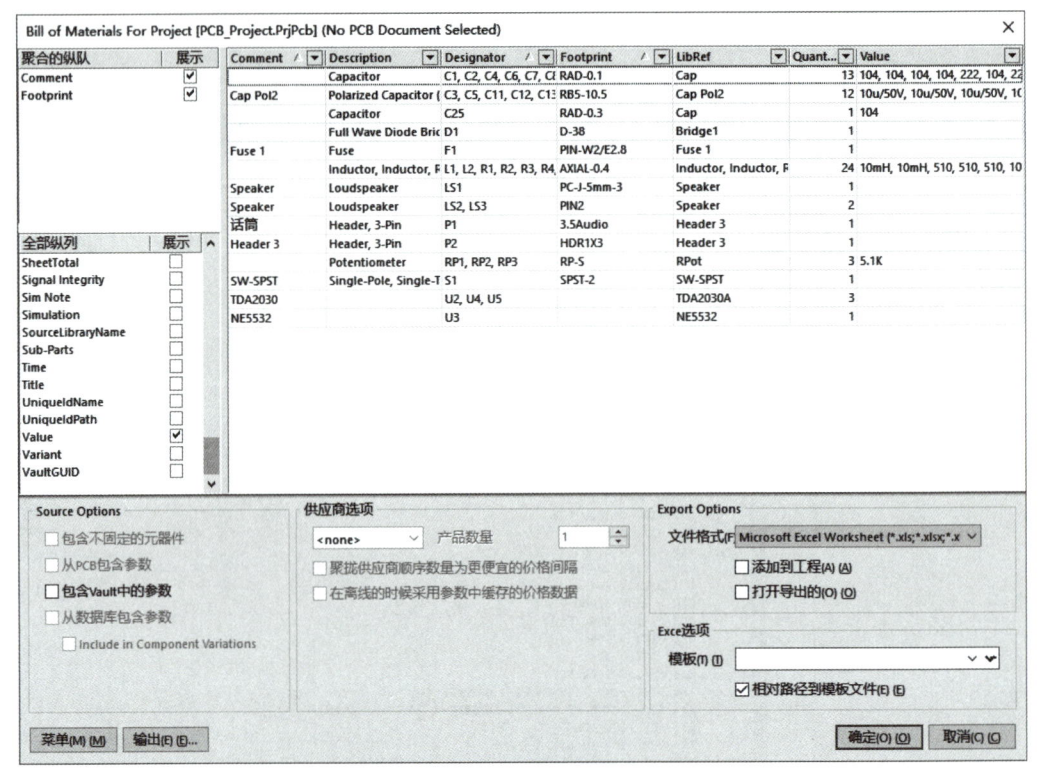

图 3.47　元器件报表属性窗口

2. 输出元件报表

上述的元器件设置好后元器件报表并没生成，如要生成元器件报表文件，则单击"输出"按钮，弹出"另存为"对话框，设置存放位置和文件的名称，单击"保存"按钮即存放在默认工程项目目录下。一般可选择保存的格式为 Excel 格式，输出的元器件报表如图 3.48 所示。

图 3.48　输出的 Excel 格式的元器件报表

至此通过新建原理图库文件后创建了 2.1 声道功率放大器电路中所需的 TDA2030A 器件，并根据图纸的需要将各元器件摆放到位。连接导线，然后应用系统的对齐、复制、粘贴和自动标号等功能快速完成复杂电路原理图的设计。原理图设计完成后，进行对齐规则检查，无误后导出原理图元器件的清单。

项目训练

1. 参照图 3.49 绘制 74LS20 的原理图库文件。

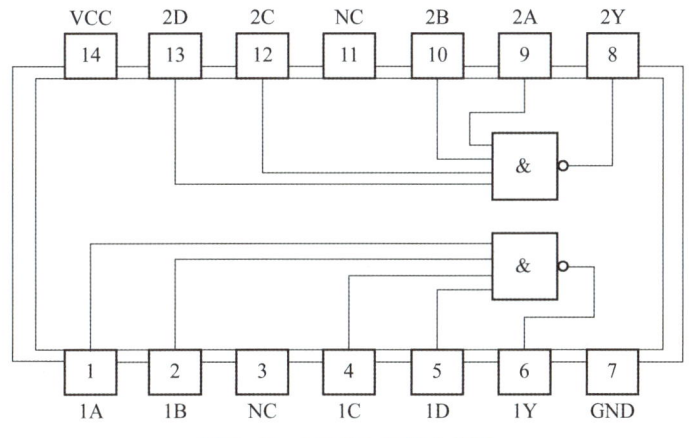

图 3.49　74LS20 各脚功能图

2. 参照图 3.50 绘制 LM1875 的原理图库文件。

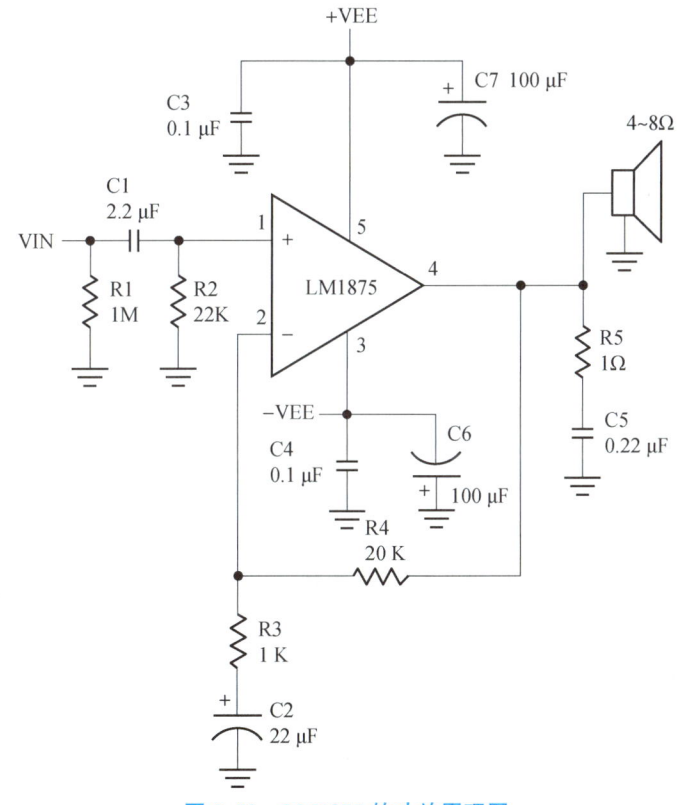

图 3.50　LM1875 的功放原理图

3. 参照图 3.50 绘制 LM1875 的功放原理图。

项目 4

层次原理图设计

本项目介绍复杂原理图的层次结构设计法，即从自上而下和自下而上两种方法来实现系统、模块、子原理图之间的逻辑结构和设计的方法。其中总线＋网络名的逻辑结构形式在原理图设计中应用较多。另外，将介绍原理图的输出、打印以及 PDF 输出等方法。

知识技能素养导航	知识了解	层次结构的意义
	知识熟知	层次电路的设计方法； 图表符与图纸入口
	技能掌握	总线的画法； 层次电路的连接与切换
	技能高手	层次电路的快速升级； 电路输出打印
	职业素养	精益求精、有效沟通、团队合作、工匠精神、视角与格局

任务 4.1　了解层次电路设计的概念与方法

虽然前面多个原理图的设计元器件数量达到了几十个，并且均是将整个系统的电路元器件绘制在一张原理图纸上，但这种方法只适用于规模较小、逻辑结构比较简单的电路系统设计。大规模的电路系统，由于所包含的对象数量繁多，结构关系复杂，所以很难在一张原理图纸上完整地绘制。即使勉强绘制出来，其错综复杂的结构也非常不利于电路的阅读分析与检测。大规模的复杂电路系统应该采用新的设计方法，即电路的模块化设计。设计过程中将整个电路系统按照功能分解成若干个电路模块，每个电路模块完成一定的独立功能，有相对的独立性，各模块之间有相应的端口可以相互连接或通信。

模块化设计电路之后，不同的模块可以由不同的设计者分别绘制在不同的原理图纸上。这样，电路结构清晰，同时也便于多人共同参与设计，设计简便，而且工作进程也加快了，这就是 Altium Designer 的层次化原理图的概念，如图 4.1 所示。层次电路原理图的设计模块划分的原则是每一个电路模块应该有明确的功能特征和相对独立的结构，而且还要有简单且统一的接口，便于模块之间的连接。设计时对每一个具体的电路模块分别绘制相应的电路原理图，该原理图一般称为"子原理图"，而各个电路模块之间的连接关系则是采用一个顶层系统原理图来表示。顶层系统原理图主要由若干个方块电路图纸符号组成，用来展示各个电路模块之间的系统连接关系，描述了整体电路的功能结构。

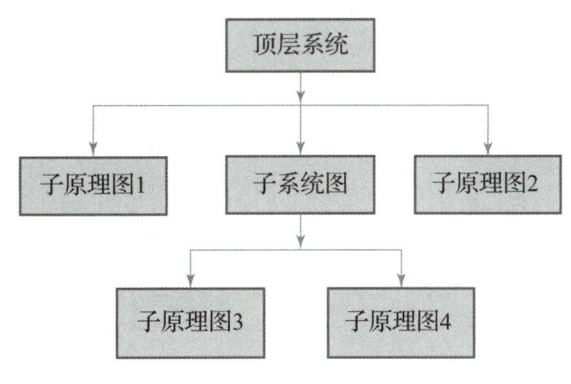

图 4.1 层次化原理图的架构

层次电路的设计有两种方法，一种是自上而下的层次设计，另一种是自下而上的层次设计。前者的设计思想是在设计各单元电路之前规划好每个模块的设计参数以及输入输出的端口和方式，然后对每一模块进行详细设计。该设计方法要求设计者在系统级的控制有较多的设计和考虑，对电路的模块划分比较清楚，参数可逐级细化完善。后者则是设计者先设计出单元原理图，根据功能来搭建系统的整体功能，进而生成上层原理图。

对于一个功能明确且结构清晰的电路系统来说，采用自上而下的层次电路设计方法能够清晰地表达出设计者的设计理念。但在有些情况下，特别是在电路的模块化设计过程中，不同电路模块的不同组合会形成功能完全不同的电路系统。用户可以根据自己的具体设计需要选择若干个已有的电路模块组合产生一个符合设计要求的完整电路系统，此时电路系统可以使用自下而上的层次电路设计流程来完成。

任务 4.2 采用自上而下的层次电路设计方法

本节以数字式电压测量系统设计为例来阐述系统层次化设计的架构方法，根据数字式电压测量系统原理将此系统划分成电源（Power）、交流直流调理（AC - DC）、主控（MCU）和模/数转换（ADC0809）4 个模块，如图 4.2 所示。每一个模块采用前面介绍的方法单独设计和绘制原理图，即子原理图，并在子原理图中放置各模块间输入输出的端口。

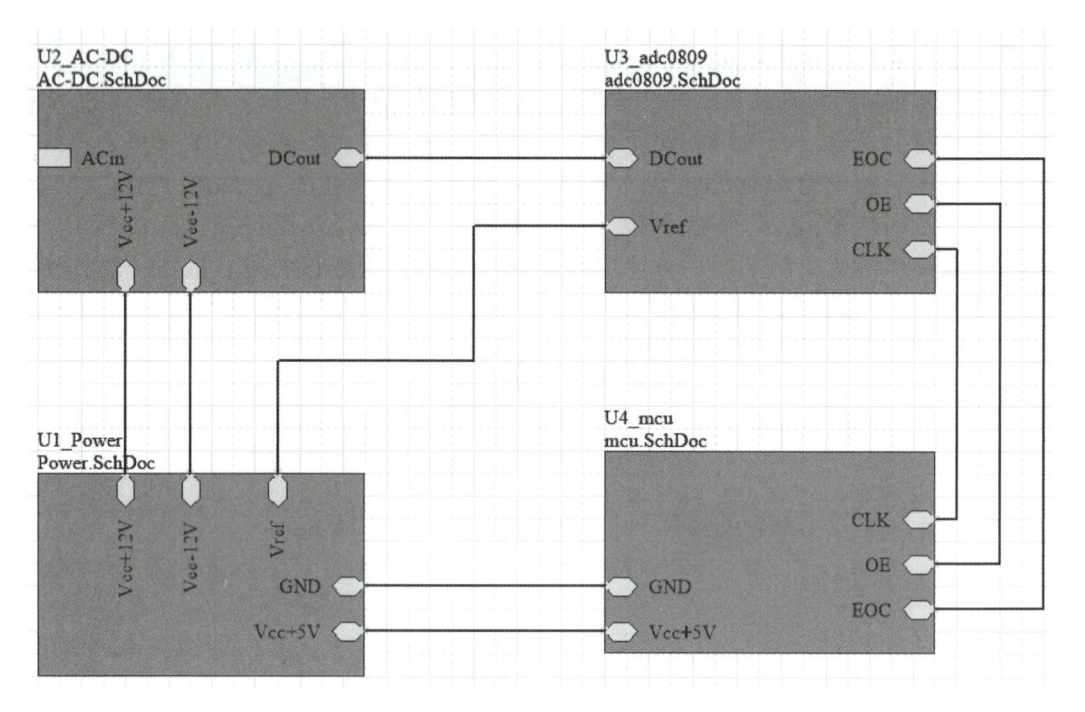

图 4.2 数字式电压测量系统模块结构图

4.2.1 将电路划分为多个电路功能模块

1. 新建顶层原理图文件

新建工程项目文件"数字式电压测量系统.PrjPcb",并在此工程项目中新建一个原理图文件System.SchDoc,将该文件作为系统的顶层原理图文件。

一般顶层原理图中放置的是电路模块,该电路模块在Altium Designer中称为图表符。

2. 创建各图表符(模块)

打开System.SchDoc文件,执行主菜单中的"放置(P)"|"图表符(S)"命令或直接单击布线工具栏中的"放置图表符"按钮 ,鼠标变成十字形状,并带有图表符图形。单击鼠标左键来确定放置原理图图表符的位置,再拖动鼠标拉出一个大小合适的图表符,单击鼠标左键结束图表符的放置。放置后鼠标仍处于放置图表符的状态,重复操作即可放置其他原理图图表符。单击鼠标右键或者按Esc键退出操作。

3. 设置图表符的属性

此时放置的图表符并没有具体意义,需要进一步设置,包括标识符、所表示的子原理图文件及一些相关的属性等。双击需要设置属性的原理图图表符或在绘制状态时按Tab键,弹出相应的"方块符号"属性窗口。在其中完成标识、文件名、大小和尺寸等属性的设置,如图4.3所示。

▲ 标识:该图表符的名称,在原理图中是唯一的。可以根据需要设置,在"标识"框中输入"U4_mcu"。

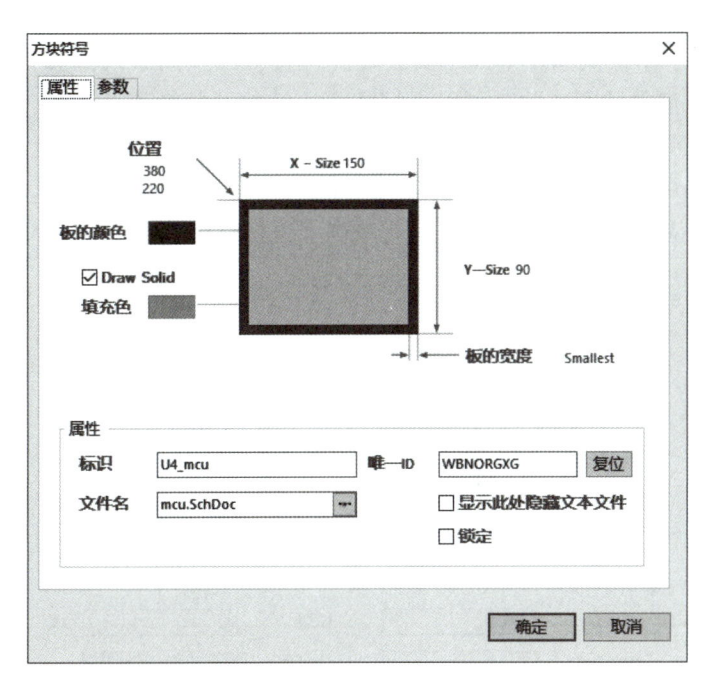

图 4.3 "方块符号"属性窗口

▲ 文件名：指自上而下的下级子原理图的名称，如输入"mcu.SchDoc"，系统会自动生成下级原理图 mcu.SchDoc。

▲ 位置：图表符方框在原理图中起点的坐标值，可以直接输入坐标的数值。

▲ X – Size 和 Y – Size：图表符方框在原理图中的宽度和高度，可以直接输入坐标的数值。

▲ 板的颜色：图表符边框的颜色。

▲ 填充色：图表符内部填充的颜色。

设置完毕后，单击"确定"按钮，一个代表下级原理图的顶层图表符绘制完成。

按同样的方法绘制其他 3 个图表符并设置属性，标识分别为 U2_AC – DC、U3_adc0809 和 U1_Power，指向的子原理图文件的名称分别设置为"AC – DC.SchDoc""adc0809.SchDoc"和"Power.SchDoc"。调整位置后结果如图 4.2 所示。

4.2.2　设计各模块间的连接端口

电路系统的功能是通过各模块间相互连接、通信来实现的，在自上而下的设计过程中，规划设计几个电路模块的同时，也要设计它们之间的连接端口，Altium Designer 中的顶层原理图图表符的连接端口称为图纸入口，即图纸与图纸之间的连接口。

1. 放置图纸入口

根据各模块的设计需要，在对应的图表符中放置相应的图纸入口。图纸入口只能放置在图表符中。

在顶层原理图 System.SchDoc 文件设计界面下，执行主菜单中的"放置（P）"|"放置

图纸入口（A）"命令后，跟随鼠标光标处拖出一个"图纸入口"，将其放置到"mcu.SchDoc"中，单击鼠标左键确定其放置的位置；一个图纸入口放置完毕后，系统仍旧处于放置图纸入口的状态，此时可以根据需要连续放置几个图纸入口，单击鼠标右键结束放置图纸入口的功能状态。

图纸入口就是电路的接口，其拥有电气属性。双击某个端口，或在放置时按 Tab 键，系统弹出"方块入口"属性窗口，如图 4.4 所示，可设置图纸入口的电气属性。

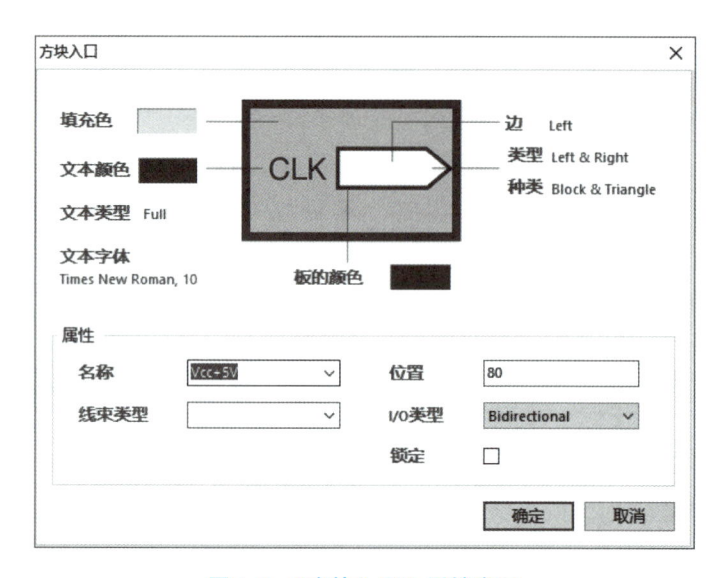

图 4.4 "方块入口"属性窗口

▲ 名称：图纸端口的名称，该端口在原理图中作为有电气连接的输入输出端口。该名称就是电路端口的网络名，相同名称的图纸入口代表在电气上是相连接的。

▲ I/O 类型：包括 Unspecified（未指明）、Output（输出）、Input（输入）和 Bidirectional（双向）4 个选项。该下拉列表框通常与电路端口外形的设置一一对应，这是电路端口最重要的属性。

▲ 边：电路端口在图表符方框中的位置，包括 Top（顶部）、Left（左侧）、Bottom（底部）和 Right（右侧）4 个选项。

▲ 类型：图纸端口形状。

▲ 板的颜色：图纸端口边框的颜色。

▲ 填充色：图纸端口内部填充的颜色。

▲ 文本颜色：图纸端口上文字的颜色。

在"mcu.SchDoc"中添加 CLK、OE、EOC 三个图纸入口，如图 4.5 所示。按同样的方法为其他 3 个子原理图生成相应的图表符，最后的结果如图 4.5 所示。

2. 完成导出原理图中各模块的连接

根据系统设计的需要，将各模块间通过图纸入口利用导线或其他一些元器件相互连接起来，完成顶层原理图的设计，如图 4.2 所示。图纸入口的位置、大小、颜色可以根据设计需要加以修改或编辑。

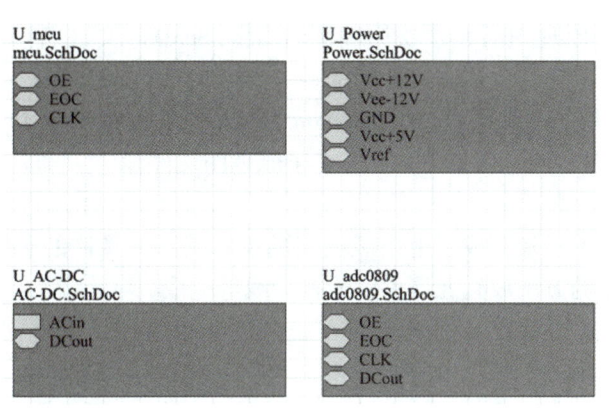

图 4.5　各图表符（模块）中的图纸入口（端口）

4.2.3　设计层次电路子电路原理图

1. 自上而下生成子原理图

执行主菜单中的"设计（D）"|"产生图纸（R）"命令，鼠标变成十字形。单击"mcu.SchDoc"的图表符，系统自动在工程项目文件数字式电压测量系统.PrjPcb中添加一个新的原理图文件并打开该文件。该原理图文件的名称就是该图表符中设定的子原理图的文件名"mcu.SchDoc"。打开的原理图文件"mcu.SchDoc"中会自动增加5个电路的输入输出端口，端口的名称与图表符中的图纸端口名一致，如图4.6所示。

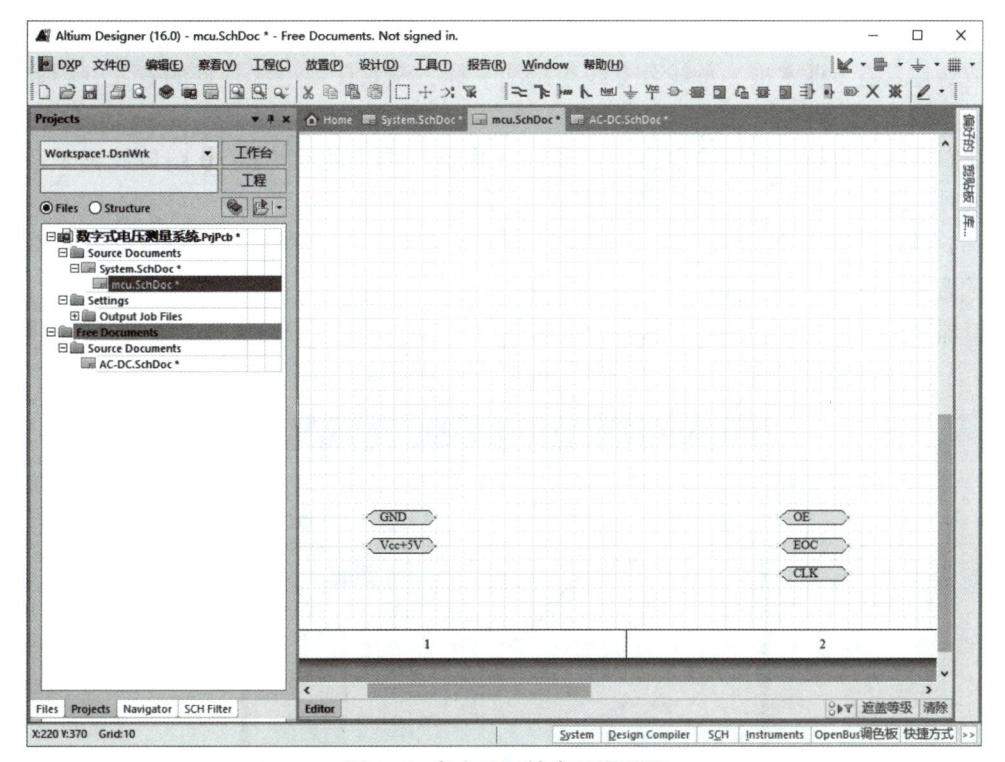

图 4.6　自上而下输出子原理图

由图表符生成子原理图后，顶层原理图 System. SchDoc 文件名前就增加了"+"号，代表该文件下存在下级文件，如图 4.6 所示。

采用同样的方法，从顶层原理图 System. SchDoc 自上而下生成"AC – DC. SchDoc""adc0809. SchDoc"和"Power. SchDoc"三个子原理图文件。

2. 子原理图的完善

上述产生的原理图只是完成了上下级电路的逻辑关系，具体的子原理图设计还得采用前面几个项目中讲述的方法放置元器件、连接导线等完成。

"mcu. SchDoc"采用总线+网络名的方法来设计原理图，使电路简洁、清晰。

（1）放置网络名。

网络名具有实际的电气连接意义，具有相同网络名的导线或元件引脚不管在电路图上是否连接在一起，其电气关系都是连接在一起的。特别是在连接的线路比较远，或者线路过于复杂，使走线比较困难时使用网络名代替实际走线可以大大简化原理图，如图 4.7 所示。

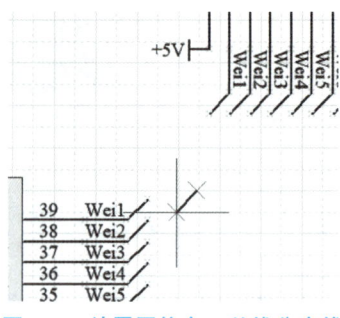

图 4.7　放置网络名、总线分支线

（2）放置总线入口。

虽然网络名具备了电气连接功能，但图中较多的网络名不能直接直观地看出这个元器件的引脚与哪些元器件的引脚相连，这时我们可以用总线的符号来引导，寻找相同网络名的引脚或导线。总线包括数据总线、地址总线和控制总线，是具有相同性质的并行信号线的组合，在数字电路中较多。应用总线使电路的画法更加简单、方便，电路更加简洁。总线分支线（BusEntry）是单一导线与总线的连接线，使用总线分支线使电路原理图更为美观、清晰且具有专业水准。总线分支线与总线一样，没有任何电气连接的意义，因此它们并不是必需的。

我们在数字电压测试系统中的 mcu. Schdoc 电原理图中的单片机 P0 端口放置 8 个总线分支线时，方法如下。

（a）执行主菜单中的"放置（P）"|"总线入口（U）"命令或直接单击布线工具栏中的"放置总线入口"按钮 ⚡ 。

鼠标变成十字形状并带有一条45°斜短线，如图 4.7 所示。45°斜短线就是总线分支线。

（b）按 Tab 键，弹出"总线入口"对话框，如图 4.8 所示，一般不需要设置。

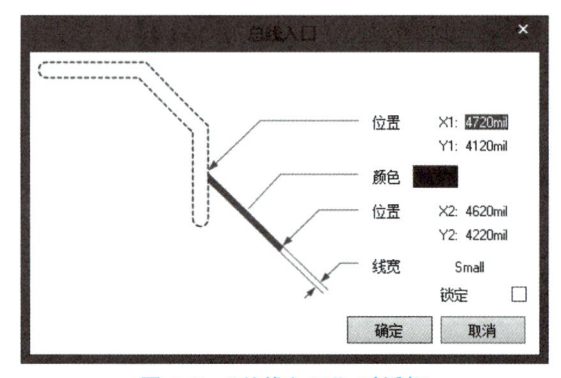

图 4.8　"总线入口"对话框

（c）如总线分支线的方向需要旋转，可按 Space 键逆时针转动 90°。

（d）移动光标到需要放置总线分支线的导线上，当出现红色交叉标志时，单击鼠标左键即可完成放置。此时光标仍处于放置总线分支线的状态，重复操作即可放置其他的总线分支线，单击鼠标右键或按 Esc 键，可退出放置总线分支线操作。

（3）放置总线。

放置总线分支入口后可以放置总线了，总线一般只在看图时起引导作用，没有电气性能。在原理图中，8 位、16 位或 32 位的数据总线、地址总线、控制总线的画法使原理图逻辑清晰，识图更加方便。

（a）执行主菜单中的"放置（P）"|"总线（B）"命令或直接单击布线工具栏中的"放置总线"按钮 ，这时鼠标变成十字形状，处于画线状态。

（b）按 Tab 键，则会弹出"总线"属性窗口，如图 4.9 所示，一般采用默认设置。

（c）单击鼠标确定总线的起点位置，再移动鼠标拉出总线的雏形，在需要拐弯点单击鼠标左键确认，继续拖动鼠标把总线全部画完，单击鼠标右键或按 Esc 键可退出放置总线操作。

图 4.10 所示为 mcu. SchDoc 原理图总线画法。

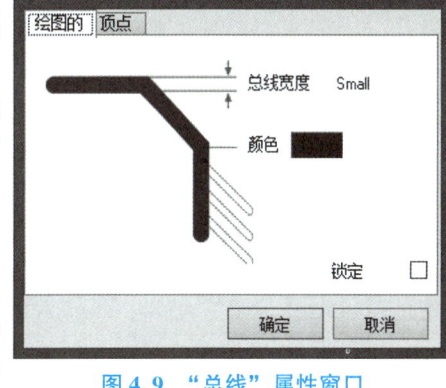

图 4.9 "总线"属性窗口

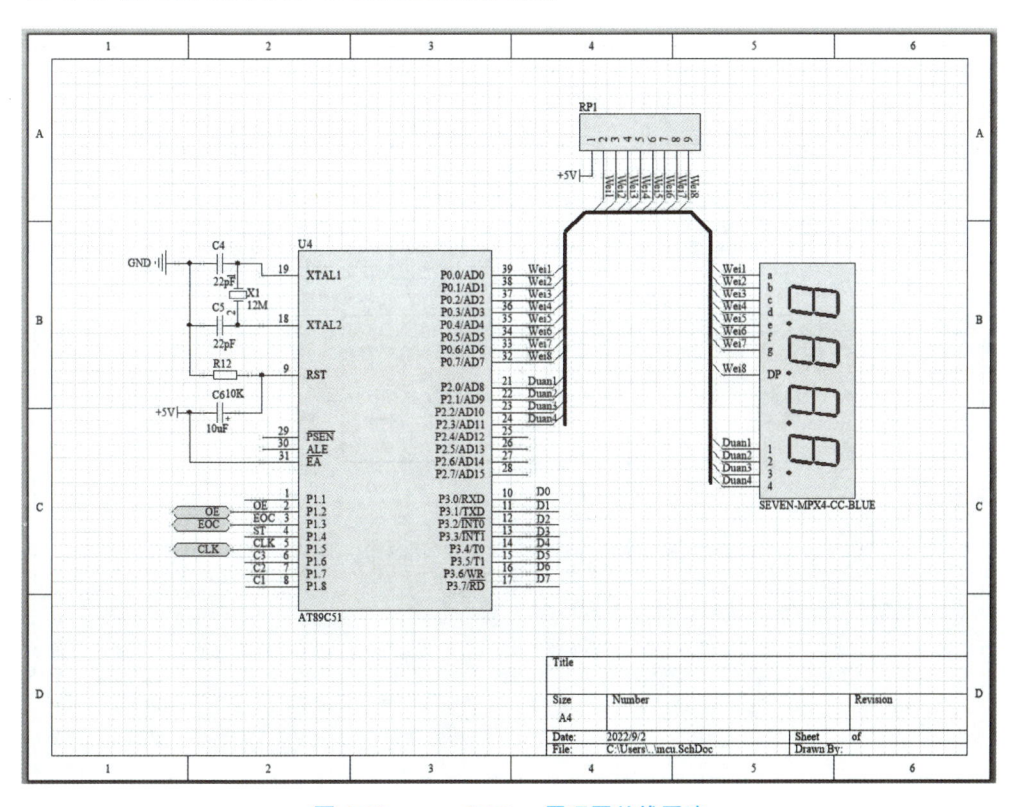

图 4.10 mcu. SchDoc 原理图总线画法

最后，逐一将"adc0809.SchDoc""Power.SchDoc""AC – DC.SchDoc"三个子原理图文件设计编辑完毕，如图 4.11、图 4.12、图 4.13 所示。

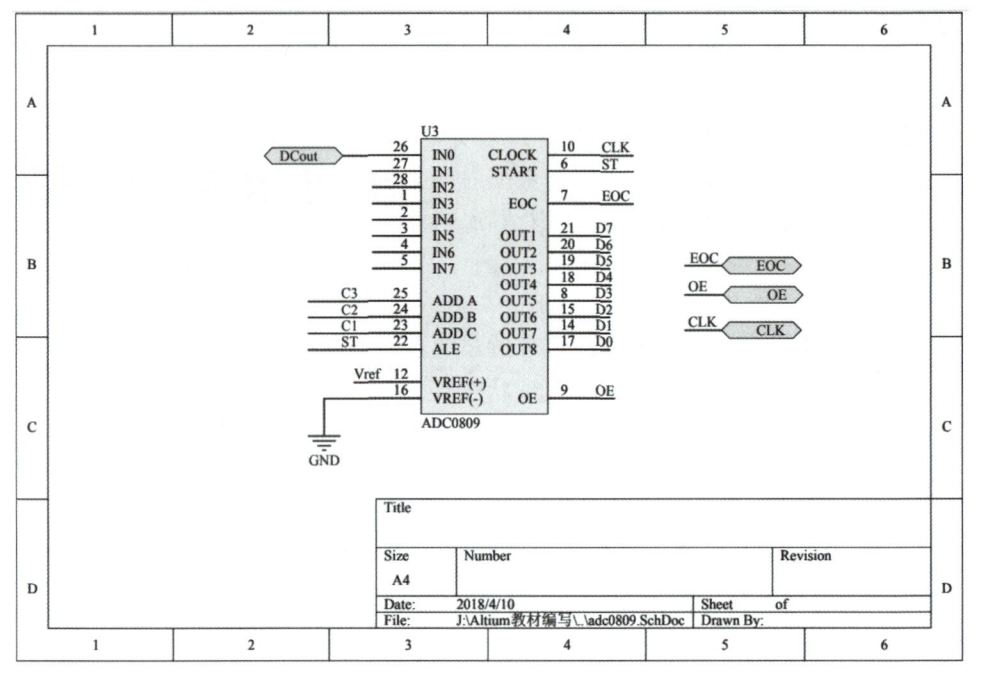

图 4.11　adc0809.SchDoc 原理图

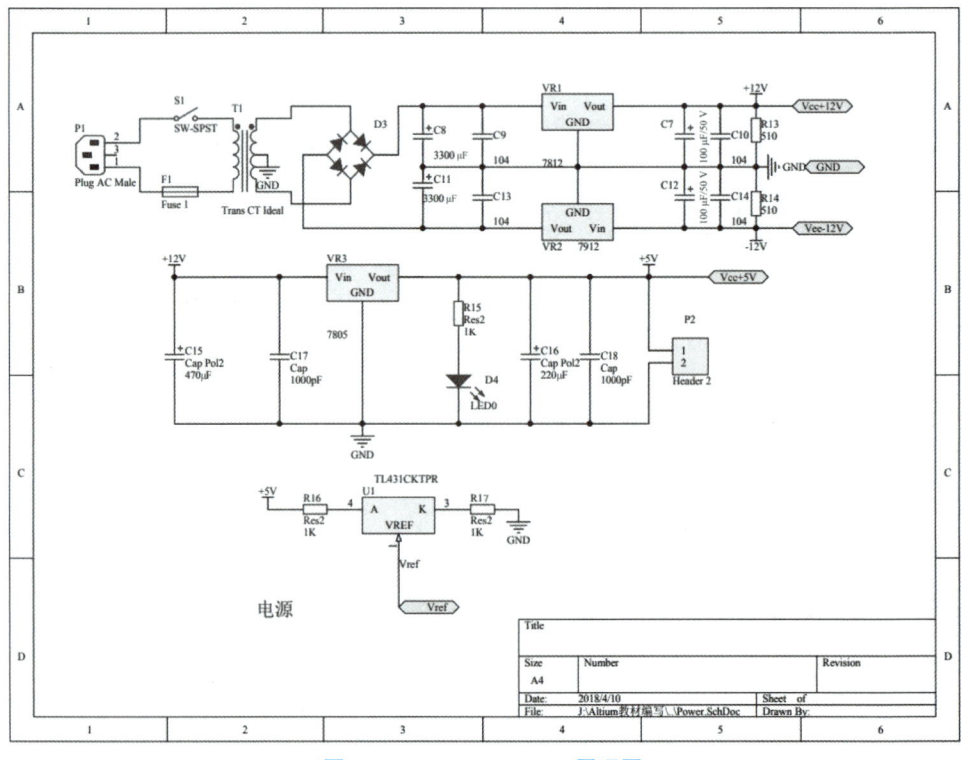

图 4.12　Power.SchDoc 原理图

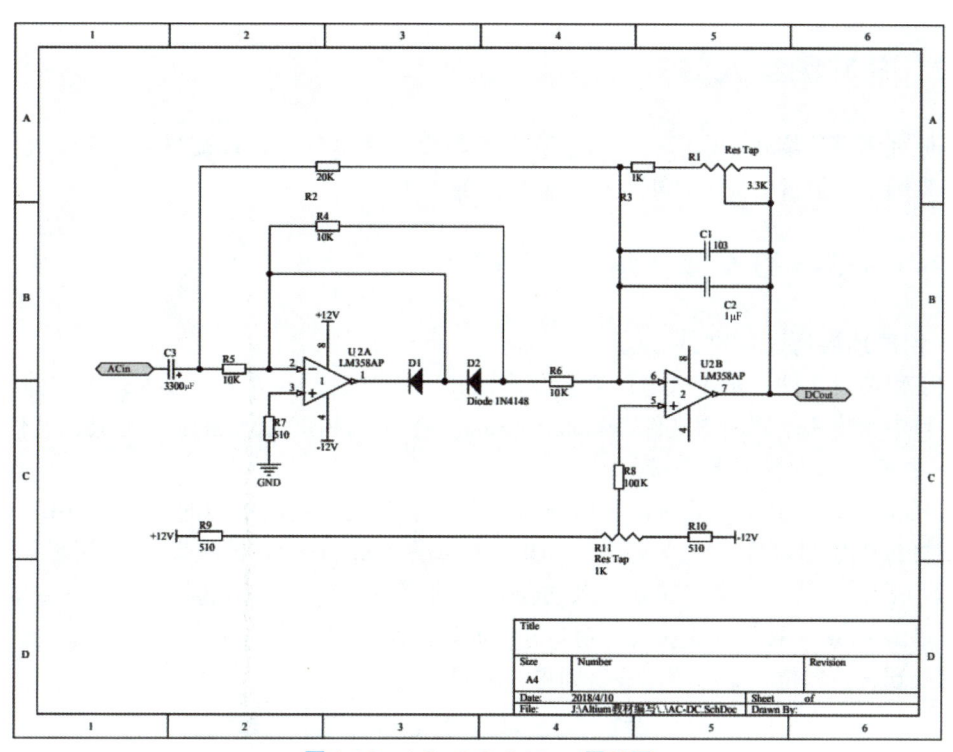

图 4.13　AC – DC.SchDoc 原理图

> 层次电路设计中，子电路原理图图纸在上级原理图中用框图（图表符）来表示，各子电路间通过网络名或图纸入口来进行电气连接。自上而下的设计方法使系统的结构、功能更加清晰。另外，层次电路中网络名的作用范围一般是整个工程项目内容，图纸入口可以省略。

任务 4.3　采用自下而上的层次电路设计方法

自下而上的电路设计方法一般是首先存在某个单元电路，随着功能的增加、升级使得整个电路的复杂度逐渐增大，由单个子电路升级为多个子电路协同工作完成更加复杂的系统功能。自下而上的层次电路设计方法是由子原理图文件生成图表符，再由图表符构建顶层原理图的方法。

本任务仍以数字式电压测量系统来讲述自下而上的层次电路设计方法。

4.3.1　绘制子电路原理图

数字式电压测量系统的 4 个电路模块是电源（Power.SchDoc）、交流直流调理（AC – DC.SchDoc）、主控（mcu.SchDoc）和模/数转换（ADC0809.SchDoc），且已绘制完毕，如图 4.10～图 4.13 所示，具体的绘制过程与方法参见前面章节的内容。

4.3.2 放置图纸入口

子原理图设计编辑完毕后，还得放置模块与模块间电气连接的端口——图纸入口。在各子原理图中，放置对应的图纸入口，参见任务4.2。

4.3.3 由子电路原理图生成图表符

1. 创建顶层原理图文件

在工程项目文件"数字式电压测量系统.PrjPcb"中已经存在4个子原理图文件，在此工程项目中新建一个原理图文件System.SchDoc，将该文件作为系统的顶层原理图文件。

2. 由子原理图生成图表符

打开System.SchDoc，此时该原理图为空白图纸。执行主菜单中的"设计（D）"|"由HDL或图纸生成图表符（Y）"命令，弹出"Choose Document to Place"属性设置窗口，如图4.14所示。选择一个要生成图表符方框的原理图文件，如单击选择"mcu.SchDoc"文件，再单击"OK"按钮，系统关闭窗口并在原理图编辑窗口中出现一个随鼠标移动的图表符，移动到合适的位置单击该图表符即可，如图4.15所示。

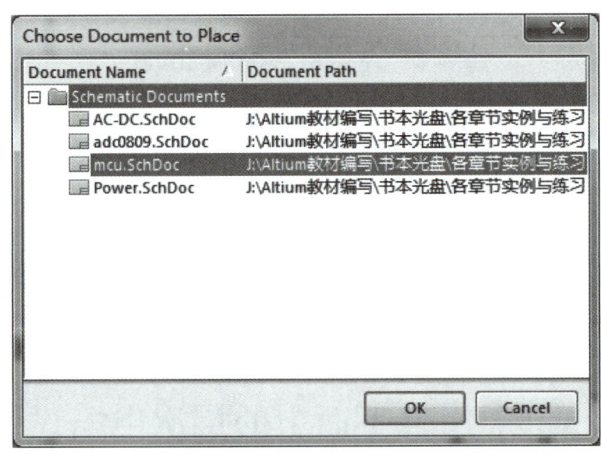

图4.14 "Choose Document to Place"属性设置窗口

图4.15 放置图表符方框

在放置图表符方框符号内部，有自动生成的电路端口。电路端口是图表符方框符号代表的子原理图与其他子原理图电气上的连接通道，应放置在图表符方框边缘的内侧。

双击图表符可以设置其边框、颜色以及标识名、大小等参数。双击图表符中的图纸入口可以设置其相关的属性，一般可以默认设置。具体的设置方法可以参见任务4.2。

采用同样的方法，将其他子原理图一一生成对应的图表符，放置在顶层原理图文件

System.SchDoc 中，如图 4.5 所示。

4.3.4 完成主电路原理图的设计

在顶层原理图文件 System.SchDoc 中，由 4 个子原理图生成的图表符和对应的图纸入口已经放置完毕后，可以调整图表符的大小、位置，以及调整各图纸入口的形状、颜色、位置，然后放置其他的元器件、导线、图文等要素，完成顶层原理图的设计，如图 4.2 所示。

4.3.5 层次原理图的上下自动切换与链接

绘制完成的层次电路原理图中一般包含顶层原理图和多张子原理图，用户在编辑时，经常要在这些图中来回切换查看，以了解完整的电路结构。由于层次较少的层次原理图，结构简单，因此直接在"Projects"（工程）面板中单击相应原理图文件的图标即可进行切换查看。而对于包含较多层次的原理图，由于某结构十分复杂，通过"Pojects"（工程）面板切换容易出错。Alium Designer 提供了层次原理图切换的专用命令，以帮助用户在复杂的层次原理图之间方便地切换，实现多张原理图的同步查看和编辑。

1. 浮动预览层次原理图

浮动预览在顶层原理图视图中将鼠标放置在某个图表符上停留两秒，系统自动将这个图表符对应的子原理图以缩略图的形式显示在鼠标点右方的屏幕上。使用户能快速地浏览子原理图的全貌，检查上下级原理图之间的层次关系是否正确，以及各端口的状况，如图 4.16 所示。

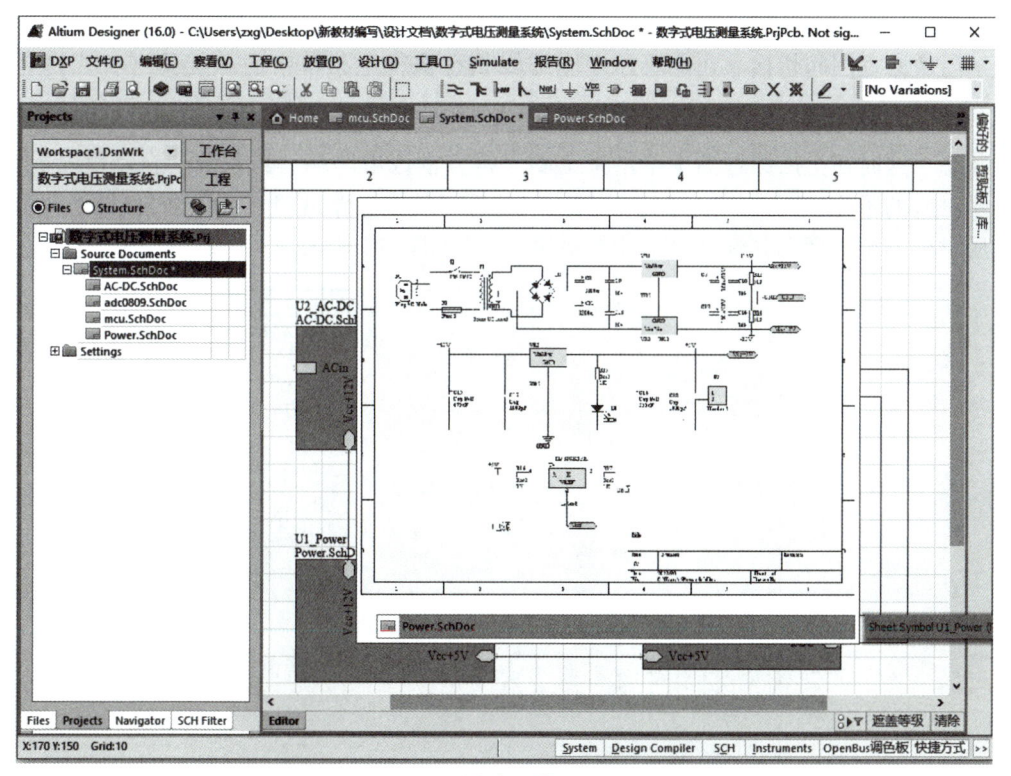

图 4.16 浮动预览子原理图

缩略图下方有子原理图的文件名和链接，需要打开或切换到该子原理图时，在缩略图中单击即可，快速方便。如果将鼠标在某个电路端口上放置两秒，系统会将这个电路端口高亮显示在对应的子原理图缩略图中。缩略图下方有系统中所用到该端口的子原理图的文件名和链接，需要打开或切换到该子原理图时在缩略图中单击即可，如图4.17所示。

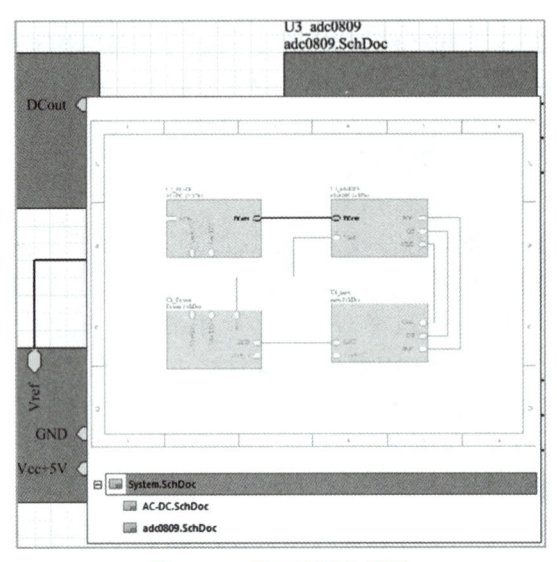

图 4.17　端口的浮动显示

2. 快速切换上/下层次

Alium Designer 系统中，提供专用的上/下层次切换功能，能更加方便、快捷且精确地在上下层次原理图间切换。在上层原理图编辑状态执行主菜单中的"工具（T）"|"上/下层次（H）"命令或直接单击主工具栏中的"上/下层次"按钮，鼠标变成十字形，处于选择状态。这时在上层原理图中单击某个图表符方框或电路端口，系统会自动跳转到该图表符所对应的子原理图。如执行上/下层次时选择了某个电路端口，系统会自动跳转到该图表符所对应的子原理图并高亮显示该电路端口，如图4.18所示。

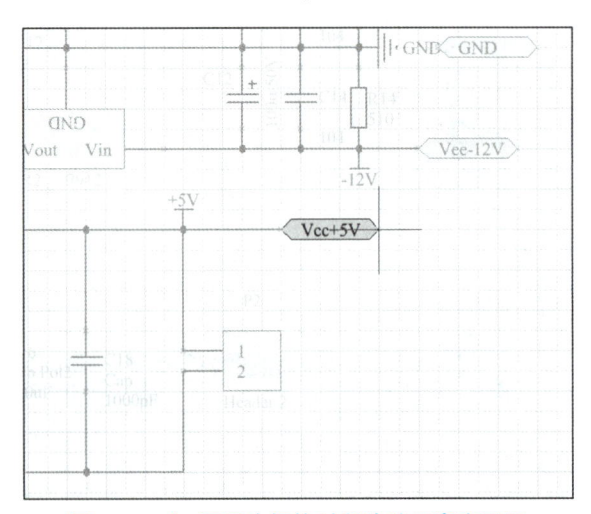

图 4.18　上/下层次切换时所选端口高亮显示

从上层自动跳转到下层的子原理图后，鼠标仍是十字形，即系统仍处于上/下层次切换功能状态。可以在子原理图选择端口，实现从子原理图到上层原理图的跳转切换，如图 4.19 所示。

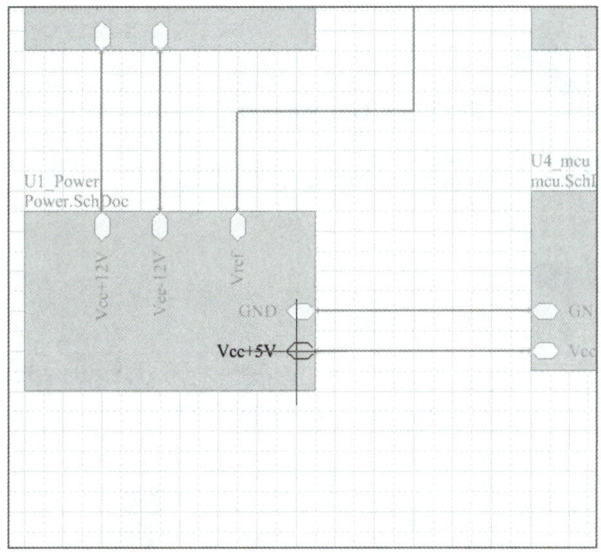

图 4.19　下层向上层切换时所选端口高亮显示

这样可以从上到下或从下到上灵活切换查看电路设计的细节，特别是各模块之间的逻辑连接关系。如要结束上下层次切换功能，单击鼠标右键或按 Esc 键。

任务 4.4　输出原理图

原理图设计完毕且经编译检查无误后，一般需要导出或打印纸质图纸，为原理图的发布、审稿及电路的装配等工作提供方便。

4.4.1　PDF 输出

将原理图转成 PDF 文件，有利于原理图图纸的发送和审阅。PDF 文件的阅读一般是办公电脑的必备软件，打开和阅读 PDF 文件十分方便。

在原理图设计编辑界面，执行主菜单中的"文件（F）"|智能 PDF（M…）"命令，系统弹出"灵巧 PDF"窗口，如图 4.20 所示。

单击"Next(N)"按钮，"灵巧 PDF"窗口弹出"选择导出目标"选项，如图 4.21 所示，可根据需要选择导出的范围。

（1）"当前项目（P）"选项：将整个工程项目的所有文件导出成 PDF。

（2）"当前文件（D）"选项：只将当前的原理图文件导出为 PDF；这里选中"当前文件"选项。

（3）"输出文件名称"选项：在此栏目中设置输出文件的路径及文件名称，一般默认的路径在工程项目的根目录，名称为工程项目名+后缀.pdf。

图 4.20 "灵巧 PDF" 窗口

图 4.21 "选择导出目标"设置窗口

单击"Next(N)"按钮,"灵巧 PDF"窗口弹出"导出 BOM 表"选项,如图 4.22 所示。

(1)"导出原材料的 BOM 表"选项:勾选此选项则在生成原理图文件的 PDF 格式时,会增加一页 BOM 表;如果不勾选此项,即不生成 BOM 清单。

(2)"excel 选项":即生成 BOM 表单的 excel 格式,这里选择默认设置。

单击"Next(N)"按钮,"灵巧 PDF"窗口弹出"添加打印设置"选项,如图 4.23 所示,可根据需要设置导出的参数。

(1)"缩放"选项:该选项设置原理图转成 PDF 文件时的缩放比例,一般原理图图纸为 A4 时,该选项可以采用默认设置。

(2)"产生网络信息"选项:该选项设置导出 PDF 文件时是否要导出原理图中的网络名、节点、端口等信息,如果勾选此选项,导出的 PDF 文件中有电路中所有的网络名、元器件标号等检索目录,在审阅 PDF 时查找元器件或某个网络名将会十分方便。一般需要勾选此选项。

图 4.22 "导出 BOM 表"设置窗口

图 4.23 "添加打印设置"设置窗口

（3）"原理图选项"：默认勾选此选项，将原理图中的相关参数、注释一并导出。

（4）"原理图颜色模式"选项：该选项是设置导出 PDF 文件中图纸的颜色，有"颜色""单色""灰度"三个选项，一般选择"颜色"选项，这样生成的 PDF 图示为彩色显示。

（5）"Quality"选项：设置打印的精度，一般默认为 300 dpi。

单击"Next(N)"按钮，"灵巧 PDF"窗口弹出"最后步骤"选项，如图 4.24 所示。

（1）"导出后打开 PDF 文件"选项：一般默认勾选此选项，生成 PDF 文件后自动打开该 PDF 文件并显示。

（2）"保存设置到批量输出文件"选项：一般默认勾选此选项，将本次 PDF 导出的设置参数保存到工程项目的输出文件 Outjob 中。

（3）"导出后打开批量输出文件"选项：一般默认勾选此选项。

图 4.24 "最后步骤"设置窗口

单击"完成(F)"按钮,"灵巧 PDF"窗口关闭,至此完成 PDF 文件的转换,并保存在工程项目的文件夹下。

生成的 PDF 文件打开显示后如图 4.25 所示。

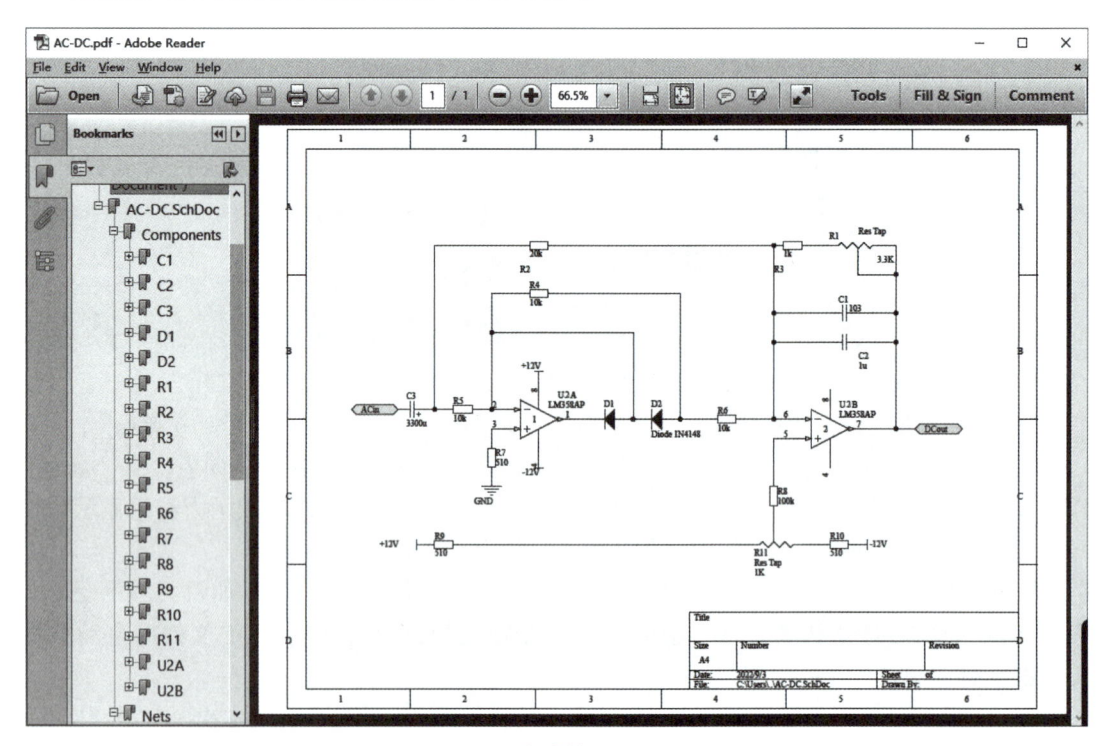

图 4.25 生成的 PDF 图纸

在图 4.25 中,左侧的导航结构目录中,各元器件的标号、网络名清晰可见,可以直接单击选择该元器件或网络名,在图纸显示区域会将被选择的元器件或网络名高亮显示。

4.4.2 打印页面设置

当需要打印成纸质图纸时，一般需要页面设置、打印预览和打印三个步骤。

在原理图设计界面下，执行主菜单中的"文件（F）"|"页面设置（U）"命令，系统弹出"Schematic Print Properties"属性设置窗口，如图 4.26 所示。在"Schematic Print Properties"属性设置窗口中根据需要设置如下参数。

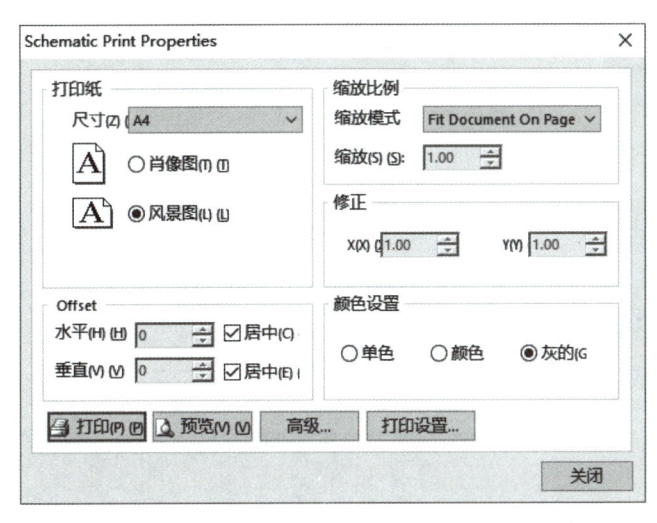

图 4.26 "Schematic Print Properties" 属性设置窗口

（1）"打印纸"选项：该选项可设置纸张尺寸、方向；这里选择纸张为 A4，方向为"风景画"及横向。

（2）"缩放比例"选项：该选项用于设置打印比例，可以设定图纸缩放的比例，比例可以是 50%~500% 的任意值。在"缩放模式"下拉列表框中选择"Fit Document On Page"选项，表示充满整页的缩放比例，系统会自动根据当前打印纸的尺寸计算合适的缩放比例，使打印输出时原理图充满整页纸；如果选择"Scaled Print"选项，则"缩放"列表框将被激活，在其中可以设置 X 和 Y 方向的尺寸，以确定 X 和 Y 方向的缩放比例。

（3）"Offset"选项：设置打印页面与图框的距离，单位是英寸（1 英寸 = 2.54 厘米）。页边距也分水平和垂直两种，零点坐标在左上角。

（4）"颜色设置"选项："单色"表示将单色输出图纸，"颜色"表示将输出彩色图纸，"灰的"表示将以灰度值输出图纸。

（5）"打印（P）"按钮：单击该按钮则默认打印设置完毕，启动打印程序。

（6）"预览（V）"按钮：单击该按钮，根据打印设置，将原理图生成预览图像，据此可查阅打印设置是否正确，预览图像如图 4.27 所示。在预览图像中，可查看工程图纸的边距、比例等参数是否合适，如不合适，返回"页面设置"中继续修改。

（7）"高级"按钮：设置原理图的标记、注释等参数是否打印，一般采用默认设置，不必改动。

（8）"打印设置"按钮：设置打印机的相关参数，这里不再多述。

4.4.3 打印预览

在原理图设计界面下,执行主菜单中的"文件(F)"|"打印预览(V)"命令,系统弹出"Preview Schematic Prints of"属性窗口,如图4.27所示。

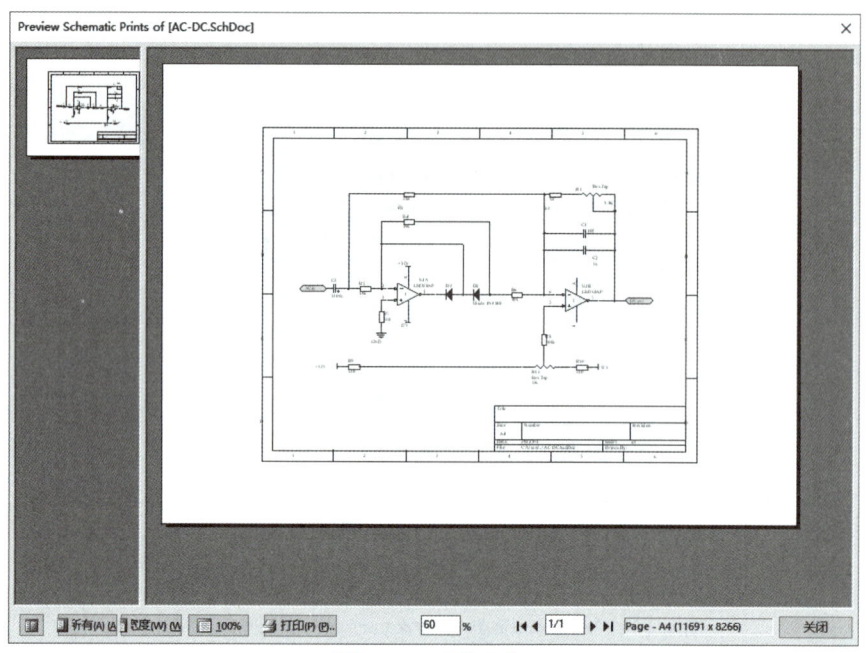

图 4.27 预览图像

4.4.4 原理图打印

在原理图设计界面下,执行主菜单中的"文件(F)"|"打印(P)"命令,系统弹出"Printer Configuration for"属性窗口,如图4.28所示。

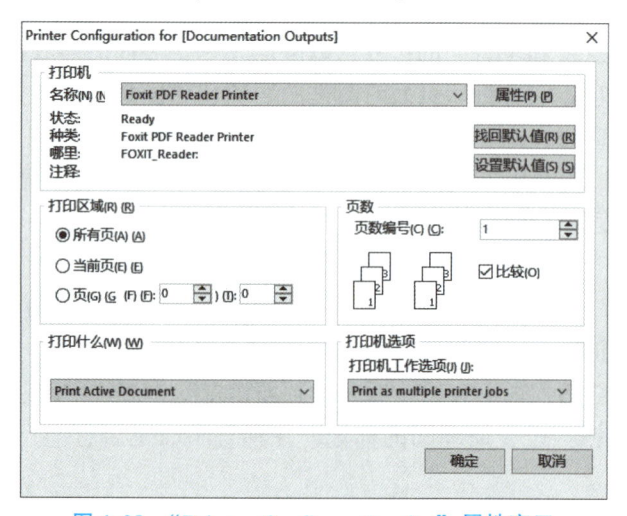

图 4.28 "Printer Configuration for"属性窗口

一般在 Printer Configuration for"属性窗口中选择打印机后,单击"确定"按钮即可打印原理图文件。

项目训练:

1. 将项目 3 中的 2.1 声道功放原理图分解成电源模块、左声道模块、右声道模块、重低音模块四个子电路模块。

2. 逐个完成电源模块、左声道模块、右声道模块、重低音模块原理图的绘制。

3. 在各模块原理图中放置图纸入口(端口),并命名。

4. 采用自下而上的方法完成 2.1 声道功放层次原理图的设计。

5. 练习层次原理图的上下连接与切换。

6. 将 2.1 声道功放层次原理图设计转成 PDF 文件并查阅,设置为彩色显示。

7. 将 2.1 声道功放层次原理图设计输出打印。

项目 5

PCB 设计基础

现代电子电路的载体是电路板，电路建立在"板"上面。因此 PCB 的设计也是整个电路设计中的重要一环。印制电路板所涉及的知识有板材、工艺、计算机辅助设计和 CAM 等相关方面。

本项目主要简单介绍 PCB 的基础知识，并通过简单的集成稳压电源的 PCB 设计来介绍 PCB 设计的基本方法与流程。

知识技能素养导航	知识了解	PCB 的基础知识
	知识熟知	敷铜板的概念及应用； PCB 设计的基本方法与流程
	技能掌握	PCB 设计界面操作、导入网络表； 放置元器件、焊盘、导线
	技能高手	快速放置元器件、焊盘和导线
	职业素养	责任心、爱岗敬业、螺丝钉精神

任务 5.1　了解 PCB

PCB 是重要的电子部件和子元器件的支撑体。由于它是采用印制的方法制作的，故被称为印制电路板。

1936 年，奥地利人保罗爱斯勒首次在一个收音机装置内采用了 PCB 板。在 PCB 出现之前电子元器件之间的互连都是依靠电线直接连接实现的。由于市场需要，PCB 在 20 世纪 50 年代初期开始大规模投入工业化生产，当时主要是采用印制及蚀刻法制造简单的单面电路板。1936 年，由英国 Eisler 博士提出且首创了铜箔腐蚀法工艺，第二次世界大战中美国利用该工艺技术制造 PCB 用于军事电子装置中获得了成功后才引起电子制造商的重视。1953 年，出现了双面板，并采用电镀工艺使两面导线互连出现了多层板。随着整个科技水平和工业水平的提高，PCB 行业得到了蓬勃发展。图 5.1 所示为多层电路板。

图 5.1　多层电路板

大量新式材料、新式设备和新式测试仪器的相继涌现，促使 PCB 进一步向高密度互联、高可靠性、高附加值和自动化生产的方向发展。随着计算机及通信产品市场的迅猛发展，不但要求 PCB 能够有效地传送信号，更要求不断向轻、薄和短小方向发展，PCB 的设计也就越来越复杂。国内外对未来 PCB 生产制造技术发展动向的论述基本是一致的，即高密度、高精度、细孔径、细导线、细间距、高可靠、多层化、高速传输和轻量薄型方向发展。在生产上同时向提高生产率、降低成本、减少污染、适应多品种和小批量生产方向发展。

5.1.1　PCB 的组成

PCB 的主要材料是敷铜板，它由基板、铜箔和黏结剂构成。基板是由高分子合成树脂和增强材料组成的绝缘层板，其表面覆盖着一层导电率较高且焊接性良好的纯铜箔。铜箔覆盖在基板一面的敷铜板称为"单面敷铜板"，基板的两面均覆盖铜箔的敷铜板称为"双面敷铜板"；铜箔通过黏结剂牢固地黏结在基板上。常用敷铜板的厚度有 1.0 mm、1.5 mm 和 2.0 mm 三种。

1. PCB 的种类

敷铜板的种类较多，按绝缘材料不同可分为纸基板、玻璃布基板和合成纤维板；按黏结剂树脂不同分为酚醛、环氧、聚酯和聚四氟乙烯等；按用途分为通用型和特殊型。玻璃布基板可靠性高且高频性较好，常用作实验电路板，易于检查；合成纤维板的价格便宜，适用于大批量生产要求；环氧板具有良好的透明度，主要用在工作温度和工作频率较高的无线电设备中。

2. PCB 的结构

PCB 可以分成单面板、双面板和多层板 3 种，单面板如图 5.2 所示。

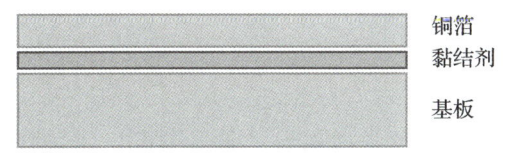

图 5.2　单面敷铜板

（1）单面板。

单面板指仅有一面有敷铜或有印制铜导线的电路板，用户只能在该板的一面布置元器件和布线。由于只能使用一面，在布线时有很多限制，因此功能有限。此种 PCB 功能有限，现在基本上已经很少采用。

（2）双面板。

双面板指两面有敷铜或有印制的铜导线的电路板。用户可以在 PCB 板的两面布置元器件和布线，此种 PCB 现在是市场上的主流，如图 5.3 所示。

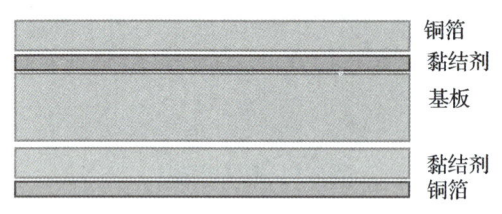

图 5.3　双面敷铜板

（3）多层板。

用一块双面板作为内层、两块单面板作为外层或两块双面板作为内层、两块单面板作为外层的 PCB，通过黏结剂和压合的方法制成 4 层、6 层的印制电路板，即多层 PCB，其结构如图 5.4 所示。

图 5.4　多层 PCB 结构

随着 SMT（表面安装技术）的不断发展，以及新一代 SMD（表面安装器件）的不断推出，如 QFP、QFN、CSP 和 BGA（特别是 MBGA）使电子产品更加智能化和小型化，因而推动了 PCB 工业技术的重大改革和进步。自 1991 年 IBM 公司首先成功开发出高密度多层板（SLC）以来，各国也相继开发出各种各样的高密度互联（HDI）微孔板。这些加工技术的迅猛发展，促使了 PCB 的设计已逐渐向多层、高密度布线的方向发展。多层 PCB 以其设计灵活、稳定可靠的电气性能和优越的经济性能，现已广泛应用于电子产品的生产制造中。多层 PCB 主要的设计重点是高密度组装和布线状况下的电气兼容设计。

5.1.2　PCB 设计常用术语

1. 铜箔导线

PCB 上用于物理连接的铜箔通常被称为"印制铜箔"，同时也可称为"导线"或"走线"。铜箔导线连接着电路板的各个焊盘，是 PCB 中实现电路连接最重要的部分。铜箔导线是电流的载体，但要考虑承受电流的能力，因此设计时要考虑铜箔的厚度、宽度等要素。

2. 焊盘

焊盘是 PCB 用于元器件的连接，通常要通过焊锡的焊接将元器件的引脚焊接在 PCB 的某个铜箔处，使元器件和 PCB 互通，然后连接到其他的元器件，从而形成一个完整的电路。焊盘一般有通孔的焊盘和贴片的焊盘，通孔焊盘需要钻孔，插入元器件的引脚；而贴片焊盘直接将贴片元器件的引脚放置在铜箔上，不用钻孔，所以 PCB 的利用率高且元器件的组装密度高。

3. 过孔

在双面板和多层板中，为连通各层之间的印制导线，在各层需要连通导线的交汇处钻一个公共孔，即过孔。在工艺上过孔的孔壁圆柱面上要用化学沉积的方法镀上一层金属，用于连通中间各层需要连通的铜箔，而过孔的上下两面做成圆形焊盘形状。过孔也称"金属化孔"。

4. 预拉线

布线时一般会用到类似橡皮筋的网络连线，即预拉线，它是由系统根据规则生成后用来指引布线的一种连线。预拉线与导线有着本质的区别，它只是一种形式上的连接，表示各个焊点间的连接关系，没有电气的连接意义；导线则是根据预拉线指示的焊点间连接关系布置的具有电气连接意义的连接线。

5. 丝印字符

丝印层为文字层，属于 PCB 中最上面的一层，一般用于注释。这是为了方便电路的安装和维修等，在 PCB 的上下两层表面印制上所需要的标志图案和文字代号等，即丝印字符。

6. 绿油

绿油是涂敷在 PCB 不需焊接的线路和基材上的一种油漆，用作阻焊剂。目的是将不需要焊接的铜箔遮盖起来，一是防止自动化焊接时因沾上焊锡产生短路，二是长期保护所形成的线路图形。绿油通常是液态感光油漆，一般是绿色的。目前红色阻焊油漆或其他颜色的油漆也十分常见，但是专业术语还是俗称"绿油"。

7. 安全间距

安全间距是 PCB 上导线与导线或导线与焊盘之间的最小间距，小于这个间距容易发生电气击穿或发电现象，使电路产生不安全的问题与危害。安全间距主要跟 PCB 板的绝缘性能和导体间的电压等级有关，具体的安全间距数值可参阅相关规范。

8. 定位孔

定位孔在焊接和装配过程中用于 PCB 板的线路板定位，定位后将 PCB 板固定才能精确地自动贴片或自动插件。定位孔在 PCB 板上没有电气特性，是一个机械挖空。

9. 安装孔

PCB 装配好元器件后用螺丝经过安装孔将电路板固定在机箱内，它可能有电气性能，一般接地或接金属的机箱外壳。

10. 工艺边

在 PCB 自动组装工艺流程中，PCB 需要在生产线上传输移动，为防止设计好的 PCB 边缘安装元器件后与生产线发生碰撞，在 PCB 边缘预留了几毫米的留边，即工艺边。工艺边主要是为了辅助生产，不属于 PCB 的一部分。在制造生产完成后可以去除，如图 5.5 所示。

11. 拼板

拼板主要也是自动化生产的需要。当设计的 PCB 尺寸较小，不方便在自动化生产线上批量生产时，将设计好的 PCB 按一定规律和要求拼成一个大板，这样可以发挥自动化生产的效率，如图 5.5 所示的 PCB 即 2×3 拼板。

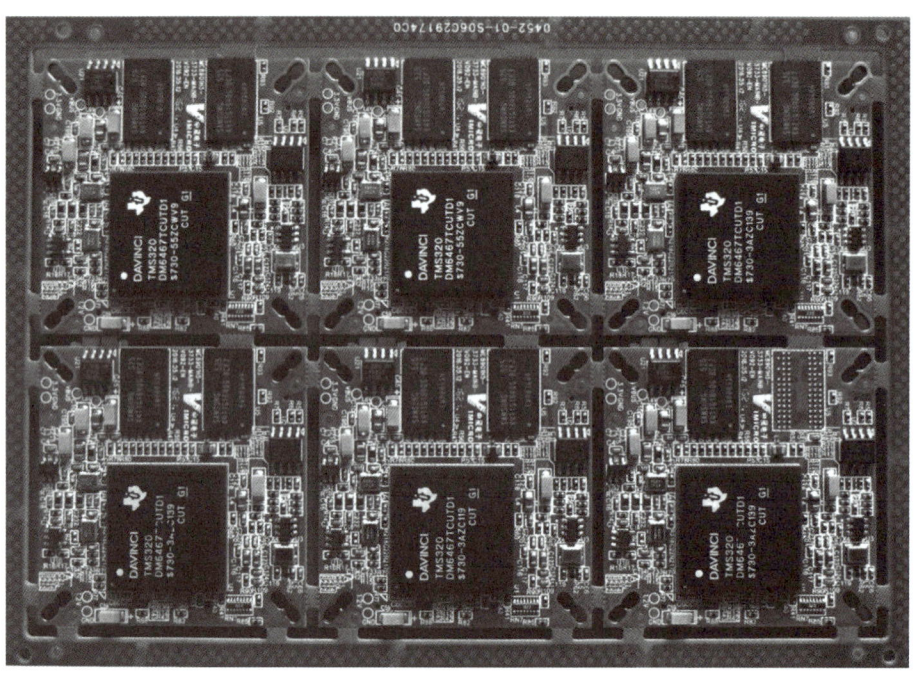

图 5.5 拼板与工艺边

12. V – Cut

V – Cut 即 V 形切割。切割时刀具沿拼板边沿线移动，但刀具下刀并不把板子切透，在板子背面同样的位置再切一刀也不切透。要切割的地方从截面来看是上下两个 V 形，只有中间相连接。所以双面 V – Cut 的板子轻轻一掰，PCB 板就会断开，V – Cut 一般用来做拼板或加工艺边。

5.1.3 PCB 的设计流程

使用 Altium Designer 来设计 PCB 板，一般采用流程化的设计步骤来实现，设计流程如图 5.6 所示。按设计流程一步步完善，既思路清晰、有章可循，也不容易出错。

（1）设计原理图。根据设计要求绘制原理图，其中的元件标号要准确无误。

（2）元件库的封装导入。根据工程项目的要求导入或更改元器件的封装，这一步也可以在设计原理图时添加。元器件的封装是 PCB 设计的重要因素之一，而原理图中同一种类的元器件可能会

图 5.6 PCB 的设计流程

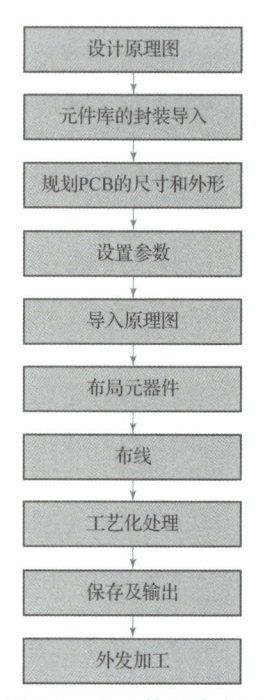

对应不同封装，如同是电阻，R1 是通孔的 AXIAL0.4，R2 是贴片的 0805。这一步决定了最后完工的 PCB 能否与元器件匹配和安装，要重点确认。

（3）规划 PCB 的尺寸和外形。PCB 板子是物理硬件，必须要由工厂生产。所以要规划 PCB 板子的形状、尺寸和安装方式等物理参数，这些参数要精确无误，否则很容易造成后续工作的麻烦。

（4）设置参数。设置参数主要是设置 PCB 层数、PCB 编辑界面及 PCB 封装库等。

（5）导入原理图。导入设计好的原理图，从而将 PCB 工程的设计正式从原理图设计转到 PCB 布局和布线设计。Altium Designer 原理图导入相当简单，而且原理图和 PCB 图的修改及更新也十分完善。

（6）布局元器件。布局元器件是指要根据电路设计、电路板的功能要求和电气规范等要求将各元器件摆放到合理的位置，使其能发挥应有功能，使后续的元器件安装和调试方便与可靠。布局元器件有一定的算法和功能，但是主要需依靠用户的思想和经验来完成。

（7）布线。放置元器件后，要用导线即走线连接各焊盘（元器件引脚），使各元器件能正常工作。布线要考虑走线的宽度、间距和路径线等要素，这一步是 PCB 设计的重要步骤，也是整个设计环节中最重要最花时间的步骤。Altium Designer 有先进的自动布线算法来降低布线的难度，只要设置好正确的布线参数，自动布线的通过率100%，那么只需适当的人工修改即可。

（8）工艺化处理。工艺化处理就是当 PCB 设计的布局和布线基本无误后对 PCB 进行符合自动化生产工艺流程的处理，如敷铜、补泪滴、拼板和标注等。

（9）保存及输出。全部设计完成后需进行检查，检查无误后便要保存工程项目，以及导出、打印项目等。Altium Designer 均可以根据需要导出相应的文件格式，如导出光绘的 Geber 格式或者数控加工的 CAM 格式等。

（10）外发加工。将工程文件以相应的文件格式发送给加工厂或客户。

任务 5.2　集成稳压电源的 PCB 布局设计

集成稳压电源的原理图我们已经在项目二的任务 2.2 中设计完成，下面来完成其 PCB 设计的过程。以集成稳压电源的 PCB 设计过程来介绍 PCB 编辑界面及其功能，以及原理图导入、手工布局和手工布线的基本步骤。

5.2.1　PCB 设计界面

打开已设计的集成稳压电源项目的过程文件 1A 稳压电源.PrjPcb，在此工程项目中已有一个设计好的原理图文件 Power.SchDoc。

1. 新建 PCB 文件

为新建 PCB 文件，单击主菜单中的"文件（F）"|"新建（N）"|"PCB（P）"命令或直接单击主工具栏的"新建"按钮，打开工作面板中的"Files"选项卡，单击"新的"区

域的"PCB Files"即可。单击新建 PCB 文件后，系统会新建一个 PCB 文件，默认名为"PCB1.PcbDoc""PCB2.PcbDoc""PCB3.PcbDoc"……。选择保存路径并设置文件名，这里采用 PCB 默认的文件名并保存在工程文件夹下。

也可以用模板来直接创建新建 PCB 文件，模板就是已经创建好的公司或个人的 PCB 图纸的格式和多种工业卡板的外形等要素。新建 PCB 文件时直接按这个风格来创建，可以节省大量编辑时间；也可以自己创建模板。打开在工作面板区的"Files"选项卡，选择"从模板新建文件"|"PCB Templates"命令，弹出选择模板对话框，如图 5.7 所示。

图 5.7　选择属性窗口

我们选择模板"AT long bus"，单击"打开"按钮后系统就在 PCB 图形编辑区内载入该模板的数据，如图 5.8 所示。

2. PCB 编辑界面介绍

新建 PCB 文件后，系统自动将该 PCB 文件打开，并显示其 PCB 编辑界面，如图 5.9 所示。使编辑界面与原理图编辑界面类似，主要的区别是编辑窗口的颜色为黑色。该编辑界面主要由主菜单、主工具栏、工作面板区、编辑窗口、布线工具栏和库标签等构成。

▲ 菜单栏：主要提供 Altium Designer 常用的文件操作命名，以及 PCB 设计、放置等命令。

项目 5　PCB 设计基础

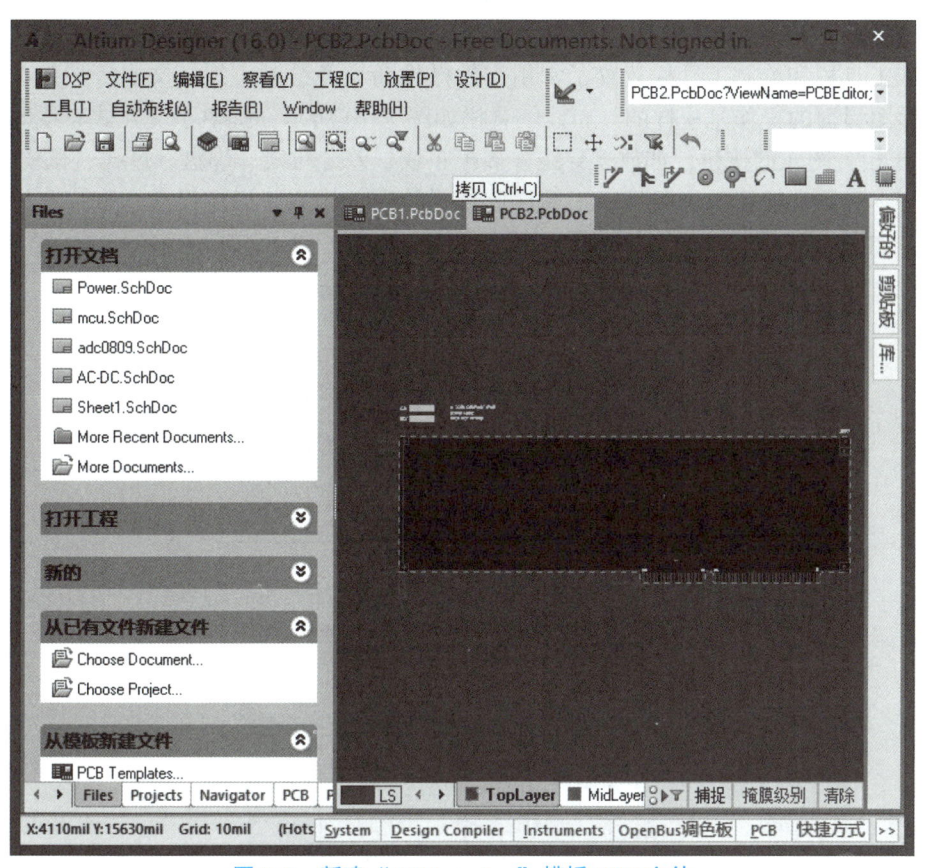

图 5.8　新建"AT long bus"模板 PCB 文件

图 5.9　PCB 编辑界面

105

▲ 工具栏：包括 PCB 标准工具栏、布线工具栏、绘制工具栏和应用程序工具栏等。PCB 标准工具栏和绘制工具栏放置了常用文件操作命令及绘制直线、文本等按钮，具体操作与原理图界面的操作是一样的。布线工具栏如图 5.10 所示，提供了交互式布线时采用的放置 PCB 相关图元的按钮，如放置导线、多根布线、差分布线、焊盘、过孔、弧线、矩形、敷铜、文本和器件按钮。应用程序工具栏放置了绘图、排列、标注尺寸、查找和捕捉等常用按钮，如图 5.11 所示。

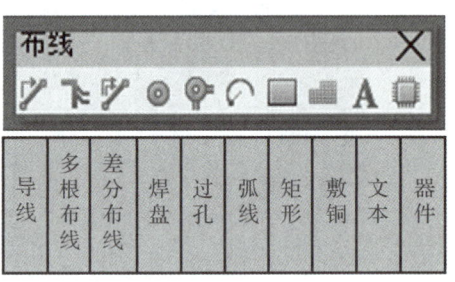

图 5.10 布线工具栏

图 5.11 应用程序工具栏

▲ 编辑窗口：PCB 编辑窗口是黑色的区域（默认的颜色），用来放置元器件的封装、焊盘和导线等 PCB 设计和编辑所需要的要素。在其中可以一边观察 PCB 设计的图元要素，一边使用鼠标或键盘来对编辑区进行放大、缩小、移动等操作，操作方法与原理图编辑窗口下视图操作的方法是相同的。黑色区域是 PCB 板实际形状所包含的区域。

▲ "库"标签：PCB 编辑界面的元件库文件的操作标签与原理图操作界面一样，也是在编辑窗口的右边，使用时可以单击"库"标签，弹出"库"面板。可以在其中执行添加和删除元器件的库文件，以及查找和放置相应元器件的封装等操作。

▲ 层切换标签：在窗口操作区的下方有一排切换当前操作层的标签，如图 5.12 所示。Altium Designer 的 PCB 设计是多层同时显示，但操作只针对当前层有效。单击要切换的层，将该层变成当前层，当前层默认的颜色在整排标签的最左端显示，如图 5.12 所示。各层的名称及其作用参见表 5.1，设计者对其的基本概念要有所了解。

| 当前层 | 顶层 | 底层 | 机械层1 | 顶层丝 | 底层丝印 | 顶层焊 | 底层焊 |

图 5.12 层切换标签

表 5.1　各层的名称及作用

序号	名称	中文名	作用
1	Top Layer	顶层信号层	放置元件和走线
2	Mid-Layer	中间信号层	放置走线
3	Bottom Layer	底层信号层	放置元器件和走线
4	Top Overlay	顶层丝印层	顶层字符
5	Bottom Overlay	底层丝印层	底层字符
6	Mechanical Layers	机械层	整个 PCB 外观和尺寸
7	Multi-Layer	多层	多层，即每一层均有
8	Keepout Layer	禁止布线层	定义电气特性铜箔的布线边界

5.2.2　设置集成稳压电源 PCB 参数

根据 PCB 设计的流程新建 PCB 文件后要添加相应的元件库文件，并且要设置 PCB 电路板的物理参数及层数等属性。

1. 设置单位

PCB 设计要涉及物理长度，如导线宽度和焊盘直径等。Altium Designer 的单位主要有两种，即公制（Metric）和英制（Imperial）。公制的标准单位是毫米（mm），英制的标准单位是毫英寸（mil），二者的换算关系如表 5.2 所示。

表 5.2　公制和英制的换算关系

英制	公制
1 in	25.4 mm
1 000 mil	25.4 mm
100 mil	2.54 mm
10 mil	0.254 mm

一般在 PCB 工程应用中，大部分尺寸使用英制，有时也会使用公制，如定义 PCB 板的形状及尺寸。

为设置单位时，在 PCB 编辑窗口右击鼠标，在系统弹出的菜单中选择"选项"|"板参数选项（B）…"命令（见图 5.13），系统弹出"板选项"设置对话框，如图 5.14 所示，此时单击"度量单位（M）"|"单位（U）"→"Metric"的下拉箭头，就会显示公制（Metric）和英制（Imperial）的选项，根据需要加以选择。这里我们选择公制来设置 PCB 的尺寸，因此选择"Metric"选项，单击"确定"按钮后，可以观察到系统左下角显示当前鼠标的位置的参数为公制显示，如图 5.15 所示。

图 5.13 "板参数选项"命令

图 5.14 "板选项"属性窗口设置单位

项目 5　PCB 设计基础

图 5.15　坐标显示和栅格步长

> PCB 设计中常用单位是英制的 mil，如导线宽度为 10 mil。但是在 PCB 板子轮廓形状中一般采用公制，如板子长 60 mm，宽 45 mm。切换单位的快捷键是 Q，方便公制和英制的切换。切换栅格的快捷键是 G。

2. 设置栅格与捕捉

进行 PCB 编辑时，为使元器件和导线位置精确且排列整齐，在复制图元时能自动搜索到附件的元器件引脚或焊盘的坐标点，也会用到类似原理图编辑时的栅格和捕捉功能。

（1）栅格：PCB 编辑界面下的栅格是黑色图形编辑器内嵌的灰白色方格（默认），系统设置好后元器件引脚等 PCB 图元只能放置在各方格的端点上，如图 5.16 所示。

图 5.16　栅格显示

设置栅格大小常用的方法是在 PCB 编辑窗口右击鼠标，在系统弹出的快捷菜单中单击"跳转栅格（G）"命令，选择对应的栅格间距。例如选择 1 mm，则系统会将栅格的最小单位设置为 1 mm，设置完毕后可以观察到系统左下角显示的当前鼠标的位置参数，右边会显示当前栅格的间距，如图 5.17 所示。

若栅格设置太小而窗口显示全局时（缩小视图），会因为显示得太密而不显示。视图放大缩小时栅格会出现大的栅格（白色）内嵌小的栅格（灰色），小的栅格就是设置的单位如 1 mm，而大栅格内会有 5 个小栅格。这种大小栅格的嵌入形式叫栅格内嵌。栅格内嵌的参数可通过右击鼠标，在系统弹出的快捷菜单中选择"跳转栅格（G）"|"栅格属性"命令，在系统弹出的"Cartesian Grid Editor"对话框中进行设置，如图 5.18 所示。

其中"步进值"是栅格的间距，当前为 1 mm；"精美的"下拉列表框是指内嵌的小栅格，可以设置其线性及颜色；"粗糙的"是指大栅格，也可以设置其线性及颜色；"增效器"设置大栅格与小栅格之间的倍数关系，有 2 倍、5 倍和 10 倍 3 种选择。

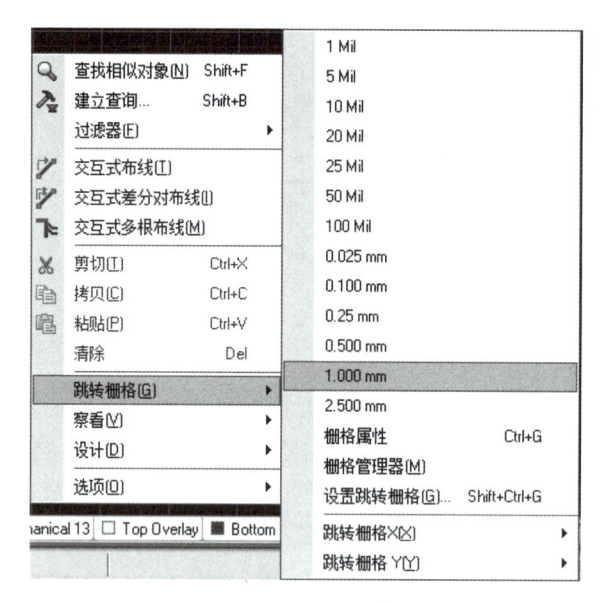

图 5.17 设置栅格的大小

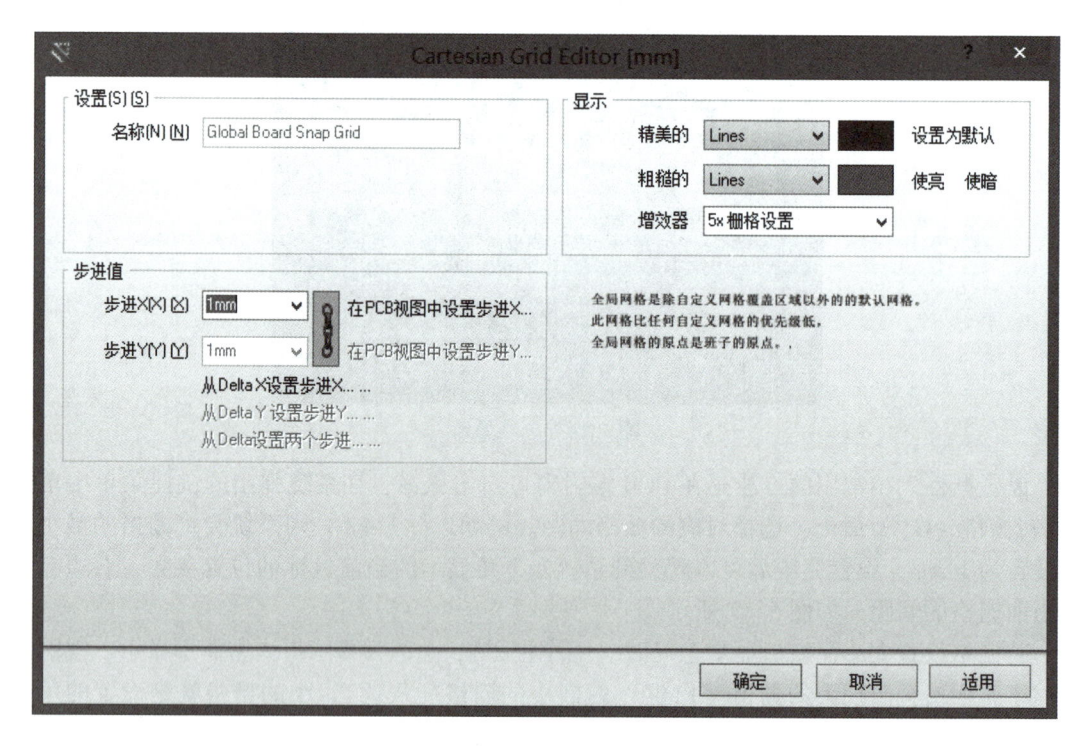

图 5.18 "Cartesian Grid Editor"对话框

（2）捕捉：捕捉是提升 PCB 编辑的利器，它能使鼠标的移动按某个步长来进行。例如栅格设置为 1 mm，鼠标的移动就会成 1 mm、2 mm、3 mm 递增。捕捉一般与栅格的间距密切相关，默认捕捉的间距等于栅格的间距。如要关闭捕捉，可在 PCB 编辑窗口下单击鼠标右键，在系统弹出的快捷菜单中选择"选项"|"板参数选项（B）…"命令，在弹出的

"板选项"设置对话框(见图5.14)中,将"捕捉选项"区域中的"捕捉到栅格"复选框取消勾选即可。

本例集成稳压电源 PCB 设计中将栅格设置为 1 mm,捕捉保留默认。

3. 设置 PCB 的物理边框

PCB 的物理边框即其外形和具体的机械尺寸,这些参数是根据工程项目的要求来设置的。PCB 的物理边框的边界是通过在"Mechanical"(机械层)中绘制边界的形状来实现的。

(1) 单击 PCB 编辑窗口下方的"Mechanical 1"标签,使该层面切换为当前的工作窗口。

(2) 在黑色的 PCB 编辑区域的左下方放置坐标原点。单击"应用程序工具栏"|"绘图"|"放置原点(O)"命令,鼠标变成十字形。单击黑色区域中左下角某处,则该点就是 PCB 编辑界面新的坐标原点。并在该点出现一个坐标原点的符号,如图 5.19 所示。

图 5.19 设置图纸的原点

(3) 单击主菜单中的"放置(P)"|"直线(L)"命令或直接单击"应用工具栏"|"放置走线"按钮,用绘制直线的方法在编辑窗口区绘制一个 PCB 的形状,具体的尺寸根据工程项目的要求而定。因为 PCB 工程对板子尺寸精度要求比较高,设计者一般要提前设计和规划下 PCB 板子尺寸的主要坐标点,也可以根据具体的 PCB 板子的机械图来绘制机械层的直线或其他线条,从而使绘制的 PCB 板子的物理尺寸符合要求。比如,本例集成稳压电源 PCB 板子是 6 cm×4 cm 的矩形形状,我们可以绘制一条直线,双击后编辑其属性,即定义直线的起点和终点的坐标来精确绘制直线的长度,如图 5.20 所示,绘制了一条 60 mm 的直线。直线的宽度可以默认,但绘制的形状必须是封闭的。依此方法,将绘制 6 cm×4 cm 矩形的 4 条边框用直线全部画好。Mechanical 1(机械层)默认颜色是紫色。

(4) 将绘制的边框定义为 PCB 外形。按下鼠标左键,从上至下或从下至上拖动鼠标拉出矩形的包围框,选中定义 PCB 物理外形的所有边框线。也可以按住 Shift 键再用鼠标逐个将定义 PCB 物理外形的所有边框线逐一选中。执行主菜单中的"设计(D)"|"板子形状(S)"|"按照选择对象定义(D)"命令,如图 5.21 所示,系统将所选的对象定义为 PCB 的外形,同时 PCB 编辑的黑色区域会随之改变。本例定义了一个 6 cm×4 cm 的矩形板,所以黑色的 PCB 编辑区缩小了。

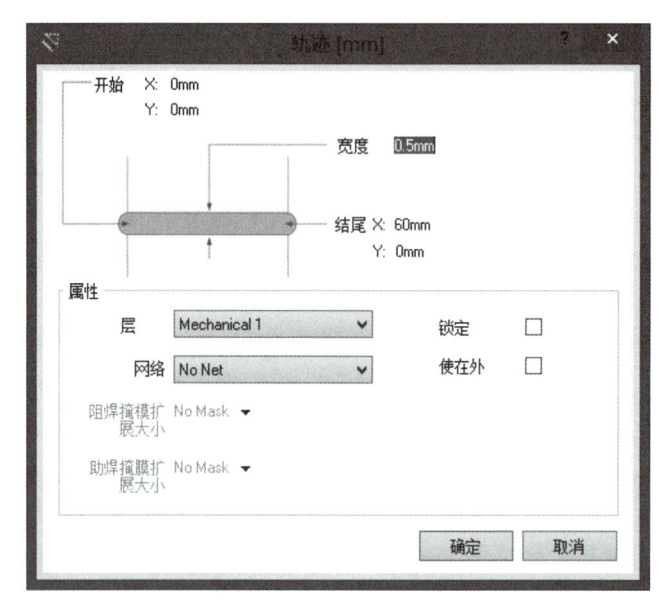

图 5.20 "轨迹"对话框

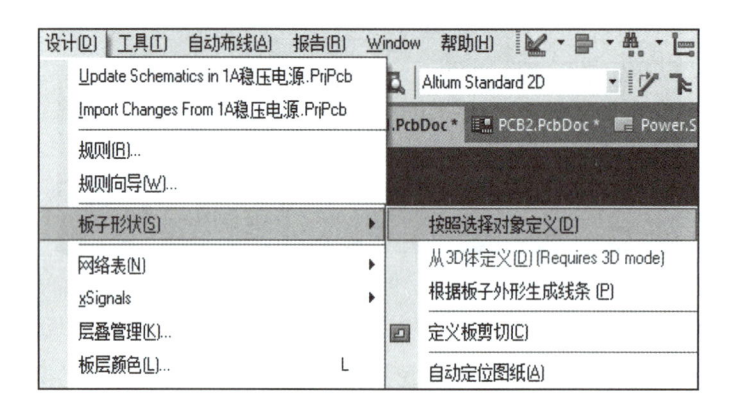

图 5.21 "板子形状（S）"命令

4. 加载元件库文件

元件库文件是 PCB 设计的必要条件，其中包含多个元器件的引脚和形状尺寸信息，即封装。设计 PCB 时必须把原理图设计中使用的所有元器件封装一一加载到系统。加载库文件的方法与原理图设计时加载库文件的方法一致，这里不再详述。本例集成稳压电源的 PCB 设计使用的是系统的通用元件库（Miscellaneous Devices.IntLib）和通用插件库（Miscellaneous Connectors.IntLib）。

5.2.3 导入原理图网络表信息

设置 PCB 设计的基本参数后，即可将工程项目中设计好的原理图文件导入当前 PCB 设计文件中。Altium Designer 的早期软件版本（Protel 99）需要将设计好的原理图文件转换成网络表，然后导入 PCB 设计文件中。Altium Designer 可以在 PCB 编辑界面直接、方便地导入统一工程项目内的原理图网络表信息，具体的方法如下。

（1）在本例集成稳压电源的 PCB 设计文件"PCB1.PcbDoc"打开编辑的状态下，执行主菜单中的"设计（D）"|"Import Changes From 1A 稳压电源.PrjPcb"命令，这里"1A 稳压电源.PrjPcb"为此工程项目的名称，系统弹出"工程更改顺序"属性窗口，如图 5.22 所示。单击"工程更改顺序"属性窗口中的"生效更改"按钮，系统会检查导入的原理图文档与现在的"PCB1.PcbDoc"文档各元器件的封装、标号和引脚序号等信息，检查后则在"工程更改顺序"属性窗口的右侧"检测"信息栏中显示出受影响元素检查后的结果，检查无误的信息以绿色的"√"表示；检查出错的信息以红色"×"表示，并在"状态"栏中详细描述了检测不能通过的原因。

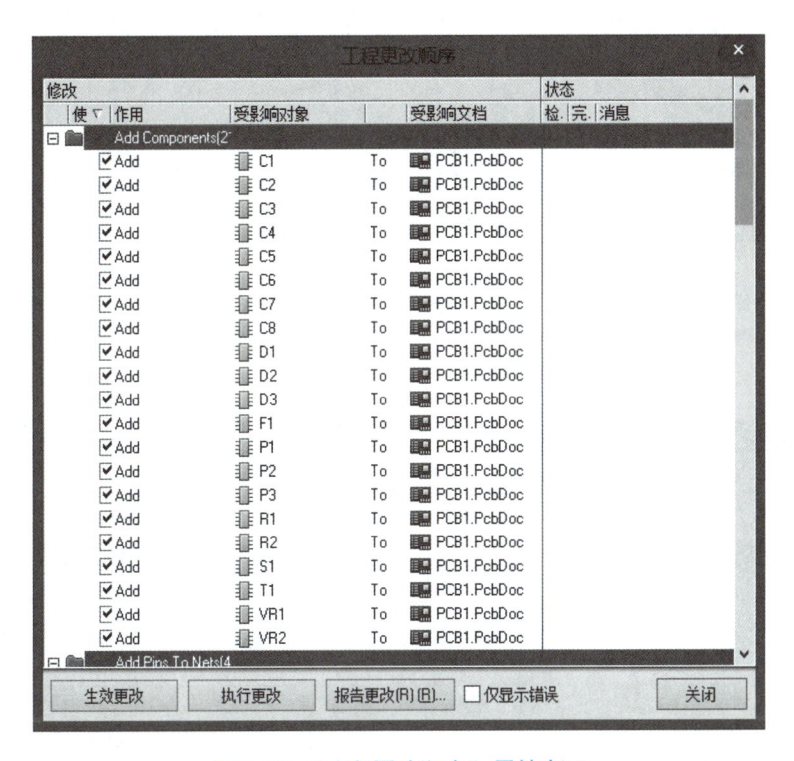

图 5.22 "工程更改顺序"属性窗口

（2）若检查有误就回到原理图中修改相关错误，一般是元器件的封装问题。检查无误后，就可以单击"执行更改"按钮，将原理图中设计好的各元器件、网络表等信息装载到 PCB 文件中，在"工程更改顺序"属性窗口的右侧"完成"信息栏中显示出执行的结果，绿色的"√"表示执行完毕，以红色"×"表示未能执行，如图 5.23 所示。单击"工程更改顺序"属性窗口中的"关闭"按钮结束原理图信息的导入。

（3）关闭"工程更改顺序"属性窗口后系统跳转到 PCB 设计环境，可以看到在 PCB 的右侧及其黑色区域的右侧出现了一个名为"Power"的 Room 空间，其空间内放置了各元器件以及各元器件引脚之间相互连接的白色拉线，如图 5.24 所示。至此 PCB 编辑界面就载入了各元器件以及它们之间的连接关系。

图 5.23 执行更改的结果

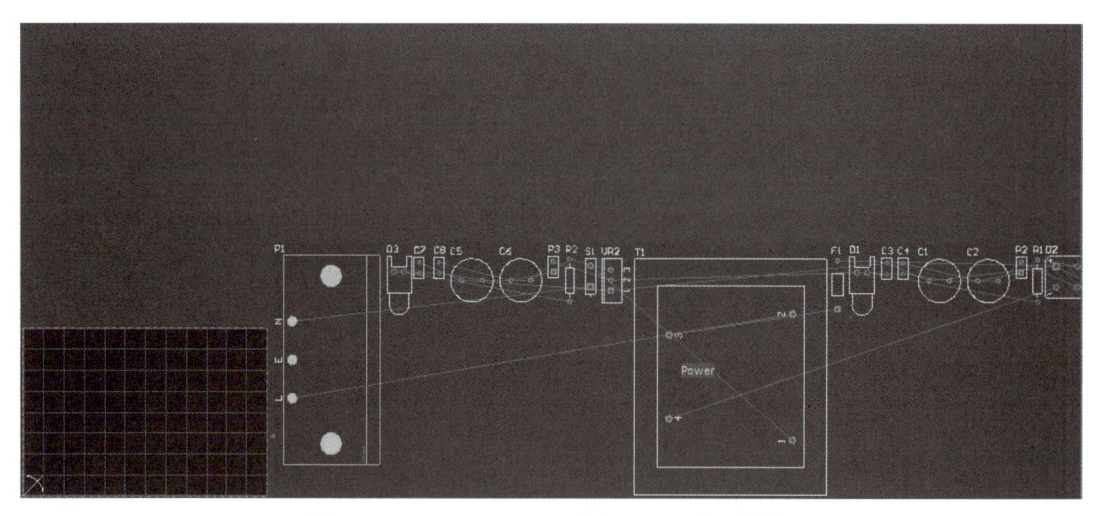

图 5.24 "Power" Room 空间和导入的元器件

> Room 空间只是一个逻辑空间，用于分组放置元器件。导入原理图时一张原理图文件会产生一个 Room 空间，并与原理图文件名相同。Room 空间内的所有元器件将作为一个整体被移动、放置或编辑。多张原理图会产生多个 Room 空间。系统提供"Room"命令来对 Room 进行操作。

5.2.4 PCB 元器件手动布局

PCB 编辑界面中导入的各元器件封装和网络表，其中的元器件位置比较凌乱。这种情况下，无法进行布线操作，因此需要先进行合理的布局。元器件的布局要根据它们的连接关系、PCB 的工作特性、工作环境，以及某些特殊方面的要求，通过手工调整。

元器件的布局要遵循以下几个简单的原则：

（1）相互连接的元器件要"靠"在一起，不能离得很远，即单元电路的各元器件要放置在附近。

（2）容易发热的器件要放在 PCB 板子的边缘，并且要在周围预留其散热的空间。

（3）大电压和大电流附近不能放置易受干扰的小信号元器件，如振荡器等。

（4）经常要调试或插拔的器件要放置在板子的边沿，如需调节的电位器和插头等。

本例集成稳压电源的 PCB 元器件手动布局可按以下步骤执行：

（1）删除变压器、开关、保险丝和交流插头，这些元器件不用安装在 PCB 上。

（2）删除"Power" Room 空间，该电路元器件较少，不必用 Room 整块操作。

（3）按住鼠标左键拖出一个选择框，选中所有或部分元器件，被选中的元器件会出现灰色背景。此时将鼠标放置在被选中元器件上面，鼠标将变成小十字并带有箭头的标记，按住鼠标将被选中的元器件拖动到 PCB 板子周围。然后将放大显示编辑窗口，如图 5.25 所示。

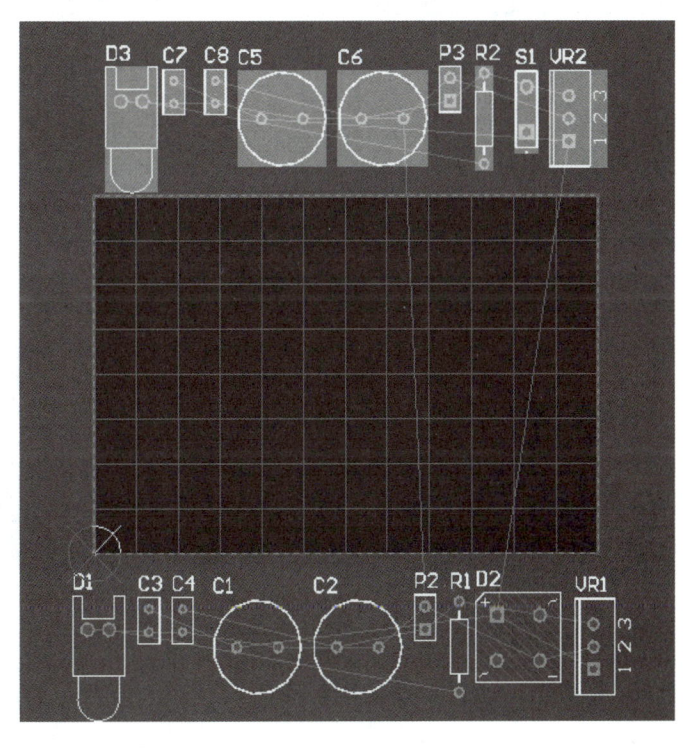

图 5.25 将元器件放置在 PCB 的周围

（4）对照原理图，本实例的 1A 稳压电源被分成两个基本部分，即基于 VR1 的稳压滤波电路和基于 VR2 的稳压滤波电路。因此 PCB 电路板设计也分成两部分，上半部分放置基于 VR1 的稳压滤波电路，下半部分放置基于 VR2 的稳压滤波电路。各部分按左输入右输出的原则，对照原理图电路板从左到右逐一放置。拖动元器件的状态下，按击键盘 Space 键可将元器件逆时针旋转，调整元器件的方向。

（5）本例 1A 稳压电源的两个稳压器件 VR1 和 VR2，其功率较大且发热量大，因此将它们放置在 PCB 的边缘。元器件的初步布局效果如图 5.26 所示。

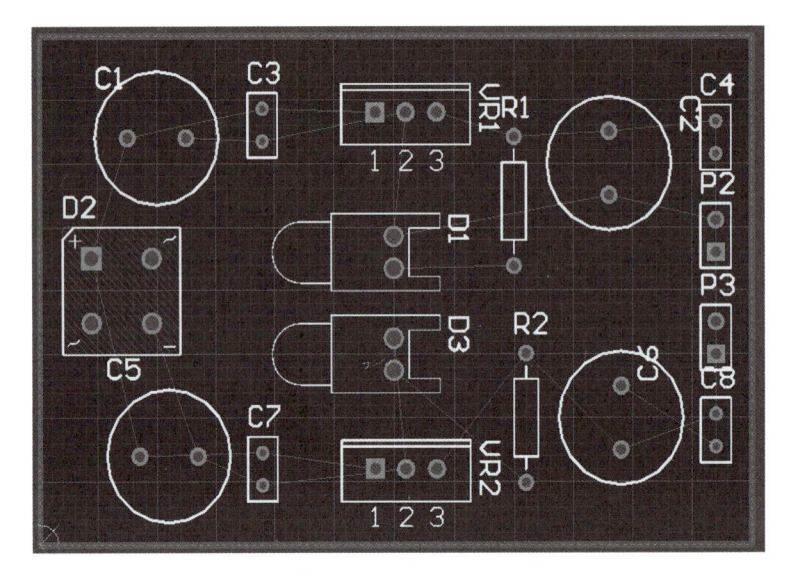

图 5.26　元器件布局初步结果

（6）已经确定各元器件基本位置后，还要逐一调整各元器件的方向位置，避免出现元器件间距过小和预拉线出现交叉等现象。调整过程中逐个排查元器件，使用视图放大、缩小功能对元器件进行查看。如 C6 和 C8 在原理图中是简单的并联，但是在 PCB 元器件布局过程中出现了交叉线，这是因为两个元器件的方向不一致，放大查看后将 C8 旋转 180°，预拉线就变为平行了，如图 5.27 所示。

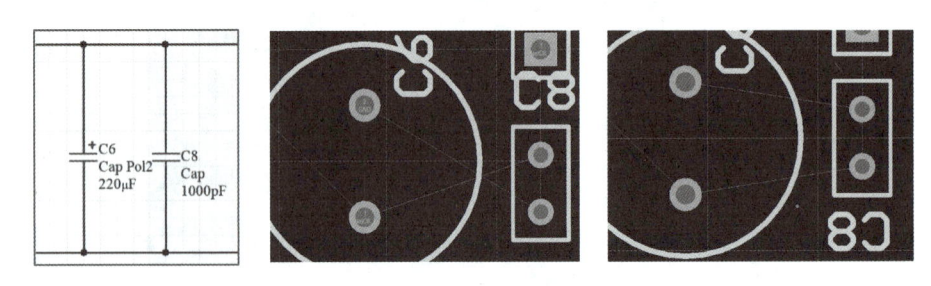

图 5.27　调整元器件的方向以减少预拉线交叉

（7）根据 PCB 的大小和形状将各元器件排列整齐且分布均匀，结果如图 5.28 所示。

至此集成稳压电源的 PCB 元器件手动布局完毕，元器件布局的手动调整是 PCB 设计的基本功之一，要多加练习。

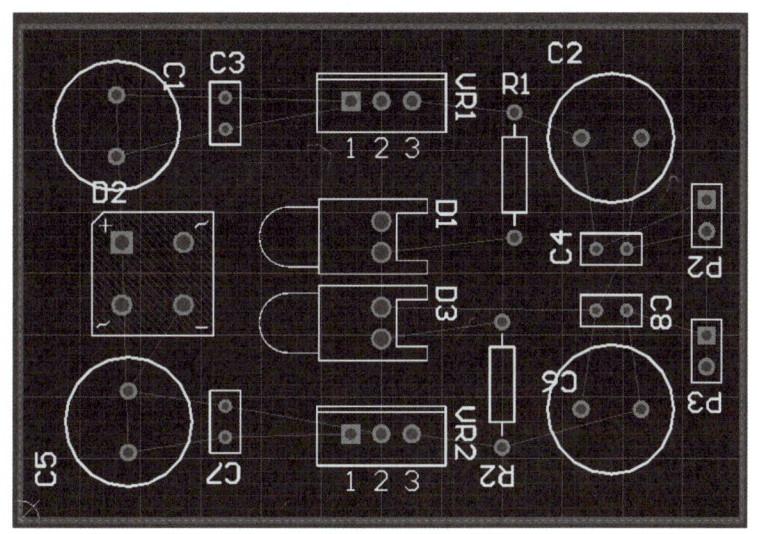

图 5.28　手动布局后的 PCB 布局

5.2.5　放置元器件（Part）

PCB 设计中的大部分元器件和网络名通过导入原理图设计来完成，但是在 PCB 设计过程中有时需要直接添加一些新的元器件，而不是回到原理图中修改后导入 PCB 设计中。在本例稳压电源的 PCB 设计过程中，我们在前面删除了不需要放置在 PCB 板子上的多个元器件。现在要在 PCB 板子上放置一个接插件 P4，通过它将交流电引到 PCB 上连接到桥堆 D2 的两个交流端。

放置元器件的方法如下。

（1）单击 PCB 编辑界面右侧的"库"标签，在弹出的"库"面板中，选择元件库为通用插件库（Miscellaneous Connectors. IntLib），找到接插件 HDR1X2，双击后拖动鼠标，将其放置到桥堆 D2 的左侧。

（2）为编辑新放置器件的属性，双击该器件，打开其"元件"属性窗口，如图 5.29 所示，将属性窗口中元器件的"标识"下的"文本"改成"P4"，其他不变。

"元件"属性窗口中主要有"元件属性""标识""注释"和"封装"四个栏目的参数。

在"元件属性"栏中主要有以下几个设置项：

▲"层"：设置元器件所在的层，图中所示的元器件在顶层（Top Layer）；在"层"的下拉列表框中选择元器件放置的层。通孔的元器件一定要选择在顶层（Top Layer）或底层（Bottom Layer）。

▲"旋转"：设置元器件的旋转方向，一般布局时的快捷操作 Space 键只能使器件以 90°的角度旋转，在这个下拉列表框里可以选择任意角度，以符合布局的需要。

▲"X 轴位置"和"Y 轴位置"：可设置当前元器件的精确坐标。

▲"锁定原始的"：勾选该选项后，元器件将被锁定而不能被移动。

在"标识"栏中主要设置元器件标号的属性，该标号在 PCB 设计中一般属于文字丝印层，有以下几个设置项：

图 5.29　元件 P4 属性窗口

▲"文本"：设置该元器件的标号及图纸中元器件的序号，这里将该元器件的标号设置成"P4"。

▲"高度"：指标号文字如"P4"的文字高度，一般丝印层的文字高度在几毫米。

▲"宽度"：指标号文字如"P4"的文字轨迹宽度，一般丝印层的文字宽度在 0.1 毫米到 0.5 毫米，宽度越宽文字的轨迹越粗。

▲"层"：指标号文字所在的层，标识的文字一般在顶层丝印层（Top Overlay）或底层丝印层（Bottom Overlay）。

▲"旋转"：指标识文字的当前旋转角度。

▲"X 轴位置"和"Y 轴位置"：指标识文字当前的坐标，根据需要可以精确定位。

▲"隐藏"：勾选该选项，则标识的所有信息不在 PCB 设计界面显示。一般根据设计需要来显示或隐藏元器件的标识符。

▲"映射"：勾选该选项，则标识符的文字被镜像显示。

"注释"栏区域主要设置元器件性能参数的属性,如电阻 R1 的阻值为 1 kΩ,此 1 kΩ 的信息在"注释"栏中设置,主要是"文本""高度""宽度""层"等信息,它们与"标识"栏中的设置方法一致。

"封装"栏区域主要设置元器件的封装参数,主要有以下几个设置项:

▲"名称":显示和设置该元器件的封装名称。如需要修改元器件的封装,单击该选项栏右侧的"…"按钮,在弹出的窗口中重新选择封装库和具体的元器件封装。

▲"库":显示当前元器件所在的封装库。

所有的参数设置完毕后,单击图 5.29 窗口中的"确定"按钮保存并退出设置窗口。

(3) P4 的两个焊盘还没有网络名,与对应元器件的引脚尚未建立电气连接,如图 5.30 所示。P4 要与桥堆 D2 的两个交流端连接,放大视图可以看到桥堆 D2 的两个交流端的网络名分别为"NetD2_2"和"NetD2_4"。选中 P4 的焊盘 1,系统会弹出选择窗口,如图 5.31 所示,询问设计者是要选择整个 P4 器件还是"Pac P4 – 1",这里选择焊盘"Pac P4 – 1",系统弹出"焊盘"属性窗口,如图 5.32 所示。

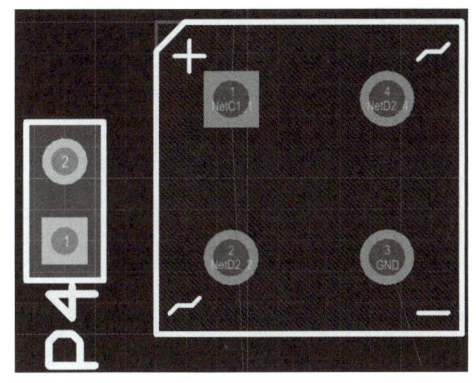

图 5.30　两个焊盘无网络名　　　　　　　图 5.31　选择对象

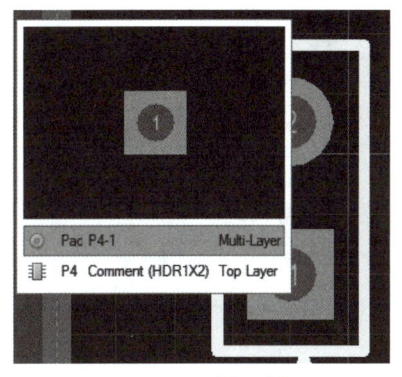

在"焊盘"属性窗口主要有以下属性。

▲ 焊盘位置:通过定义焊盘的坐标参数来精确设置其位置。

▲ 通孔尺寸:焊盘挖孔的孔径,该孔径要根据元器件的引脚直径来设置,这里保留默认参数。

▲ 焊盘尺寸:通过定义焊盘的 X 轴(X – Size)和 Y 轴(Y – Size)的长度来设置,图中焊盘为 X 轴长 1.5 mm 和 Y 轴长 1.5 mm 的方形焊盘。焊盘外形可选择"外形"下拉框中的 Rounded(圆形)、Rectangular(矩形)、Octagonal(八角形)和 Rounded Rectangular(圆角矩形)。

▲ 标识:引脚的序号,一般从序号 1 开始。

▲ 层:当前所选焊盘所在的层,通孔的焊盘要选择在多层(Multi – Layer)。如是贴片器件,要选择在顶层(Top Layer)或底层(Bottom Layer)。

▲ 网络名:当前为"No Net",即该焊盘没有电气性能,为将该焊盘的电气节点及网络名设置为"NetD2_2",选择"网络名"右边的下拉列表框,列表框内列举了该 PCB 设计中所有的网络名,选择"NetD2_2"选项。

利用同样的方法,将 P4 的第 2 个焊盘的网络名设置为"NetD2_4"。

图 5.32 "焊盘"属性窗口

（4）单击"确定"按钮保存以上参数设置并退出设置窗口。

5.2.6　放置焊盘

如果在 PCB 设计过程中要放置新的焊盘，则单击主菜单中的"放置（P）"|"焊盘（P）"命令，或单击布线工具栏中的"焊盘放置"按钮 ⊙，系统就会跟随鼠标拖出一个焊盘。单击合适的位置并放置该焊盘。此时系统仍在放置焊盘状态，可连续放置多个焊盘，放置结束后单击鼠标右键，双击焊盘就可以设置其属性，如位置、通孔、所在层、网络名等，或者在放置焊盘的状态下按 Tab 键会弹出"焊盘"属性窗口，可在其中设置焊盘的属性。在板子四周角落放置四个孔径为 3 mm、尺寸为 3 mm 且无网络名的圆形焊盘，作为 PCB 板子的安装孔，如图 5.45 所示。

> PCB 编辑界面常用的几个放置快捷键分别为"P"+"C"（放置器件）、"P"+"P"（放置焊盘）、"P"+"L"（放置导线）、"P"+"V"（放置过孔）和"P"+"G"（放置敷铜）、"P"+"S"（放置文字），熟练后可以提高 PCB 设计的效率。

任务 5.3　集成稳压电源的 PCB 布线设计

5.3.1　集成稳压电源的 PCB 布线设计

为方便手动布线，发挥计算机辅助设计的优势，在 Altium Designer 中可以设置布线规则，如线宽的范围和间距等。这样系统就能检测这些数据的状况，如有违反的情况，则报警，提示设计者注意和修改。这里先简单介绍几个规则，以完成集成稳压电源的手工布线设计。

1. 间距

间距指相邻两个不同网络名的电气节点间的安全距离，如果小于此间距，两个节点的电压差较大时会产生电气击穿或电弧放电使电路发生故障。间距的大小与电路电压的等级有关，我们这里统一将间距设置为 0.5 mm。

单击主菜单中的"设计（D）"|"设计规则（R）"命令，系统弹出"PCB 规则及约束编辑器"属性窗口。单击左边的树形规则目录，在其中找到"Design Rules"|"Electrical"|"Clearance"选项，双击打开后在设置区域"最小间隔"处填入 0.5 mm，如图 5.33 所示。

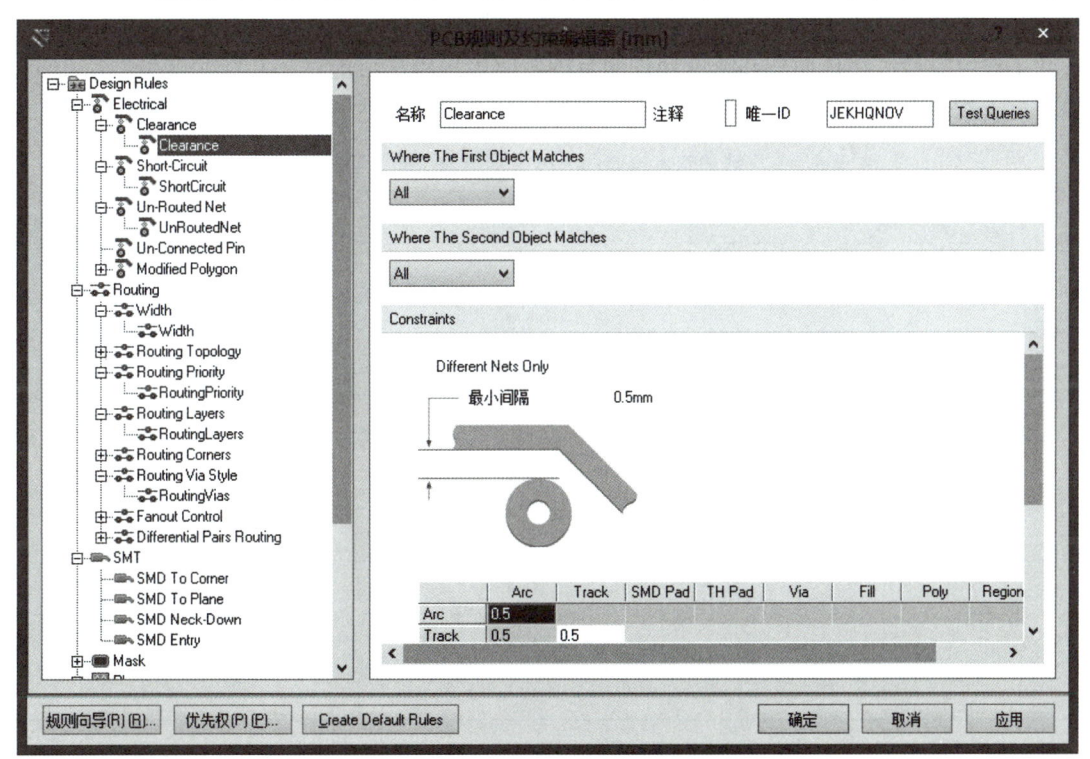

图 5.33　"PCB 规则及约束编辑器"属性窗口

根据电磁感应定律，通电导线相互间会产生电磁感应，当电磁感应过于强烈时导线与导线的相互干扰不可忽略。在 PCB 设计中为了减少线间串扰，高速高频导线应保证足够大的线间距。当导线中心间距不少于3倍线宽（W）时，则可保持大部分电场不互相干扰，这就是3W原则。如图5.34所示。

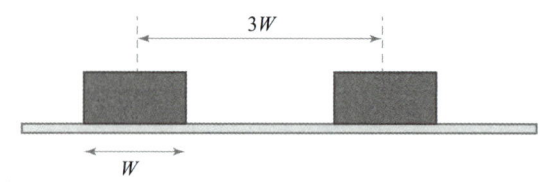

图5.34 间距的3W原则

据实验测试，满足3W原则能使信号间的串扰减少70%，而满足10W则能使信号间的串扰减少近98%。

2. 线宽

元器件的连接在PCB上通过导线（走线）来完成，因此走线有导电功能；走线的横截面或宽度要根据其流经电流的大小来设置，这样才能使导线不至于电流过大而发热或烧毁。导线的宽度与敷铜板的铜箔厚度、电流的大小和电路板工作温升等均有关系。一般走线流过电流越大，则其宽度应该越宽。一般电源线应该比信号线宽。为了保证地电位的稳定（受地电流大小变化影响小），地线也应该较宽。实验证明：当印制导线的铜箔厚度为0.05 mm时其载流量可以按照20 A/mm^{2}进行计算，即0.05 mm厚且1 mm宽的导线可以流过1 A的电流。所以对于一般的信号线来说，10～30 mil的宽度就可以满足要求，而高电压、大电流的信号线线宽大于等于40 mil，线间间距大于30 mil。为了保证导线的抗剥离强度和工作可靠性，在板面积和密度允许的范围内应该采用尽可能宽的导线来降低线路阻抗，提高抗干扰性能。初学者根据表5.3所示数据，可以大概熟悉导线的宽度与电流的关系。

表5.3 导线的宽度电流的大小（铜箔35 μm，温升10 ℃）

电流大小/A	线宽/mm	线宽/mli
4	2	80
3.2	1.5	60
2.7	1.2	48
2.3	1	40
2	0.8	32
1.6	0.6	24
1.1	0.4	16
0.55	0.2	8
0.18	0.1	4

一般导线承受电流的经验公式如下。

$$电流(A) = 0.15 \times 线宽(mm)$$

本例稳压电源的PCB设计输出的直流最大可以达到1 A，根据表5.3的数据并留有余量，整流滤波的主电路采用 1 mm 的宽度。而瓷片电容和发光指示是小电流，故采用 0.5 mm 的导线宽度。

为了保证电路的稳定，在电路板布线空间允许的情况下，尽量加粗电源线和地线的宽度，一般情况下至少需要 50 mil。

单击主菜单中的"设计（D）"|"设计规则（R）"命令，系统弹出"PCB 规则及约束编辑器"属性窗口，如图 5.35 所示，在左边树形规则目录中找到"Design Rules"|"Routing"|"Width"，双击法则 Width*，在展开的法则设置区域设置：

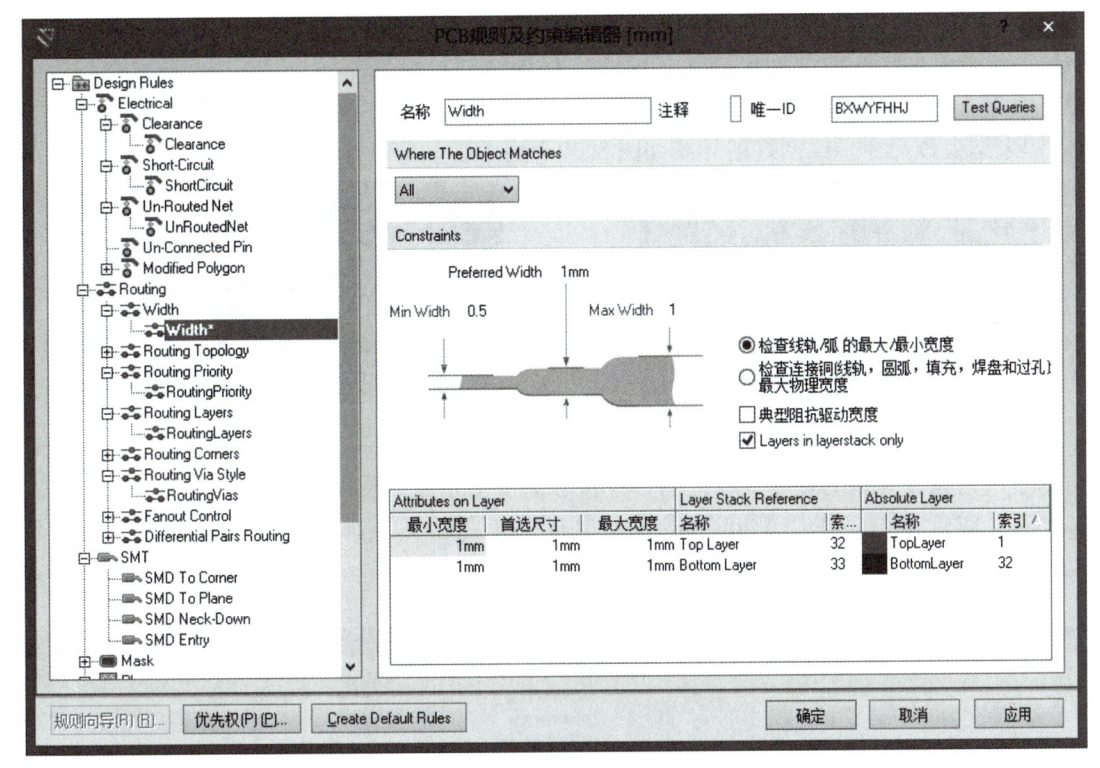

图 5.35　设置线宽法则

▲"Min Width"：设置导线的最小宽度，这里根据设计需要填入 0.5 mm；规则设置时的单位有公制和英制两种，需要在进入设置前根据需要提前更改。

▲"Max Width"：设置导线的最大宽度，这里根据设计需要填入 1 mm。

▲"Preferred Width"：设置导线的默认宽度。

5.3.2　手动布线

手动布线是指设计者绘制电路中各焊盘间的导线时，其导线的走向和拐弯等完全由人工完成。手动布线是 PCB 设计的基本功和必备技能。虽然 Altium designer 有强大的自动布线功能，但手工布线还是必不可少的，而且是主要工作。

本例是设计一个单面 PCB 电路，焊盘和导线均要放置到底层（Bottom Layer），手动布线放置导线的过程如下：

（1）在 PCB 编辑区下部的层切换标签处单击"（Bottom Layer）"标签，将当前层切换为底层。

（2）执行主菜单中的"放置（P）"|"走线（L）"命令或单击布线工具栏中的"交互式布线"按钮，鼠标变成十字形。这时要确定走线的起点，移动鼠标到某个元器件的引脚附近，系统的捕捉功能会自动捕捉到鼠标附近的引脚。鼠标的十字形标记上会出现一个小圆圈来表明捕捉到一个引脚，此时单击鼠标左键加以确认。移动鼠标，根据预拉线和网络名的指示规划出导线的走向。单击导线要拐弯的位置，再单击鼠标左键，可继续移动鼠标拉出导线，如图 5.36 所示，到达导线终点及另一个焊盘时，捕捉功能也会提醒捕捉到了焊盘，此时单击鼠标左键加以确认，这样一根导线就绘制完毕了。一根导线绘制完毕后，系统仍处于绘制导线的状态，可继续放置其他的导线。放置完毕后，单击鼠标的右键或按 Esc 键来结束该命令。绘制好的导线如图 5.37 所示。

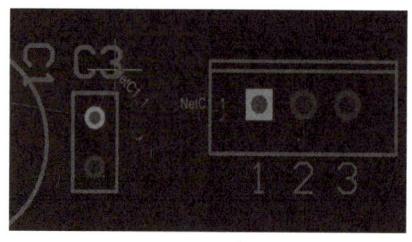

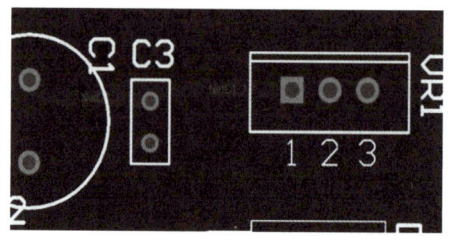

图 5.36　放置导线　　　　　　　图 5.37　放置完毕的导线

（3）为设置导线的宽度，在绘制导线状态下按 Tab 键，系统会弹出"Interactive Routing For Net"属性窗口，在"Width form rule Preferred value"文本框中填入合适的值，如图 5.38 所示。

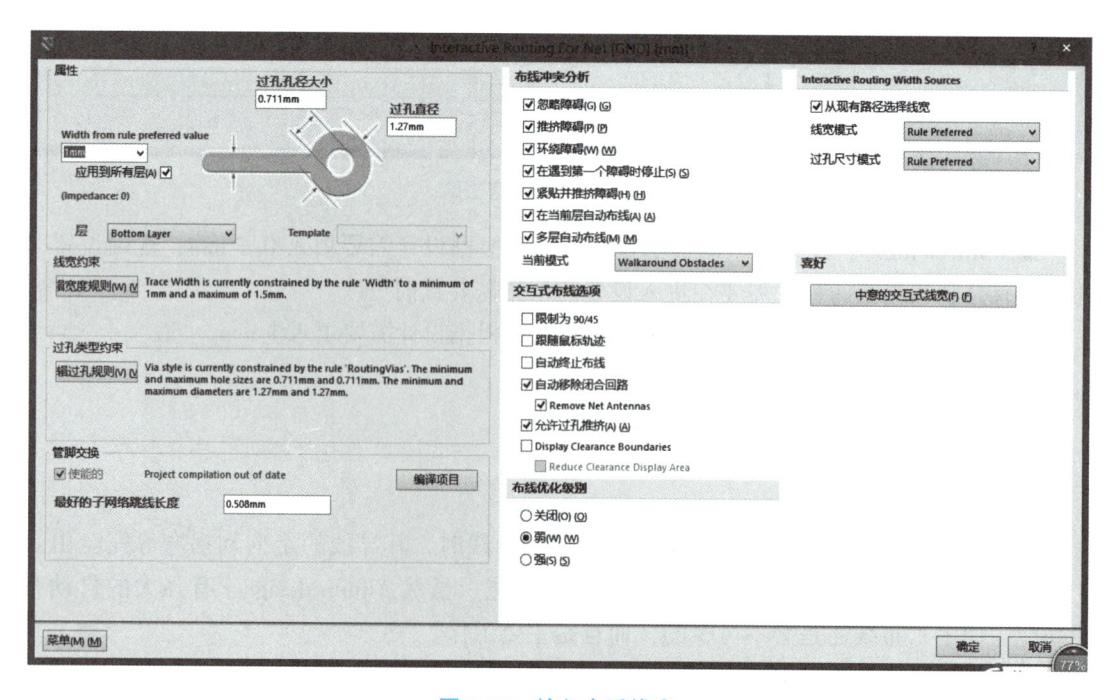

图 5.38　输入合适线宽

如导线已经画好，需要双击该导线，在系统弹出的"轨迹"属性窗口中设置"宽度"的值，如图 5.39 所示。在"轨迹"属性窗口中可设置导线的宽度、层、网络名及起点和终点坐标等属性。

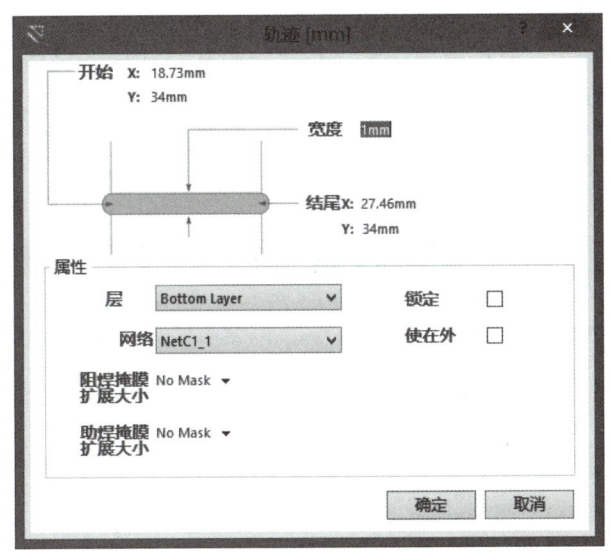

图 5.39 "轨迹"属性窗口

▲ "开始"：即导线起始点的 X 轴、Y 轴的坐标点。
▲ "结尾"：即导线结束点的 X 轴、Y 轴的坐标点。
▲ "宽度"：设置导线宽度，不能超出规则设置的最小和最大的范围。
▲ "层"：设置导线的所在层，当前在（Top Layer）顶层。
▲ "网络"：设置导线的电气网络属性，不同的电气网络属性代表不同的导线连接。
▲ "锁定"：如勾选该选项，则该导线不能被移动或删除。

单击"确定"按钮保存以上参数设置并退出设置窗口。

（4）将 PCB 中所有的导线全部布完，导线的宽度按照要求设置完毕。

手动布线后的 PCB 设计如图 5.40 所示。

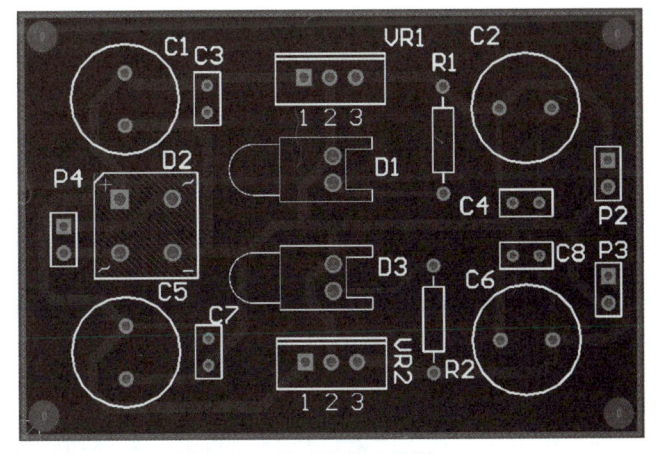

图 5.40 手动布线完毕的 PCB

5.3.3 丝印层字符调整

手动布线完成后 PCB 设计的主要工作基本结束，但是各元器件的标注符还比较凌乱，需要调整到字符排列整齐且显示清晰状态。标记字符在丝印层，单面板的元器件焊接在底层，元器件一般安装在顶层，字符在顶层丝印层，即为 Top Overlayer。

双击某个元器件的黄色轮廓部分，系统会弹出"元件"属性窗口，如图 5.41 所示。在"元件"属性窗口中涉及丝印层的两个栏——"标识"和"注释"。

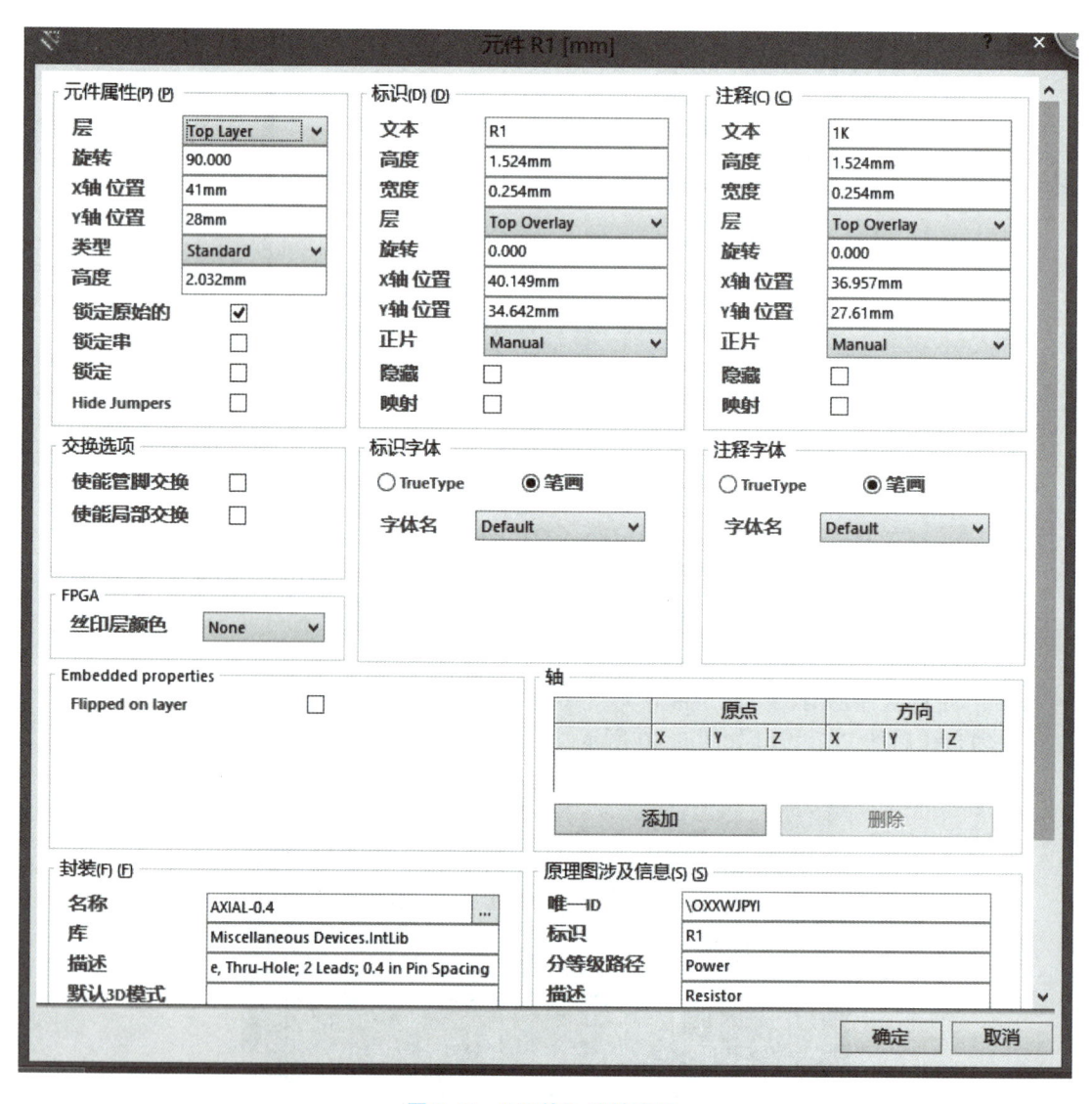

图 5.41 "元件"属性窗口

（1）"标识"栏设置元器件标识名的属性，主要参数如下。

▲"文本"：元器件的标识名，代表元器件在 PCB 板上的名称和序号。

▲"层"：元器件标识名所在的层，元器件标识名的本质是丝印层字符，只能放置在

Top OverLayer 层或 Bottom OverLayer 层。在"层"下拉列表框中可以选择标识名放置的层。

▲ "高度"：标识名字符的高度。一般 PCB 生产的丝印工序的精度不会太高，所以这里高度可设置在 1 mm 以上。

▲ "宽度"：标识名字符的轨迹粗细，一般设置在 0.15 mm 以上。

▲ "X 轴位置"和"Y 轴位置"：当前元器件标识的精确坐标。

▲ "正片"：标识名的放置位置，包括 Manual（手动）、Left – Above（左上）、Left – Center（左居中）、Left – Below（左下）、Above – Center（顶居中）、Center（居中）、Center – Below（底居中）、Right – Above（右上）、Right – Below（右下）、Right – Center（右居中）选项。

▲ "隐藏"：即标识名不可见，可以勾选其复选框。

▲ "映射"：标识名是否水平镜像，可以勾选其复选框。

（2）"注释"栏是设置元器件的其他需要标注的属性。如电阻的属性有 R1、1K，如图 5.42 所示，R1 为标识名，1K 就要在"注释"栏中设置。主要属性的设置与"标识"栏相同，这里不再详述。

设置"标识"和"注释"栏中的属性参数也可以直接双击相关的字符，在"标识"和"注释"属性窗口加以设置，如图 5.43 和图 5.44 所示。

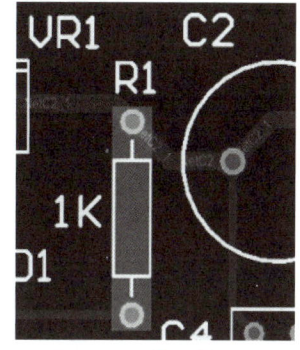

图 5.42 电阻的属性

图 5.43 "标识"属性窗口

图 5.44 "注释"属性窗口

将当前层切换到 Top OverLayer 层，单击各元器件的标注符，将其移动或旋转到合适的状态。调整后的效果如图 5.45 所示，现在元器件布局合理且清晰美观。

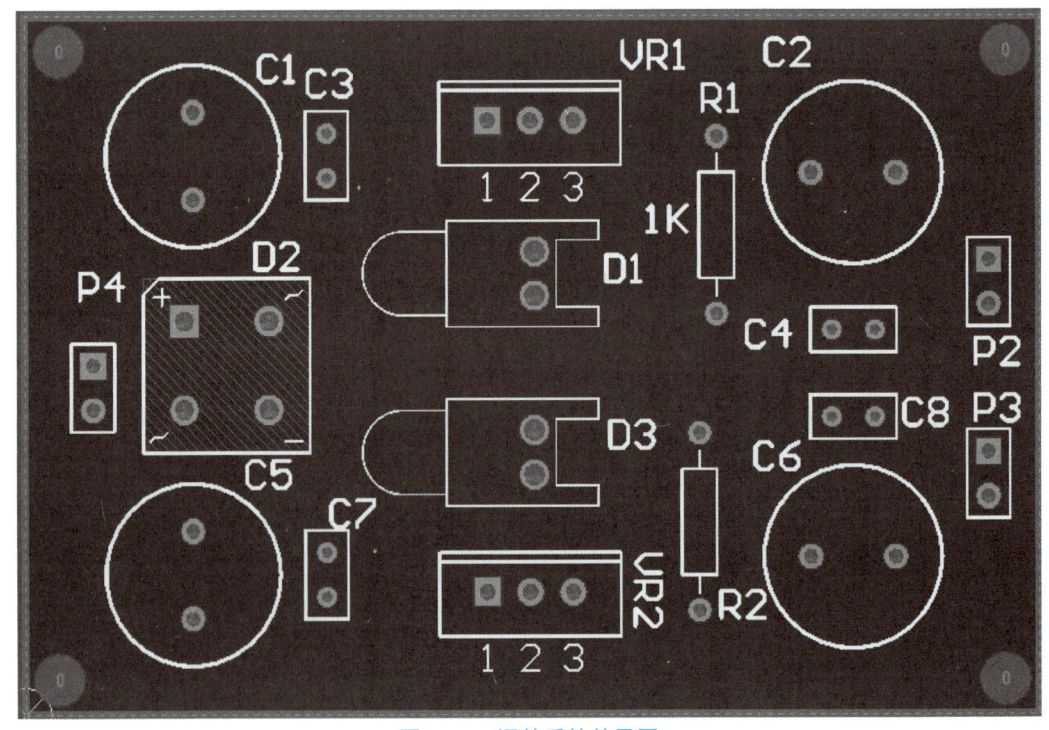

图 5.45 调整后的效果图

项目训练

1. 打开稳压电源设计\1A 稳压电源 . PrjDoc 工程项目,在此项目中新建一个 PCB 原理图 MyPCB. PcbDoc,将 PCB 的尺寸定义为 75 cm×55 cm 的矩形板子。

2. 接上题导入原理图网络表,手动布局完成 PCB 布线。

3. 打开 51 单片机最小系统工程项目,完成单面板手动布局及手动布线,规则为默认。

4. 接上题将各字符层的字符调整到位。

5. 将上述两个工程项目的原理图导出 PDF 文档,并导出 Excel 格式的 BOM 清单。

项目 6

PCB 布局与自动布线设计

PCB 设计的主要内容是合理放置元器件与走线,即 PCB 布局与布线。当电路系统复杂到一定程度后,人工手动的设计就捉襟见肘了。Altium Designer 拥有强大的交互式布局和自动布线功能,使复杂电路的 PCB 设计变得更加简单、方便和快捷。本项目主要阐述 PCB 布局和布线的方法,并介绍元器件封装库的创建和布线规则的设置等内容。

知识技能素养导航	知识了解	面板 PCB 设计的步骤和敷铜
	知识熟知	布线规则的设置; 交互式布局的方法
	技能掌握	封装库的创建; 交互式布局/自动布线的操作
	技能高手	交互式布局的快捷操作; 敷铜修改重建快捷操作
	职业素养	责任心、爱岗敬业、精益求精、有效沟通、团队合作

任务 6.1 新元器件封装库的创建

当设计的电路元器件较多且逻辑关系比较复杂时,完全靠手动布局和布线的方法过于低效。Altium Designer 提供了强大的计算机辅助设计的方法,本项目以设计 2.1 声道功率放大器双面板 PCB 电路为例,阐述封装库的创建、自动布局和自动布线等 PCB 设计功能和操作的应用。

元器件的封装因涉及元器件具体的物理参数,如焊盘的大小和孔径等,所以在 PCB 设计时元器件的封装是一定不能有所差错的。大多数元器件的封装在 Altium Designer 系统中是可以找到的,或在各公司的官网下载,如果找不到或元器件是非标准器件,则要自己绘制元器件的封装。

6.1.1 新建元器件封装库

元器件封装库即集中放置各元器件封装的文件,要新建一个封装库文件的方法如下。
(1) 单击主菜单中的"文件"|"新建(N)"|"库(L)"|"PCB 元件库(Y)"命令,

如图 6.1 所示，或右击工作面板区工程项目"2.1 声道功率放大器.PrjPcb"文件名，在系统弹出的快捷菜单中选择"给工程添加新的（N）"|"PCB Library"命令，如图 6.2 所示。系统会自动新建一个 PCB 元件库及封装库，默认以文件名为"PcbLib1.PcbLib"命名，同时将 PCB 元件库编辑界面打开，如图 6.3 所示。此时可以单击"保存"按钮，并对库文件名加以命名。这里采用默认的文件名。

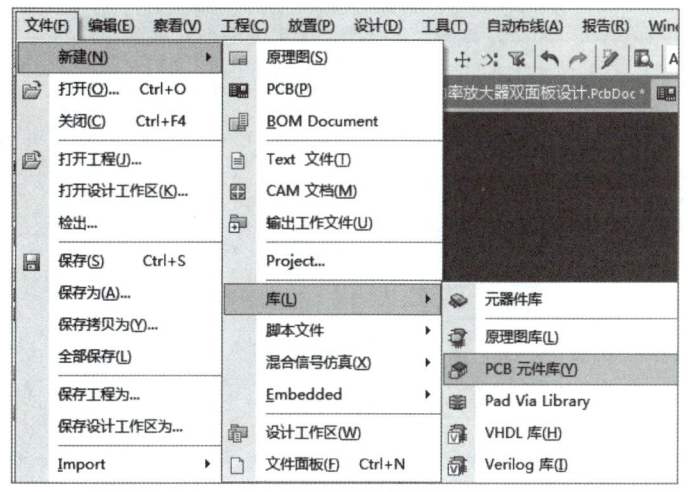

图 6.1 执行主菜单中的"文件""新建（N）"|"库（L）"|"PCB 元件库（Y）"命令

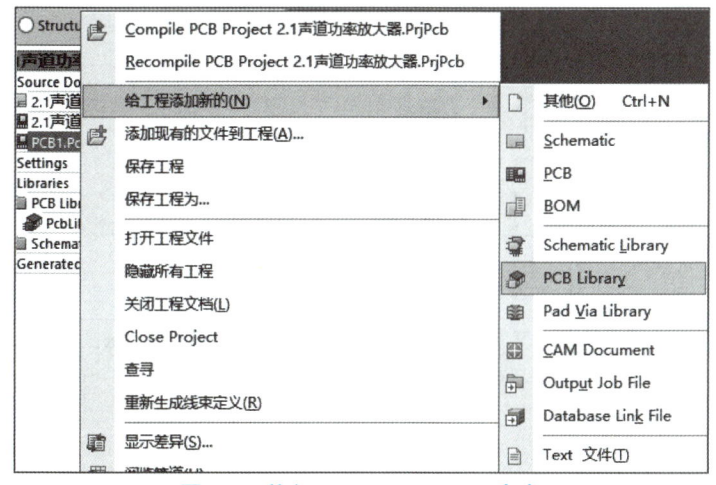

图 6.2 执行"PCB Library"命令

PCB 元器件编辑界面与 PCB 设计界面类似，这里不再叙述。

（2）单击工作面板区下方的切换标签，将工作面板切换为"PcbLib File"标签。此时新建的元件库文件"PcbLib1.PcbLib"中只有一个元器件的封装，名为"PCBCOMPONENT_1"。我们要将此元器件的封装设计为功率芯片 TDA2030A 的封装，其官方提供的机械尺寸如图 6.4 所示，实物图如图 6.5 所示。根据机械尺寸，可在编辑区放置 5 个焊盘，其标号分别为"1""2""3""4"和"5"。焊盘的尺寸为 1.5 mm 长、3 mm 高，"1"号焊盘放置在原点且为矩形，其他焊盘形状为圆形，如图 6.6 所示。焊盘的位置坐标必须精确，可以通过计算出各焊盘的坐标后在"焊盘"属性设置窗口中进行设置，如图 6.7 所示。

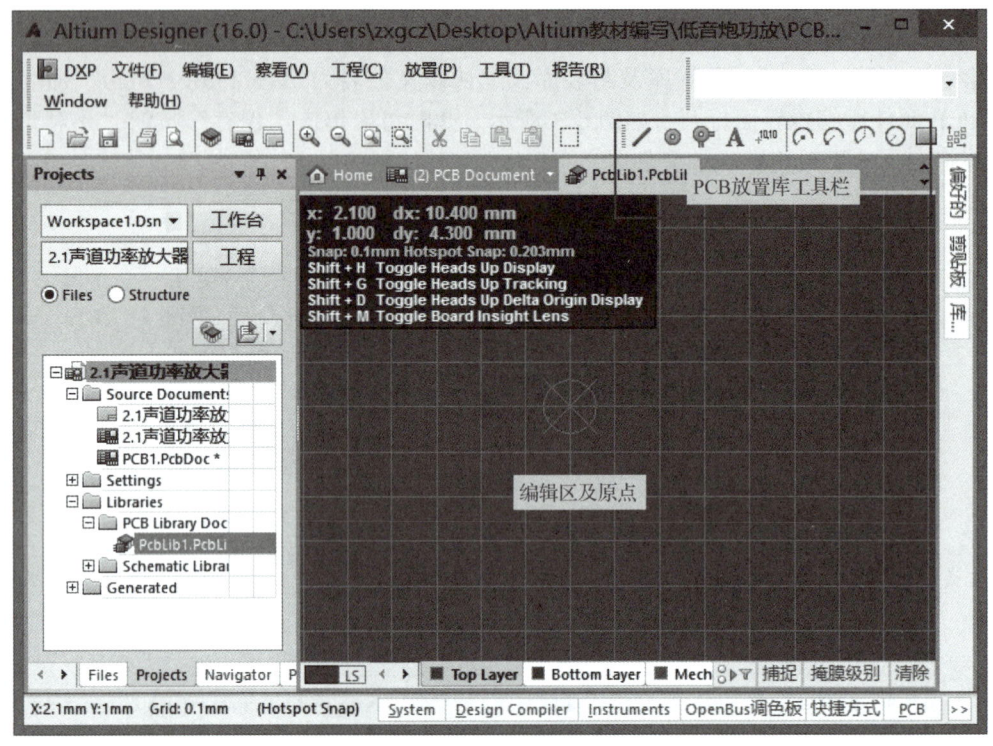

图 6.3　PCB 元件库编辑界面

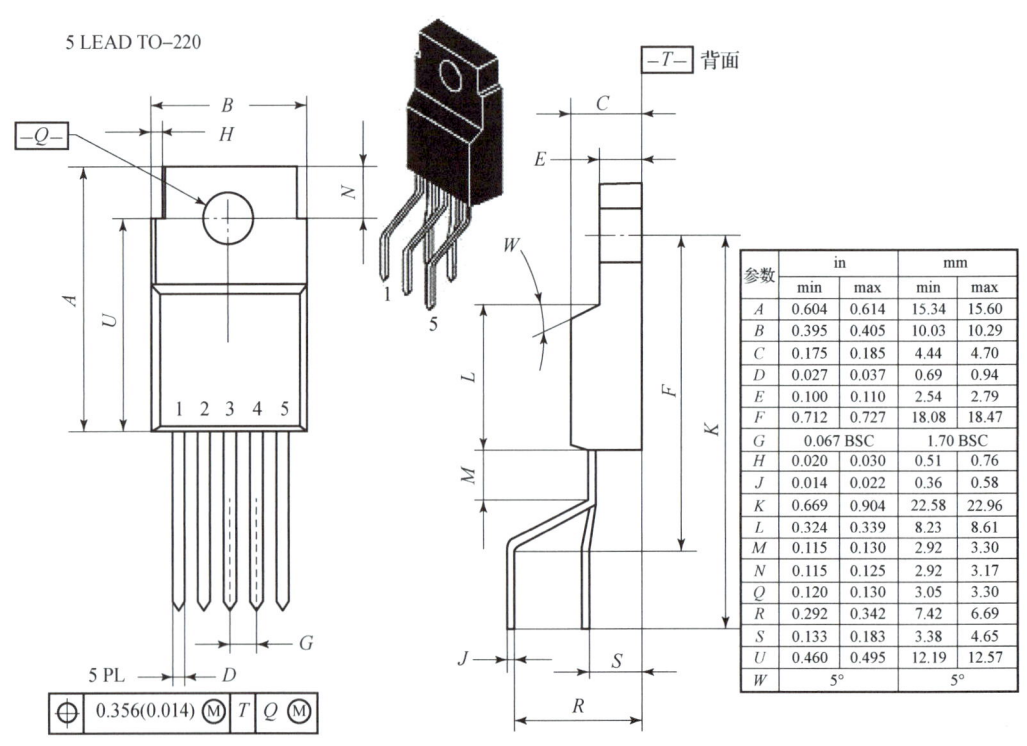

5 LEAD TO-220

参数	in		mm	
	min	max	min	max
A	0.604	0.614	15.34	15.60
B	0.395	0.405	10.03	10.29
C	0.175	0.185	4.44	4.70
D	0.027	0.037	0.69	0.94
E	0.100	0.110	2.54	2.79
F	0.712	0.727	18.08	18.47
G	0.067 BSC		1.70 BSC	
H	0.020	0.030	0.51	0.76
J	0.014	0.022	0.36	0.58
K	0.669	0.904	22.58	22.96
L	0.324	0.339	8.23	8.61
M	0.115	0.130	2.92	3.30
N	0.115	0.125	2.92	3.17
Q	0.120	0.130	3.05	3.30
R	0.292	0.342	7.42	6.69
S	0.133	0.183	3.38	4.65
U	0.460	0.495	12.19	12.57
W	5°		5°	

图 6.4　元器件机械尺寸图

图 6.5　元器件实物图

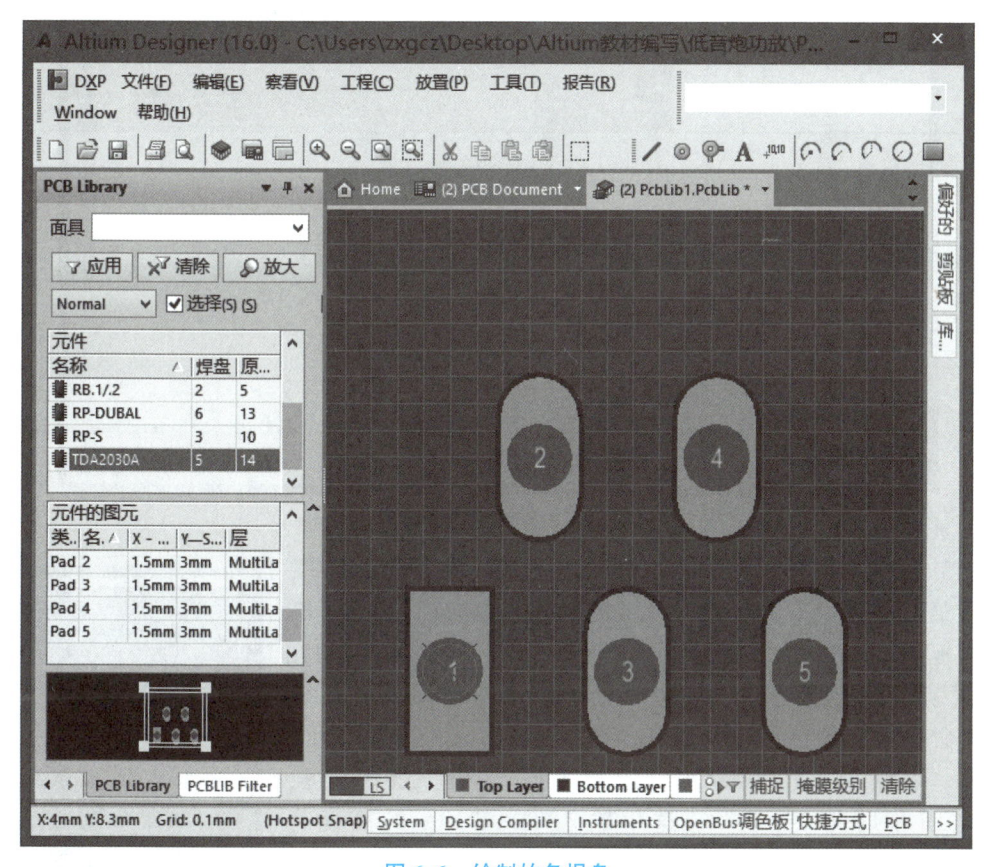

图 6.6　绘制的各焊盘

在焊盘属性窗口中设置焊盘的"X – size"为 1.5 mm,"Y – size"为 3 mm,"外形"为"Rectangular"(矩形)或"Round"(圆形),一般多引脚的元器件 1 号引脚的形状设置为矩形,其他引脚设置为圆形。

(3)绘制元器件的边框。将当前层切换到顶层丝印层(Top OverLayer),根据元器件的图纸的尺寸,在焊盘周围绘制直线或弧线等构成的线框,该线框就是该元器件封装的轮廓,如图 6.8 所示。

133

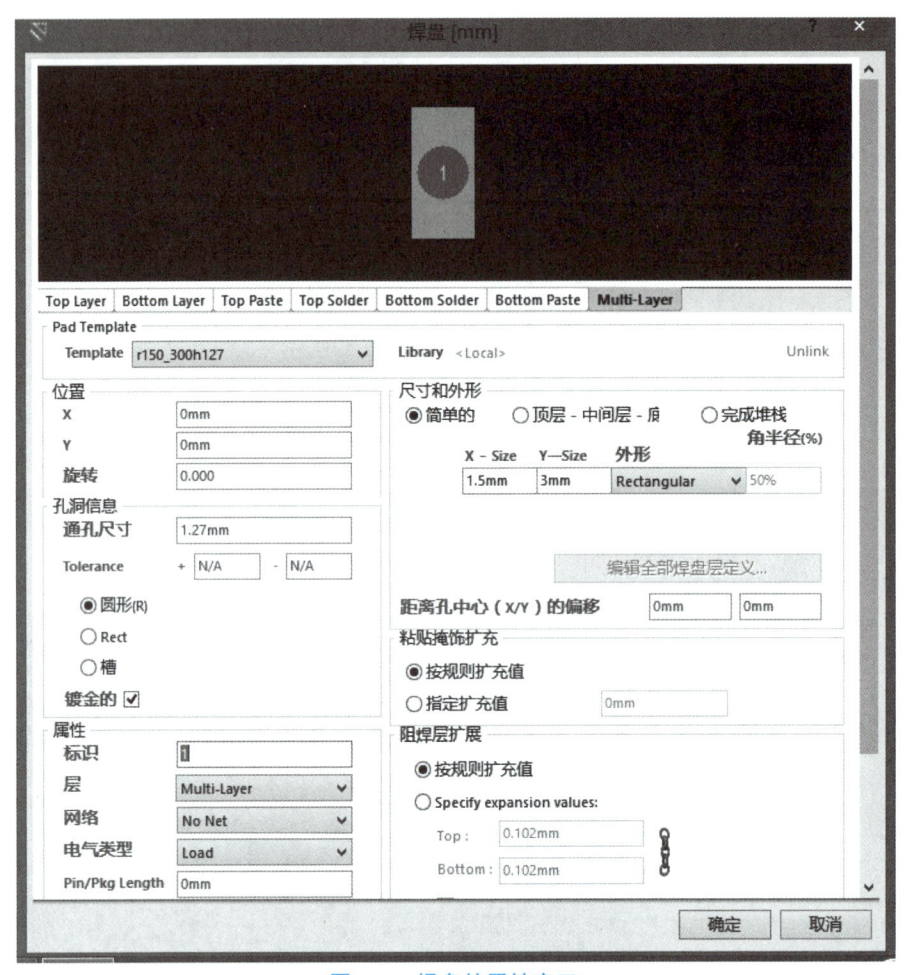

图 6.7 焊盘的属性窗口

(4) 更改元器件封装的名称。在元器件封装编辑界面中，单击主菜单中的"工具（T）"|"元器件属性（E）"命令，在工作面板"PcbLib File"标签下元器件列中右击需要命名的元器件封装名，在系统弹出的快捷菜单中选择"元器件属性（E）"命令，系统会弹出"PCB 库元件"窗口，如图 6.9 所示。

将"名称"设置为 TDA2030A，"高度"是指元器件高度，用于空间布局和 3D 显示，这里输入 TDA2030A 的高度为 16 mm。

至此在元件库文件"PcbLib1.PcbLib"中增加了用户绘制的一个元器件的封装 TDA2030A。如需继续添加新的元器件的封装，可单击主菜单中的"工具（T）"|"新的空元件（W）"命令，重复上面的放置焊盘和边框的步骤。

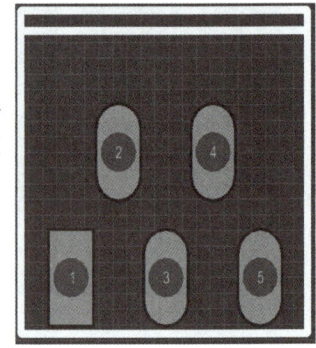

图 6.8 绘制元器件的边框

本例双面板设计中要添加单联电位器、立体声耳机插座和输出接线端等元器件的封装到封装库中，具体的过程不详细叙述了。各元器件的机械图、实物图和封装的图形如图 6.10～6.18 所示。

项目 6　PCB 布局与自动布线设计

图 6.9　库元件的设置窗口

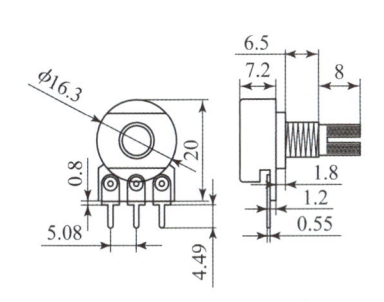

图 6.10　电位器机械尺寸图

图 6.11　电位器实物图

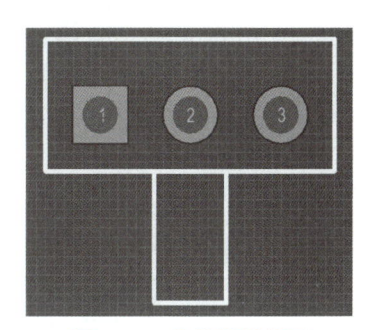

图 6.12　电位器封装图

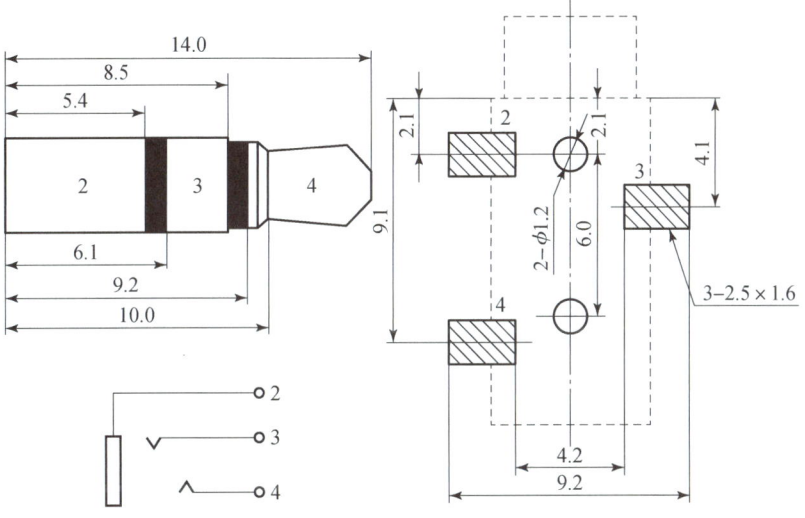

图 6.13　耳机机械尺寸图

图 6.14　耳机实物图

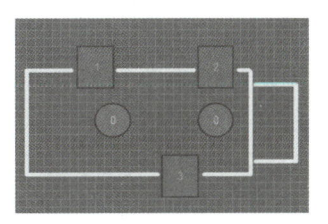

图 6.15　耳机封装图

135

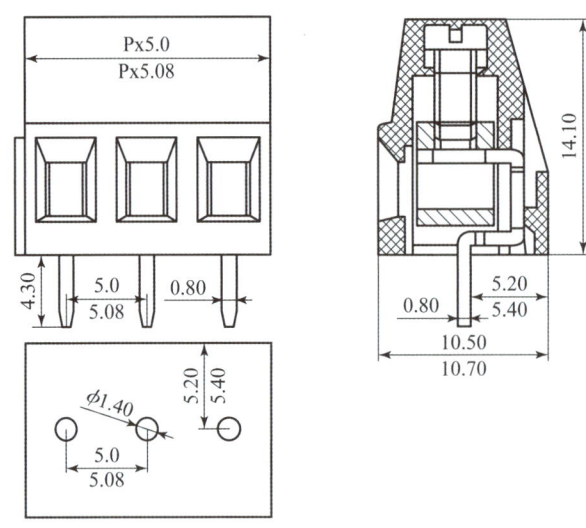

图6.16　插座机械尺寸图

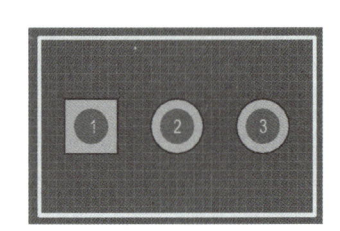

图6.17　插座实物图

图6.18　插座封装图

6.1.2　元器件封装库与 PCB 设计文件的同步更新

加载已设计好的元器件封装库及其他公司的元器件封装库，进行 PCB 设计。如某种原因要修改 PCB 设计中使用的某个元器件封装库中元器件的封装，Altium Designer 系统提供了从元件库封装库自动更新 PCB 文件的功能。在元器件封装库的元器件编辑状态，修改元器件并保存后，单击主菜单中的"工具（T）"|"更新所有的 PCB 器件（A）"命令，将当前编辑完毕的元件库文件中的所有元器件在 PCB 设计文档中更新一遍。或将工作面板切换为"PcbLib File"标签并右击某个元器件名称，在系统弹出的快捷菜单中选择"Update PCB With"或"为全部更新 PCB"命令，如图 6.19 所示，系统弹出"器件更新选项"窗口，在其中设置相关属性后单击"确定"按钮，如图 6.20 所示，完成修改元件库后自动更新已经设计好的 PCB 文档。"Update PCB With"命令只更新选中的某个元器件的封装，而"为全部更新 PCB"命令会将元件库中的所有元器件均更新一遍。

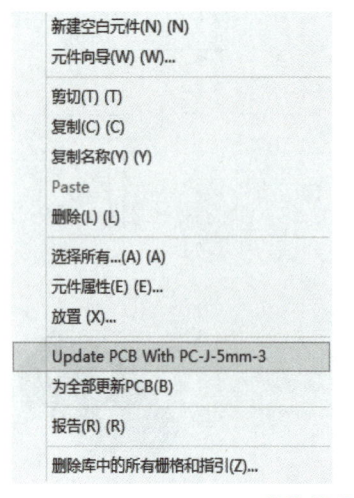

图6.19　"Up data PCB"快捷菜单

图 6.20 "器件更新选项"窗口

任务 6.2　元器件自动布局与交互式布局

创建非标准元器件后在原理图编辑界面将各元器件的封装一一导入，并确保编译无误。回到 PCB 设计界面，新建本例设计的双面板 PCB 文件，文件名默认。然后绘制一个 PCB 板子的外形，尺寸为 100 mm×75 mm。导入原理图设计网络表，删除变压器、开关、保险丝和交流插头等元器件。

6.2.1　自动布局参数设置

自动布局是利用系统的辅助算法，根据定义的元器件之间的约束初步将元器件放置在合适的位置。当然自动布局只能减少手动布局的工作量，计算机是不可能将各元器件一一放置到合适的位置的。

1. 元器件最小间距（Component Clearance）

自动布局参数设置在"PCB 规则及约束编辑器"窗口里设置。单击主菜单中的"设计（D）"|"设计规则（R）"命令，系统弹出"PCB 规则及约束编辑器"窗口，双击左边总树形规则目录中的"Design Rules"|"Placement"|"Component Clearance"（元器件最小间距）选项，展开"Component Clearance"的设置项，如图 6.21 所示。

▲"垂直间距模式"：有两种模式，即"无限"模式和"指定的"模式。"无限"模式指元器件之间的间距无约定；"指定的"模式可以约定元器件之间的间距，避免元器件之间间距过小带来的安装困难。选定"指定的"模式，在"最小垂直间距"和"最小水平间距"文本框中填入 0.5 mm。

2. 元器件方向规则（Component Orientations）

在"PCB 规则及约束编辑器"窗口，双击左边总树形规则目录中的"Design Rules"|"Placement"|"Component Orientations"（元器件方向）选项，展开"Component Orientations"设置项，如图 6.22 所示。选择允许元器件旋转的角度，即在其后面对应的复选框打钩。

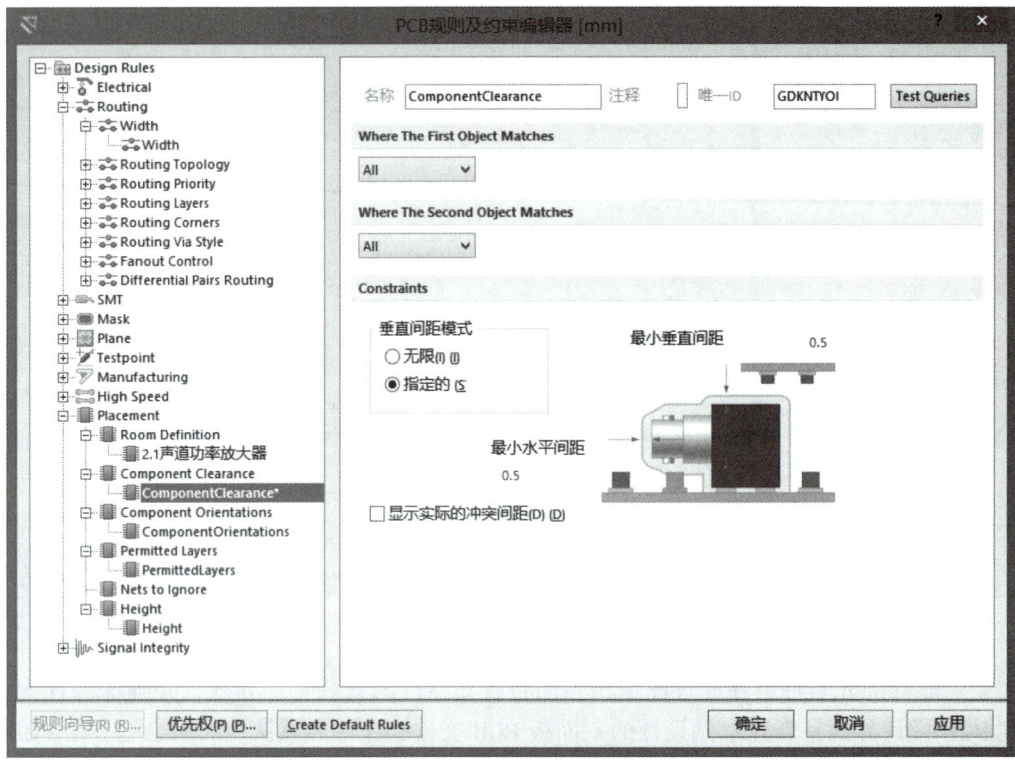

图 6.21 "Component Clearance" 间距设置窗口

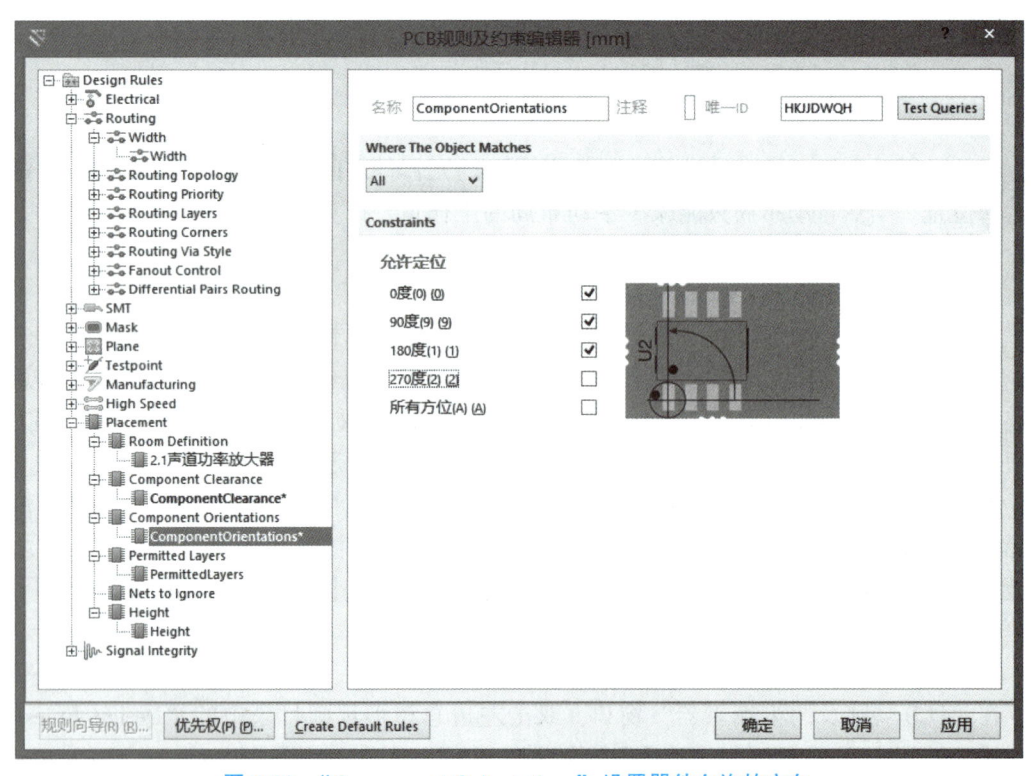

图 6.22 "Component Orientations" 设置器件允许的方向

138

3. 元器件放置层设置（Permitted Layer）

双击"PCB 规则及约束编辑器"窗口左边总树形规则目录中的"Design Rules"｜"Placement"｜"Permitted Layers"（元器件放置层）选项，展开"Permitted Layers"的设置项。元器件放置层是自动布局时允许将元器件放置的电路层，一般单面板只能放置在顶层或底层，双面板可以在顶层和底层两面放置。当然是放置一层还是两层要根据 PCB 的设计需要来设置。这里我们设置为两层均可放置，将顶层和底层的复选框都勾选上。

6.2.2 自动布局和交互式布局

设置自动布局的参数后，利用自动布局功能将元器件快速地调整到相应位置或区域即自动布局。

1. 将元器件放置到板子周围

在"2.1 声道功率放大器"的 PCB 设计中，选中所有元器件，单击主菜单中的"工具（T）"｜"器件布局（O）"｜"排列到板子外面（O）"命令，系统将所有的器件排列到 PCB 的周围，这更利于查看和编辑，如图 6.23 所示。

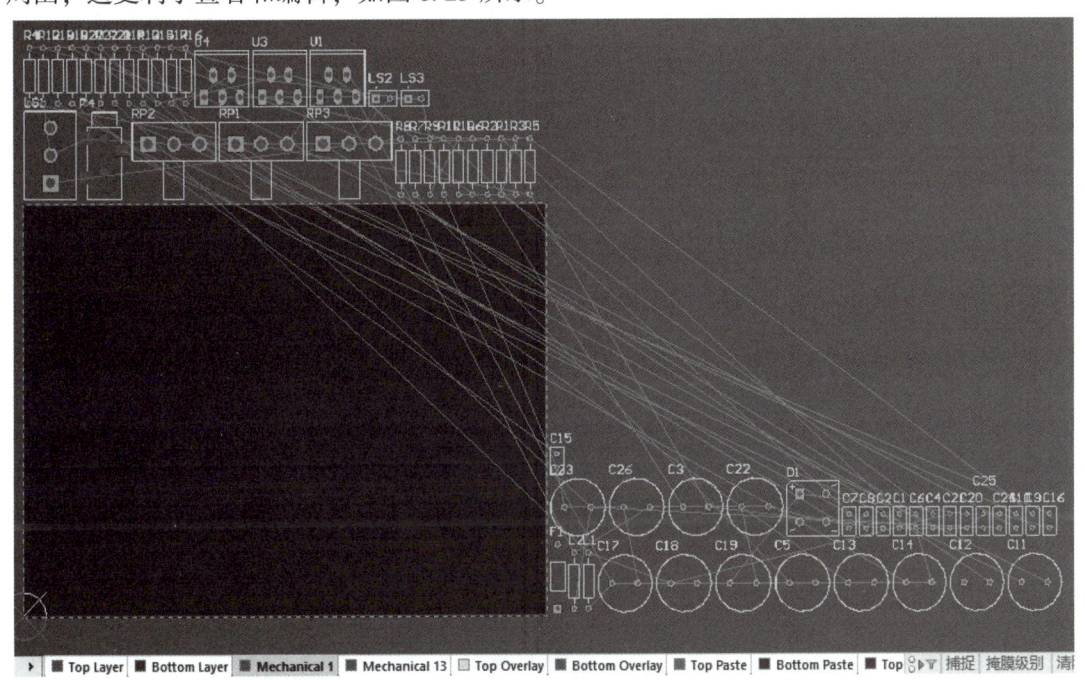

图 6.23 将元器件排列在 PCB 周围

2. 交互式元器件分布

交互式元器件分布的概念是指在将原理图中选中的某一块电路中的元器件，在 PCB 编辑界面直接将其放置到某区域，这种在原理图中选中并在 PCB 编辑界面放置的布局方式叫交互式布局，它能大大提高布局的便利性。在交互式布局前，要规划 PCB 的各功能区域，如图 6.24 所示将 2.1 声道功率放大器双面板规划为几个功能区。

PCB 设计中电路模块的布局一般需要考虑将强电弱电分开、数模电分开、高低频分开等原则。

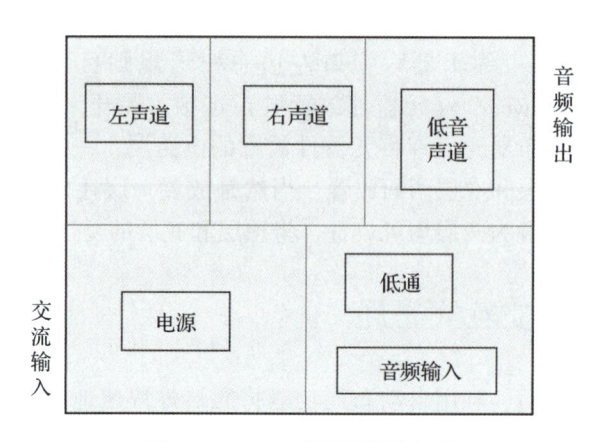

图 6.24　PCB 设计的整体规划

（1）将系统的窗口界面垂直分离，同时显示两个界面，即原理图编辑窗口和 PCB 编辑窗口同时显示。当然计算机系统有双显示屏则是最好。为此在打开原理图文件和 PCB 设计文档的状况下，右击编辑区上方的文件切换标签，在系统弹出的快捷菜单中选择"垂直分离"命令，将屏幕分割成原理图编辑窗口和 PCB 编辑窗口同时显示，如图 6.25 所示。

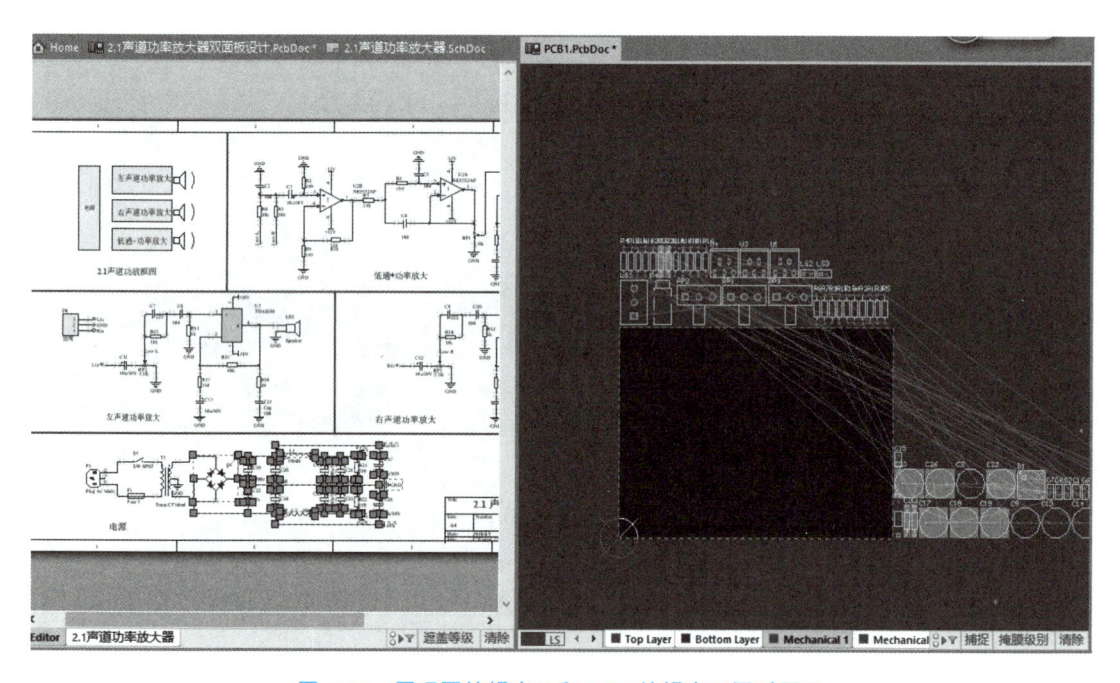

图 6.25　原理图编辑窗口和 PCB 编辑窗口同时显示

（2）在原理图编辑窗口中框选某块电路，如电源部分的电路，则原理图编辑窗口中被选元器件出现绿色端点；同时在 PCB 设计界面对应的元器件的封装也被选中激活，以底色为灰色显示，如图 6.25 所示。单击并激活 PCB 编辑窗口，然后单击主菜单中的"工具（T）"|"器件布局（O）"|"在矩形区排列器件（L）"命令，鼠标变成十字形，移动鼠标到图 6.24 所示规划的电源功能区，单击该功能区的左上角端点及右下角端点，系统自动会将被选中的元器件排列到该指定的矩形区中，如图 6.26 所示。

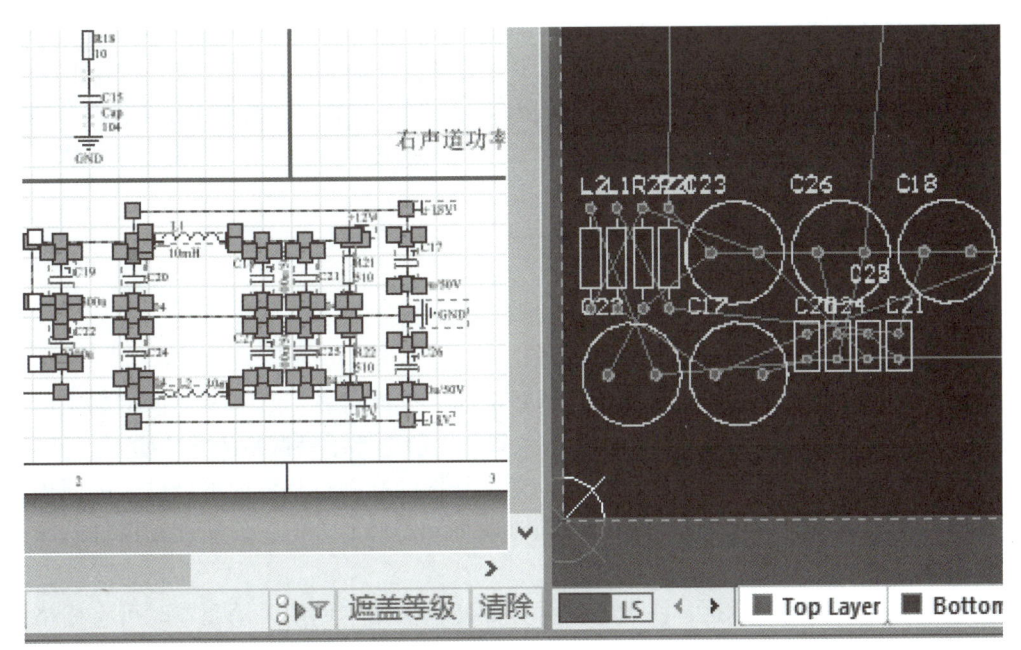

图 6.26 所选元器件在指定区域内排列

（3）将所有的元器件通过交互式布局的方法，将各电路模块逐个放置到 PCB 板的指定区域中。放置完毕后，PCB 整体布局如图 6.27 所示。

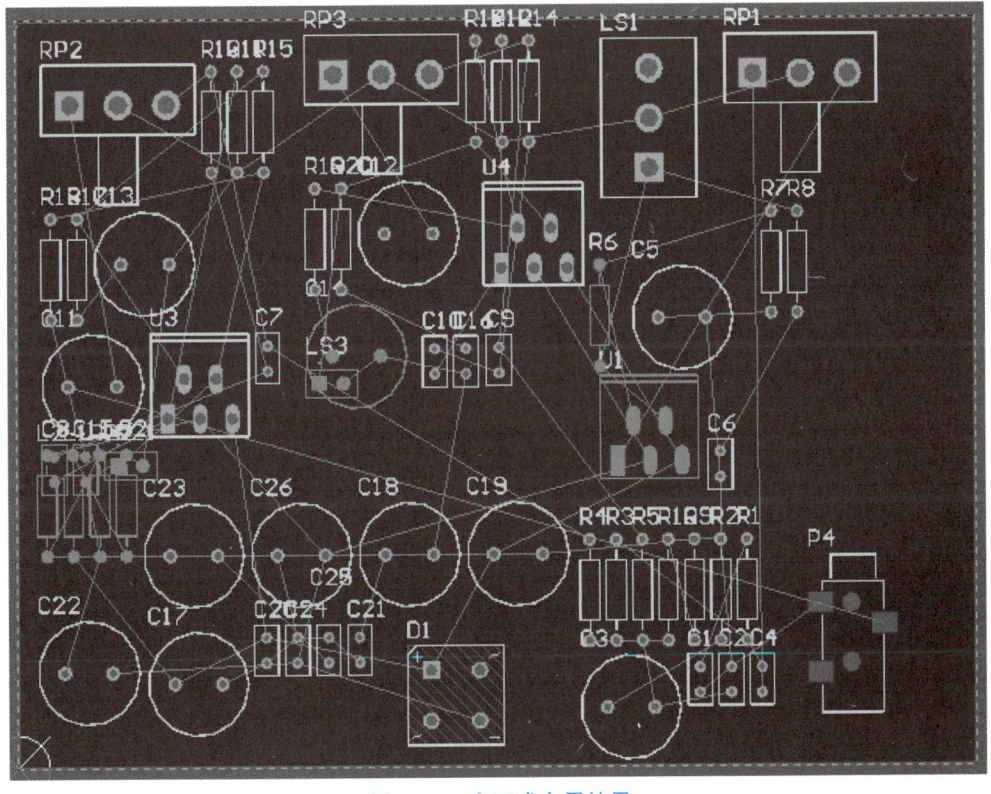

图 6.27 交互式布局结果

141

> 交互式布局方式快速放置元器件到矩形区的快捷键是"T"+"S"+"I"+"L",如果已经在PCB设计界面绘制了各功能区域的Room空间,则快速放置到Room空间的快捷键是"T"+"S"+"I"+"R"。原理图与PCB布局图同时显示和交互式布局使得PCB设计有序而快速。

6.2.3 手动布局调整

自动布局和交互式布局后的元器件还是较乱的,也没对齐,既不美观也不利于后续的布线,这时可通过手动布局来调整元器件的位置。一般电路手动调整的方法如下。

(1) 用鼠标拖动元器件的封装到合适位置,基本的准则也是前面项目讲述的原理上逻辑靠近的,在PCB设计图中要空间靠近;同时调整元器件的方向,使靠近元器件的预拉线减少交叉。

(2) 设置合适的栅格捕捉,使元器件对齐方便,例如本例中手动调整时可将栅格设置为0.5 mm,手动拖动元器件既准又快。

(3) 充分利用系统的元器件对齐功能,可快速地使元器件排列整齐和均匀分布。

自动布局后可再通过手动布局进行调整,使元器件布局整齐且美观,结果如图6.28所示。

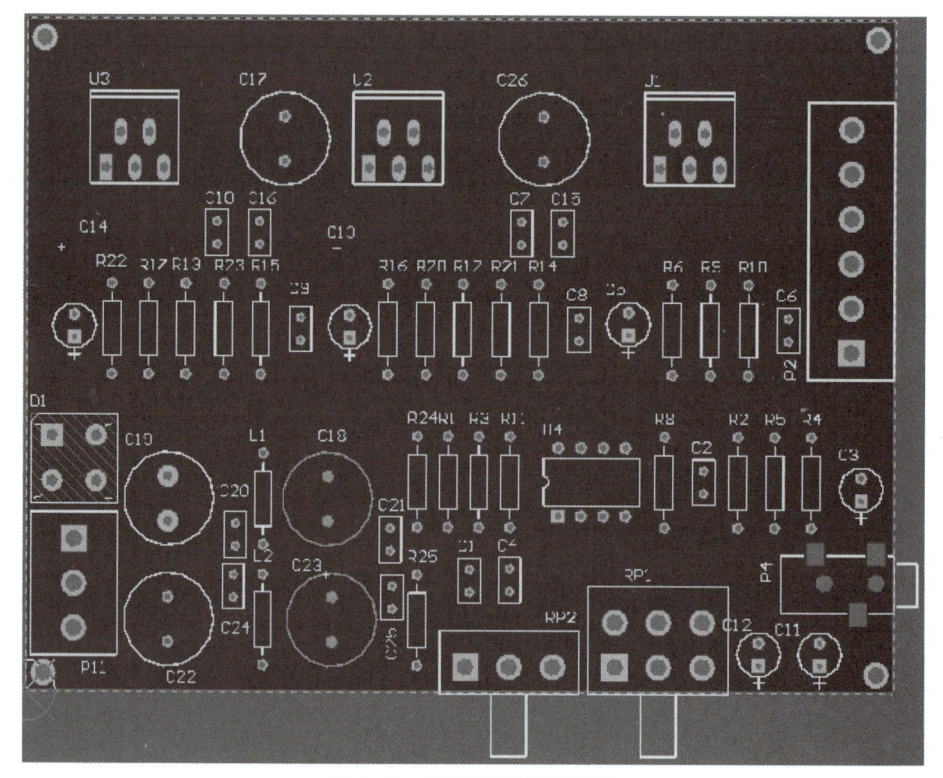

图6.28 手动调整布局结果

任务 6.3　设置自动布线规则

自动布线需要设置布线规则后才能实施。布线的规则主要是设置电气最小间距、线宽、优先权、敷铜、过孔和布线层等属性。这些属性的设置也是自动布线的基础，之后自动布线就会事半功倍；否则效率会大打折扣。

6.3.1　创建类（Class）

Altium Designer 为相同属性的对象创建一个集合，此集合就是类。同一个类中对象的属性相同，类的属性就是类中所有对象的属性。元器件、网络名焊盘等也可以生产一个类。本例 PCB 设计中，网络名为"+18 V""+12 V""-18 V"和"-12 V"。焊盘是供电回路，连接这些焊盘之间的导线要加宽，统一设置为 1.5 mm。为方便布线规则中线宽的设置，可将这些网络名生成一个类"Power1"；将 TDA2030A 的输出端"NetLS_1""NetLS_2"和"NetLS_3"也生成一个类"Out1"。

创建类的方法是单击主菜单中的"设计（D）"|"类（C）"命令，系统弹出"对象类浏览器"窗口，如图 6.29 所示。右击左侧的"Object Classes"|"Net Classes"选项，在弹出的快捷菜单中选择"添加类"命令，系统就会在"Net Classes"目录下添加一个新的类"New Class"；同时"New Class"中的文件名处于重命名状态，改名为"Power1"。然后在"非成员"栏中将网络名为"+18 V""+12 V""-18 V"和"-12 V"网络节点一一选中，单击添加按钮 ▶ 添加到"成员"栏中，类"Power1"就此创建完毕。以同样的方法创建类"Out"，包含网络节点"NetLS_1""NetLS_2"和"NetLS_3"。

图 6.29　"对象类浏览器"窗口

6.3.2　设置最小间距规则

单击主菜单中的"设计（D）"|"设计规则（R）"命令，系统弹出"PCB 规则及约束编辑器"窗口，单击左边总树形目录中的"Design Rules"|"Electrical"|"Clearance"|"Clearance"选项，如图 6.30 所示，在其中设置如下参数。

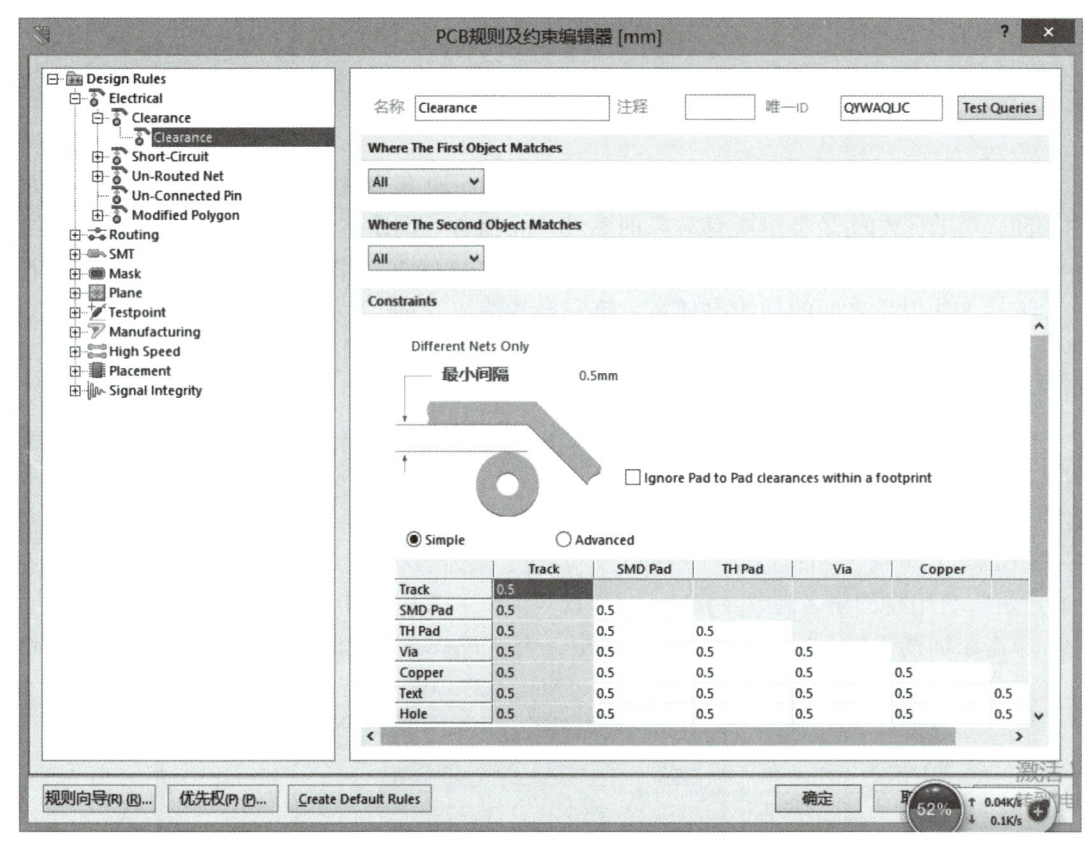

图 6.30　新建最小间距规则并设置其参数

▲ "Where The First Object Matches"作用范围：规则的生效范围，生效范围的一级类别分别有"All"（所有）、"Net"（网络名）、"Net Class"（网络名类）、"Layer"（层）、"Net And Layer"（网络和层）和"Custom Query"（自定义查询）。可在"Where the Object Matches"下拉框中选择。选择一级类别后，二级选择可列出该一级类别下的所有清单，可在其中进行选择。如一级类别选择"Net Class"（网络名类）后，二级选择列出本 PCB 设计中的所有 Net Class。

▲ "Constraints"（约束）：设置最小间距的数值，此处填入 0.5 mm。

▲ "应用"：单击"应用"按钮加以确认。

▲ "优先权"：如有多个最小间距的法则，优先权可以设定各法则生效顺序，优先权高的规则在自动布线时先生效，优先权低的规则在自动布线时后生效。这里只有一个最小间距的法则，不用设置优先权。

6.3.3 设置线宽规则

在"PCB 规则及约束编辑器"窗口中，右击"Routing"|"Width"选项，在系统弹出的菜单中选择"新规则"命令，以添加一条新规则"Width_1"。双击该规则，系统弹出规则设置窗口，可在其中设置如下参数。

▲ "Where The Object Matches"作用范围：规则的生效范围，生效范围的一级类别分别有"All"（所有）、"Net"（网络名）、"Net Class"（网络名类）、"Layer"（层）、"Net And Layer"（网络和层）和"Custom Query"（自定义查询）。可在"Where The Object Matches"下拉框加以选择。选择一级类别后，二级选择会列出该一级类别下的所有清单，可在下拉框选择。如一级类别选择"Net Class"（网络名类）后，二级选择列出本 PCB 设计中的所有 Net Class，这里选择要设置的类"Out"，如图 6.31 所示。

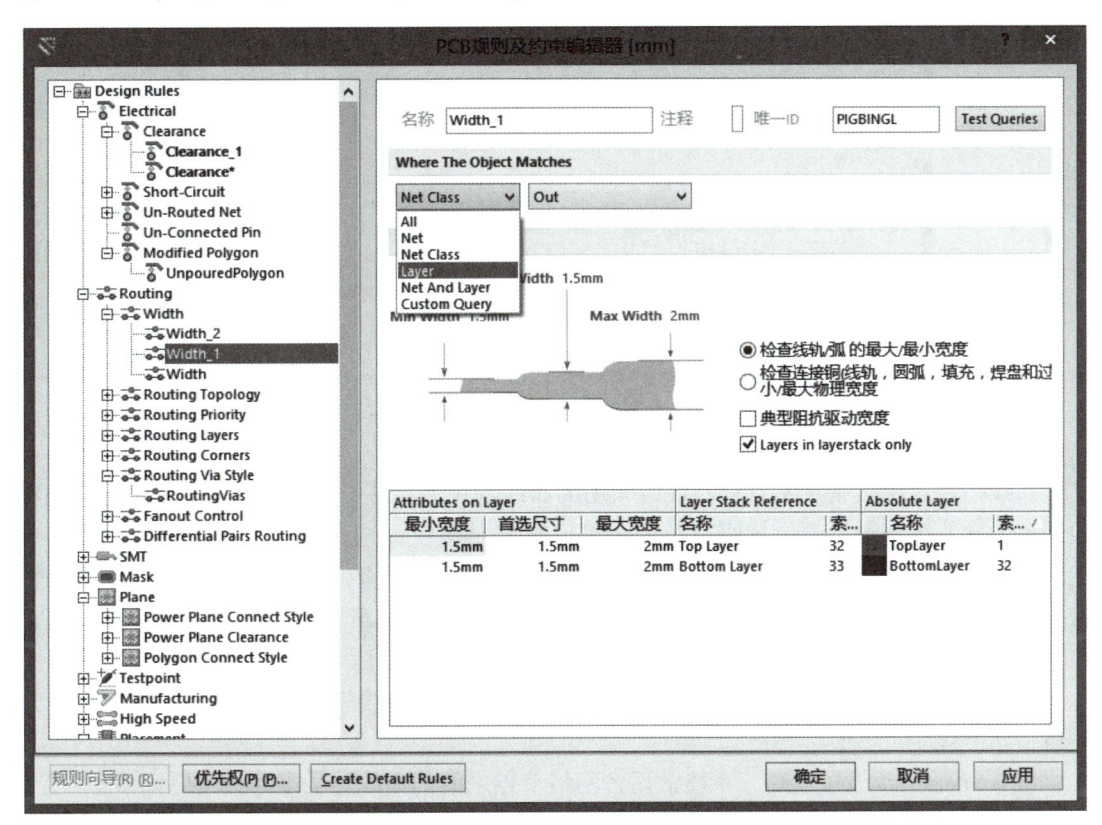

图 6.31 新建线宽规则并设置其参数

▲ "Constraints"（约束）：设置线宽的数值。在"Min Width"（最小宽度）文本框中填入 1 mm，"Max Width"（最大宽度）文本框中填入 1.5 mm，"Preferred Width"（默认宽度）文本框中填入 1 mm。

▲ "应用"：单击"应用"按钮加以确认。

以同样的方法，再新建一条线宽法则，将网络名类"Power1"的线宽设置为最小为 1 mm，最大为 2 mm，默认为 2 mm；原有的法则作用于所有网络名，最小为 0.3 mm，最大为0.5 mm，默认为0.5 mm。

▲ "优先权"：指定各线宽法则的生效顺序，优先权高的规则在自动布线时先生效，优先权低的规则在自动布线时后生效。如这里有"Width""Width_1"和"Width_2"三条法则，则优先权的顺序是"Width_1">"Width_2">"Width"，其优先级分别是1、2、3，数字越小优先权越高。如要调整规则的优先权，单击"PCB规则及约束编辑器"窗口左下角的"优先权"按钮，然后在系统弹出的"编辑规则优先权"窗口中选中某条规则，单击"增加优先权"或"减少优先权"按钮即可，如图6.32所示。

图6.32 "编辑规则优先权"窗口

6.3.4 设置布线拓扑算法（Routing Topology）

布线拓扑算法规则定义自动布线时采用的布线约束与算法，Altium Designer中常用的布线约束为导线统计最短逻辑规则，及用户可以根据具体设计选择不同的布线拓扑规则。单击主菜单中的"设计（D）"|"设计规则（R）"命令，系统将弹出"PCB规则及约束编辑器"窗口，然后单击左边总树形规则"Design Rules"|"Routing"|"Routing Topology"选项，展开布线拓扑算法（Routing Topology）界面，如图6.33所示。

选择"Constraints"选项，Altium Designer提供的几种布线拓扑规则如图6.34所示，其中包括如下规则。

（1）Shortest：最短规则，系统常用各网络节点之间的布线总长度为最短原则。

（2）Horizontal：水平规则，采用连接节点的水平连线最短规则。系统将尽可能地选择水平方向走线，网络内各节点之间水平连线的总长度与整条直连线的总长度比值控制在5∶1左右。若元器件布局时，水平方向上的空间较大，可考虑采用该规则布线。

（3）Vertical：垂直规则，系统布线时在垂直方向连线最短的规则。

（4）Daisy-Simple：简单链状规则，系统布线时会将网络内的所有节点连接起来成为一串，在起点和终点确定的前提下，其中间各点的走线以总长度最短为原则。

（5）Daisy-MidDriven：中间驱动链状规则，即系统将以网络的中间节点为起点，寻找最短路径，然后分别向两端进行链状连接的规则。

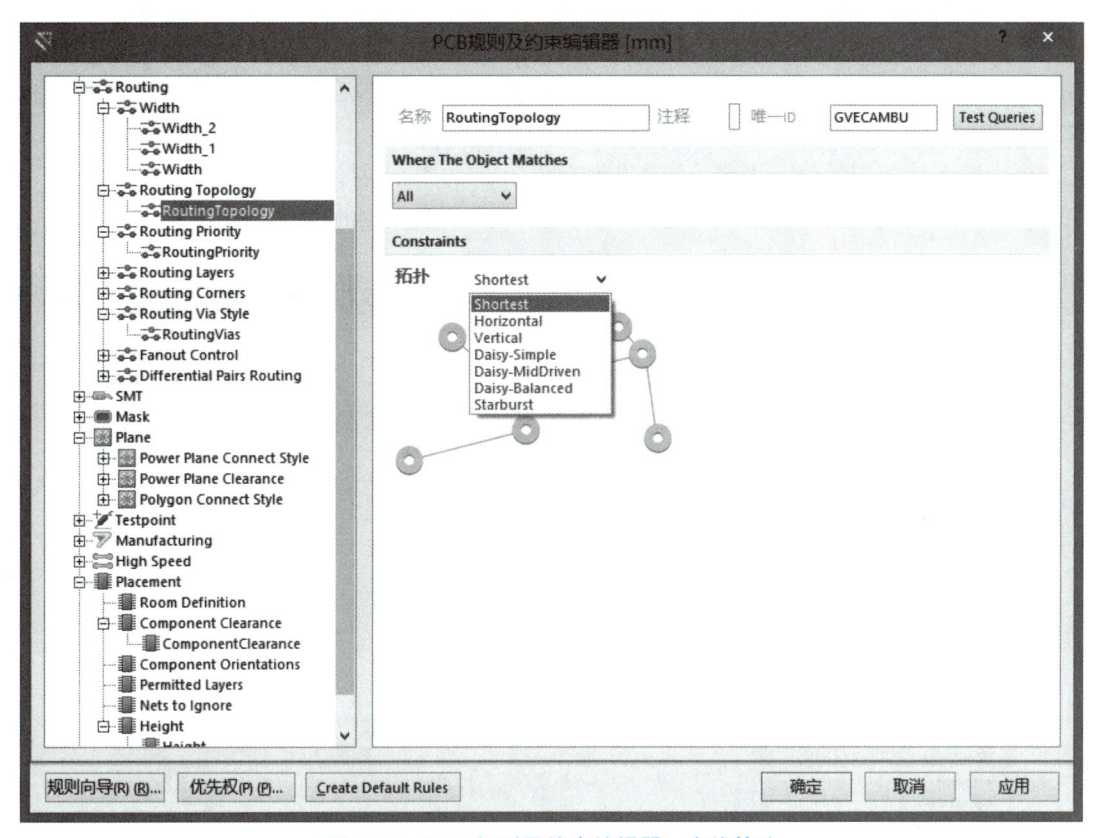

图 6.33　PCB 规则及约束编辑器—布线算法

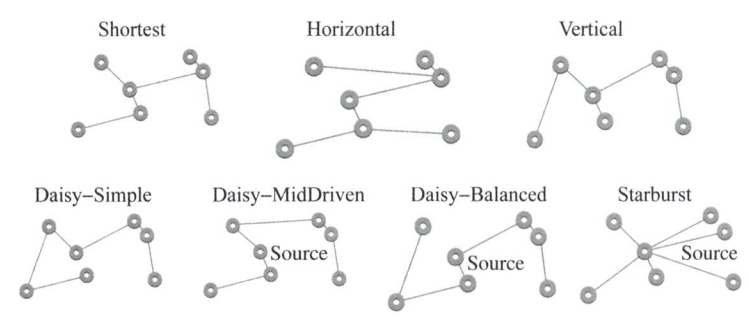

图 6.34　布线拓扑算法规则

（6）Daisy – Balanced：点数目基本相同规则。

（7）Starburst：星形规则，该规则也是采用选择一个源点，以星形方式去连接其他节点，并使总的连线最短。

注意多条布线拓扑算法规则的优先顺序。

6.3.5　设置布线优先权（Routing Priority）

优先权（Routing Priority）是指自动布线时布置导线的顺序，首先布通优先权高的导

线，然后再布通优先权等级低的导线。在 PCB 设计中有些网络名或导线比较重要，如电源线、振荡信号和地线等，这时要优先布线。单击主菜单中的"设计（D）"|"设计规则（R）"命令，系统弹出"PCB 规则及约束编辑器"窗口，然后单击左边总树形目录中的"Design Rules"|"Routing"|"Routing Priority"|"RoutingPriority"选项，在"行程优先权"文本框中输入优先权的值，该值越小优先权越高，越优先布通导线，如图 6.35 所示。

在 PCB 设计过程中，应注意多条布线优先权规则的优先顺序。

图 6.35 设置优先权

6.3.6 设置布线层（Routing Layer）规则

该规则可以将自动布线指定某些节点的导线布置在指定的层，如将网络名为"+18 V""−18 V"的走线放置在 PCB 的底层。单击主菜单中的"设计（D）"|"设计规则（R）"命令，系统将弹出"PCB 规则及约束编辑器"窗口。单击左边总树形目录中的"Design Rules"|"Routing"|"Routing Layer"选项，然后单击"Where The Object Matches"选项区选择作用范围，并将"Constraints"（约束）选项下"激活的层"中的"Top Layer"或"Bottom Layer"复选框勾选上或去除勾选，如图 6.36 所示。一般自动布线至少要保留顶层和底层。

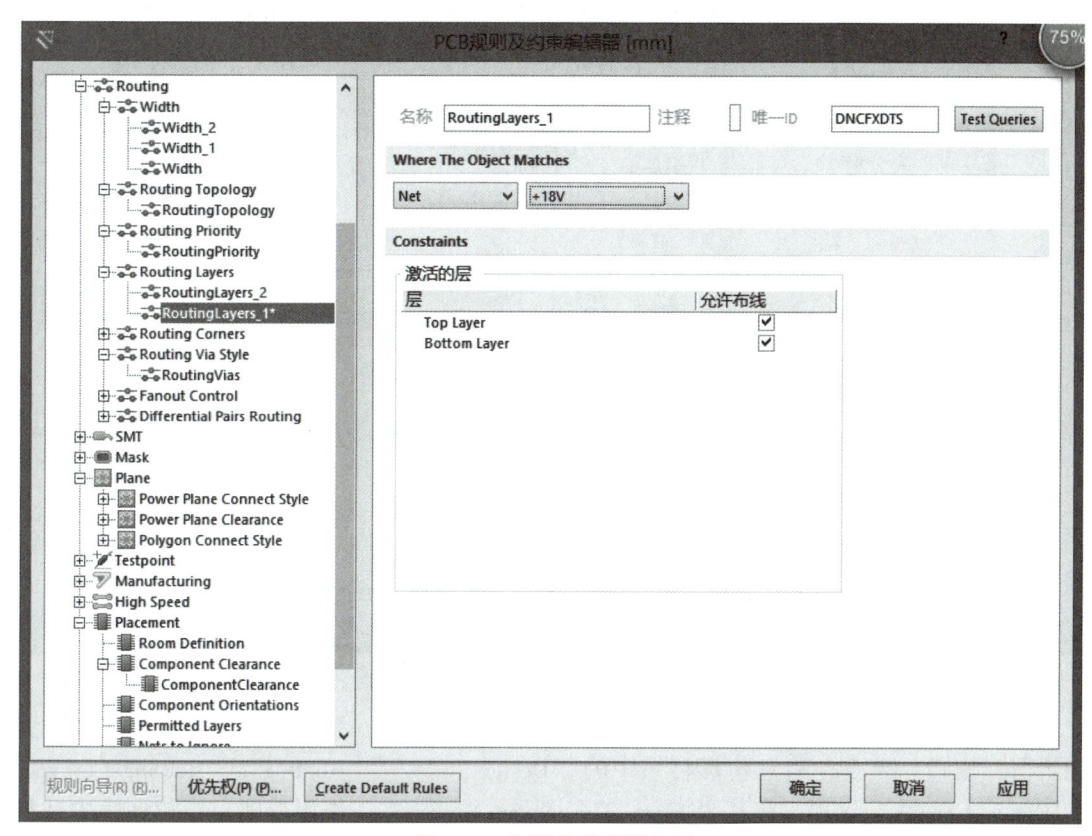

图 6.36　设置布线的层规则

6.3.7　设置布线过孔（Routing Vias）规则

自动布线时会自动生成过孔（双面板或多层板），因此要设置过孔的规则。如本例我们将电源"+18 V""+12 V""-18 V"和"-12 V"节点的主线路过孔设置为孔径 0.6 mm、直径1.2 mm，其他设置为孔径 0.3 m、直径 0.6 mm。单击主菜单中的"设计（D）"|"设计规则（R）"命令，系统弹出"PCB 规则及约束编辑器"窗口，如图 6.37 所示，单击左边总树形目录中的"Design Rules"|"Routing"|"Routing Via Style"|"RoutingVias"选项，然后将作用范围"Where The Object Matches"选项的文本框设置为"All"，并在"Constraints"选项下的"过孔直径"文本框中输入 0.6 mm；在"过孔孔径大小"文本框中输入 0.3 mm。再添加一条新的过孔规则，在其"Where The Object Matches"（作用范围）下拉列表中选择一级类别"NetClass"。在二级类别下拉列表中选择"Power1"选项，并在"Constraints"（约束）选项下的"过孔直径"文本框中输入 1.2 mm，"过孔孔径大小"文本框中输入 0.6 mm。

6.3.8　设置拐角规则（Routing Corners）

拐角规则（Routing Corners）可指定自动布线时导线拐角的形式，一般有45°、90°和圆形三种。

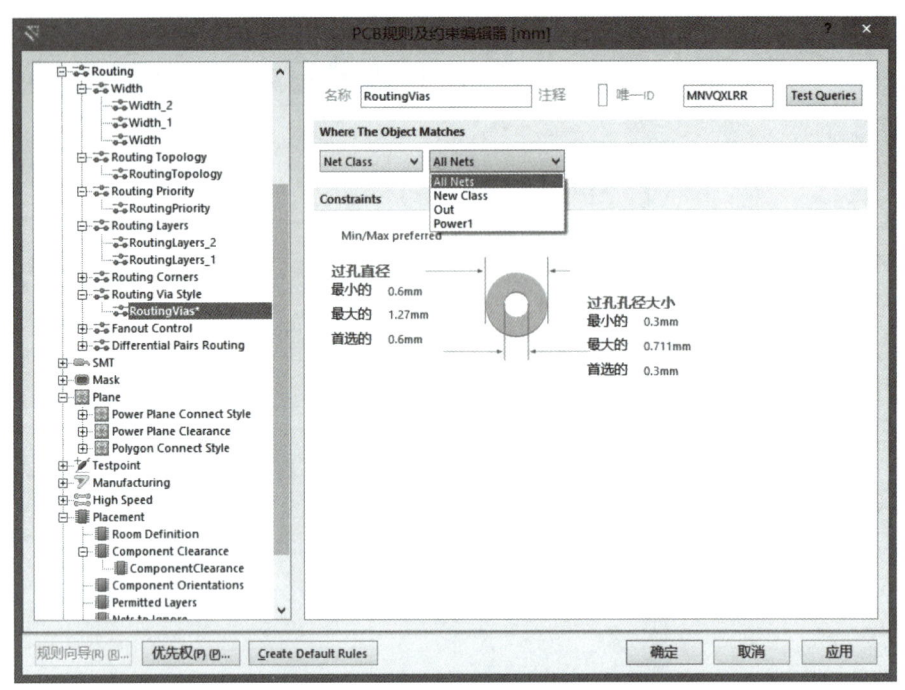

图 6.37　PCB 规则及约束编辑器—过孔参数

单击主菜单中的"设计（D）"|"设计规则（R）"命令，系统弹出"PCB 规则及约束编辑器"窗口。单击左边总树形目录中的"Design Rules"|"Routing"|"Routing Corners"|"RoutingCorners"选项，在其"Where The Object Matches"（作用范围）下拉列表中选择"All"，并在"Constraints"（约束）选项下的"类型"下拉列表中选择"45 Degrees"，如图 6.38 所示。

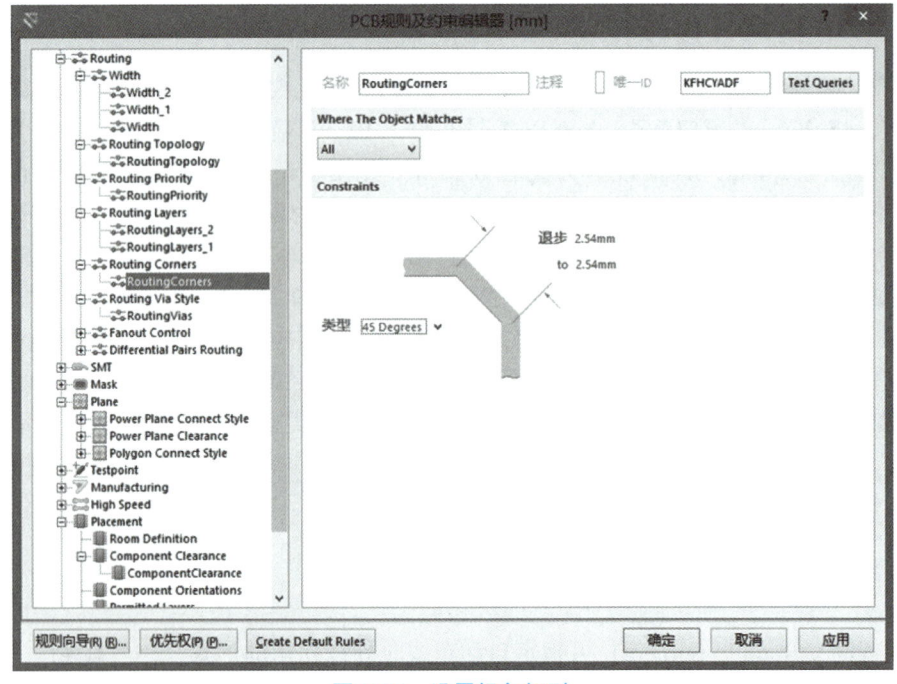

图 6.38　设置拐角规则

6.3.9 设置禁止布线层（Keep Out Layer）规则

禁止布线层是指定自动布线或手动布线时电气导线能布置的范围，一般是小于PCB设计的尺寸的。在PCB编辑界面下方的层切换标签中选择禁止布线层（Keep Out Layer），用直线或弧线等沿PCB内侧绘制一个闭合区域，大小等于或略小于机械层中定义板子边框的区域大小。这样自动布线范围就被局限在指定的禁止布线层中。

任务6.4 自动布线

规则设置好了后就要发挥系统强大的自动布线功能了，系统根据设置的布线法则，对PCB设计中各节点进行统计和计算，逐条将各导线布通。但自动布线只是一种辅助的工具，可以将布线的结果提供给设计者参考。

自动布线主要有全部、网络、网络类、连接、区域、Room、元件和元器件类等操作对象，其操作的方法基本一致。我们以本例2.1声道功率放大器双面板PCB设计中用到的部分自动布线命令为例介绍其应用的方法。单击主菜单中的"自动布线（A）"命令，系统弹出快捷菜单，如图6.39所示，其中包括如下自动布线命令。

（1）"全部"：对整个PCB进行全局自动布线。

（2）"网络"：对指定网络名进行自动布线。选择该命令后，光标变为十字形，在PCB上选取某个网络节点，该网络节点的所有连接将被自动布线。布线完毕，光标仍为十字形，系统仍处于命令状态，可以继续选择网络进行自动布线，最后右击鼠标或按Esc键退出。

（3）"网络类"：对指定的网络类进行自动布线。选择该命令后，系统会弹出"Choose Net Classes to Route"窗口，列出当前文件中已有的网络类，选择要布线的网络类，然后单击"确定"按钮，系统即开始对该网络类内的所有网络进行自动布线。

（4）"连接"：为两个相互连接的焊盘进行自动布线。选择该命令后，光标变为十字形，在PCB上选择需布线的焊盘或者飞线，单击"确定"按钮后，此段导线将被自动放置。

图6.39 自动布线菜单布线命令

（5）"区域"：在PCB板子上选定的区域内完成自动布线。选择该命令后，光标变成十字形，要指定区域的左上角端点和右下角端点来框选区域范围。

（6）"Room"：对指定Room空间内的连接进行自动布线，该命令只适用于完全位于Room空间内部的内连接，即Room边界线以内的连接。选择该命令后，光标变成十字形，在PCB上选取Room空间后即可进行自动布线。

（7）"元件"：对指定元器件的所有连接进行自动布线。选择该命令后，用十字光标单击要布线的元器件，则所有从该元器件的焊盘引出的连接都将被自动布线。

（8）"器件类"：对指定元器件类内的所有元器件的连接进行自动布线。选择该命令后，系统会弹出"Choose Component Classes to Route"窗口，在其中选择一个器件类即可。

6.4.1 用"自动布线"|"网络"或"网络类"预布线

1. 预布线

PCB 布线前要为电路设计中最重要的网络名预布线，如本例中的"+18 V"和"-18 V"节点是功放的供电回路，而功放的供电是电路的重点。单击主菜单中的"自动布线"|"网络"或"网络类"命令，进入自动布线状态，鼠标变成十字形的选择状态，此时单击电路中网络名为"+18 V"的元器件焊盘，系统根据布线规则绘制一条走线。绘制完毕后系统仍在自动布线状态，此时可以继续选择其他的网络名进行自动布线，布线完毕后右击或按 Esc 键退出。

2. 锁定导线

将网络名"+18 V"和"-18 V"走线自动布线完成后，为防止此预布线被改动或移动，可将预布线锁定。锁定的方法是双击某根走线，在系统弹出的"轨迹"窗口中勾选"Locked"（锁定）复选框。

如要将统一属性的导线全部整体改变属性，即要整体锁定，可以通过 Altium Designer 的"查找相似对象"命令来完成。右击一根导线，在系统弹出的快捷菜单中选择"查找相似对象"命令，如图 6.40 所示，系统弹出"发现相似目标"属性设置窗口，如图 6.41 所示，在其中可设置查找显示对象，包括"Object Kind"（类型）、"Layer"（层）和"Net"（网络名）等参数要求。

图 6.40 "查找相似对象"命令

图 6.41 相似目标选择

若要求与选中的导线的参数要求一致，就将对应的选项属性改成"same"。若某项参数没有要求就选"Any"。这里主要是查找导线，所以对象的类型（Object Kind）是"Same"，其他全为"Any"。单击"确定"按钮，系统会找出所有符合设置的导线并处于选中状态，同时系统弹出"PCB Inspector"属性设置窗口，如图 4.42 所示。在此窗口中勾选"Locked"（锁定）复选框，再关闭"PCB Inspector"属性设置窗口，这样所有的预布导线均已锁定。预布线完成后的 PCB 设计如图 6.43 所示。

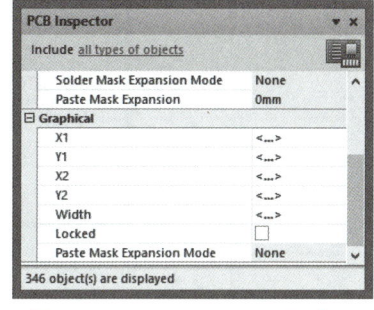

图 6.42 "PCB Inspector"窗口

按同样的方法将网络类为"Out"的自动布线布好，其包含了"NetLS_1""NetLS_2"和"NetLS_3"三个功放的输出端口。

6.4.2 使用"自动布线"|"区域"或"Room"命令布线

重要的导线预布线完毕后，就可以利用"自动布线"|"区域"或"Room"命令将电路中的某一块单元电路加以自动布线，以加快布线的速度。单击主菜单中的"自动布线（A）"|"区域"或"Room"命令，进入自动布线状态，鼠标变成十字形。此时可以用鼠标框选要布线的区域或单击某个 Room 区，这里单击电路的整个下半部分，系统将该区域全部自动布线完毕。

按此方法将整个电路的各个单元逐个模块或区域自动布线，一步步地完成布线设计，切不可一步将整个电路自动布线完工了事。图 6.43 所示为区域自动布线后完成的设计；图 6.44 所示为区域自动布线后的信息提示，提示当前布线的导线数量、完成布线的百分率以及所用的时间。

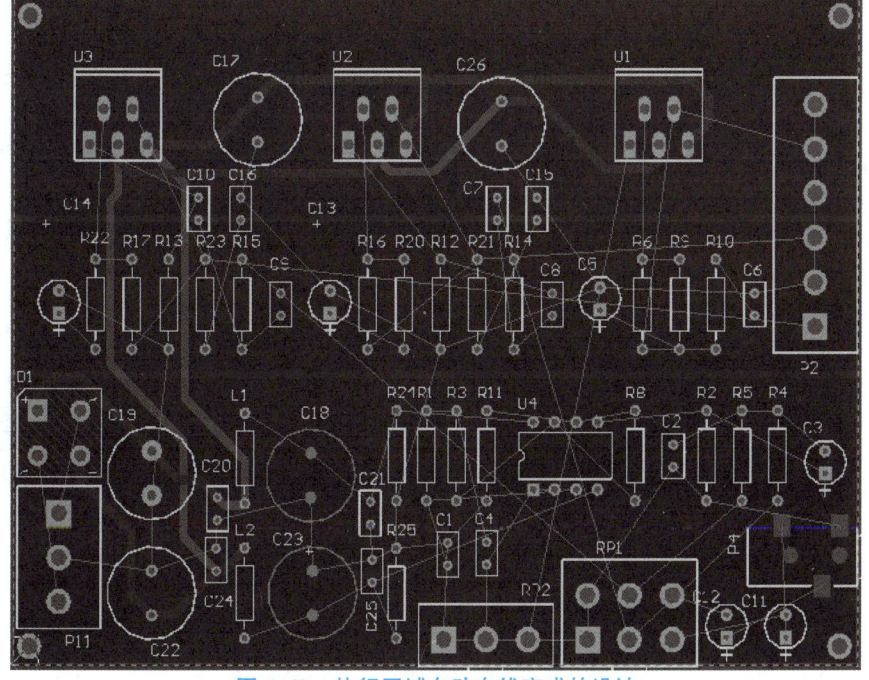

图 6.43 执行区域自动布线完成的设计

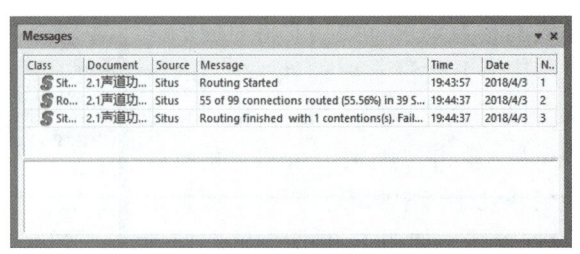

图 6.44 布线完成后的信息提示

某区域自动布线完毕后，应将该区域的布线效果仔仔细细地检查一遍，再手动调整存在布线不均匀、局部过密、线宽不合理、走线不合理等因素的导线，然后通过手动布线或使用"自动布线"|"网络"命令的方法完成该区域的布线设计。如图 6.45 所示为导线过密及手动调整后的对比，图 6.46 所示为部分电路区域自动布线后的效果。

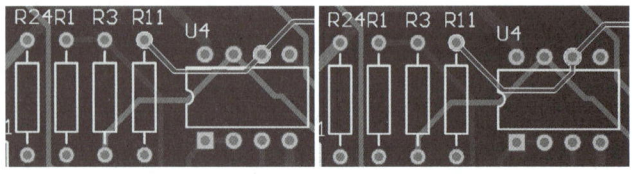

图 6.45 导线过密及手动调整后的对比

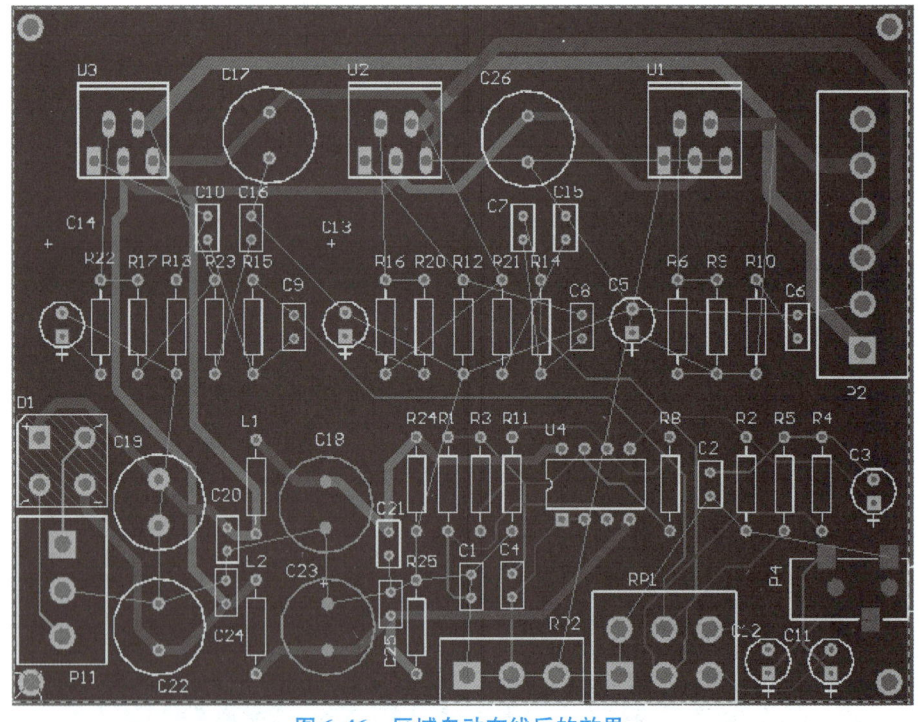

图 6.46 区域自动布线后的效果

6.4.3 删除布线（UnRoute）

在布线过程中有时要删除已经布置好的导线，这时可以用鼠标单击选中该导线，然后

按 Delete 键加以删除。但是当导线较长或需要删除较多的导线时，可以使用专用的删除导线命令。单击主菜单中的"工具（T）"|"取消布线（U）"命令，其中包括"全部""网络""连接""器件"和"Room"五种作用范围。如要删除已经布置好的网络名为"GND"的所有导线，单击主菜单中的"工具（T）"|"取消布线（U）"|"网络"命令，如图 6.47 所示，鼠标将变成十字形，在 PCB 设计界面选择网络名为"GND"的焊盘即可。网络名为"GND"的导线在实际 PCB 设计过程中可能最终会被删除掉，是因为 PCB 设计将用大面积的带地敷铜来替代地线。删除布线在自动布线和手动调整过程中会经常应用到，如果删除已经锁定的导线或对象时，系统会弹出警告窗口，如图 6.48 所示。

图 6.47 "取消布线（U）"|"网络"命令

图 6.48 "Confirm"窗口

经过自动布线规则设置和各种自动布线的方法，看似复杂的电路很快布线完毕，结果如图 6.49 所示。只要将布线的规则设置好，自动布线的功能还是相当强大的。

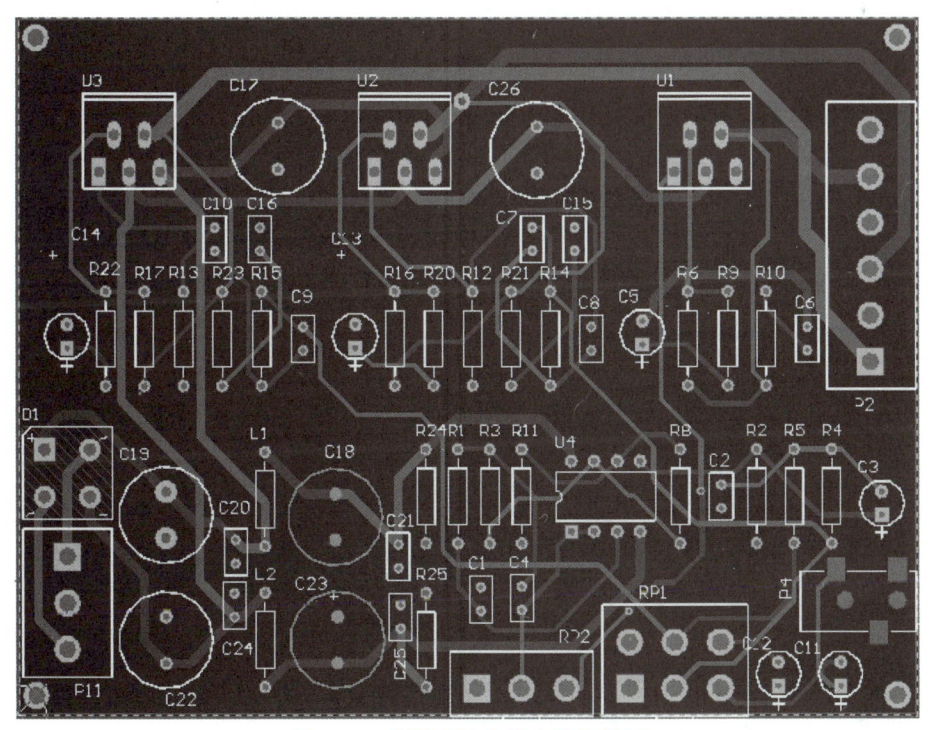

图 6.49 整体电路自动布线的效果

6.4.4　手动调整

自动布线仅仅以实现电气网络的连接为目的，即电气上布通整个 PCB。但由于算法的局限性以及很少考虑到 PCB 实际设计中的一些特殊要求，如散热、抗电磁干扰和工艺要求等状况，因此很多情况下会导致某些布线结构非常不合理。即使完全布通的 PCB 中仍有可能存在绕线过多、走线过长和分布不均等现象，这时需要设计者手动调整。

手动调整布线所涉及的内容比较多且烦琐。在实际设计中，不同的 PCB 其功能要求是不同的，需要调整的内容也会不同。一般来说，经常涉及的调整如下。

（1）修改拐角过多的布线。引脚之间的连线应尽量短是 PCB 布线的一项重要原则，而自动布线由于算法的原因会导致部分布线后的拐角过多和导线绕远的现象。

（2）修改放置不合理的导线。例如，在芯片引脚之间穿过的电源线和地线、在散热器下方放置的导线等。为了避免发生短路，应尽量调整它们的位置。

（3）删除不必要的过孔。自动布线过程中系统有时会使用过多的过孔来完成布线，而过孔的存在会产生寄生电容和电感，同时往往也会因加工过程中的毛刺而产生电磁辐射。因此，应尽量减少过孔，手动优化布线的方案。

此外，可能需要调整布线的密度、加宽大电流导线的宽度、增强抗干扰的性能等，为此设计者需根据 PCB 的具体工作特性和设计要求逐一且反复进行调整，以达到尽善尽美的目的。完善的 PCB 布线都是以自动布线为辅和手动调整为主，反复调整后实现的。

任务 6.5　补泪滴

为了让焊盘和导线更加坚固，防止机械制板因压力不均衡使铜箔机械尺寸变化较大的地方断裂，常在焊盘和导线之间用铜膜布置一个过渡区。其形状像泪滴，故常称作补泪滴（Teardrops）。补泪滴后的连接处会变得比较光滑，不易因残留化学药剂而导致对铜膜导线的腐蚀，加泪滴后的效果如图 6.50 所示。单击主菜单中的"工具（T）"|"泪滴（E）"命令，系统会弹出"Teardrops"属性设置窗口，如图 6.51 所示。其中主要选项如下。

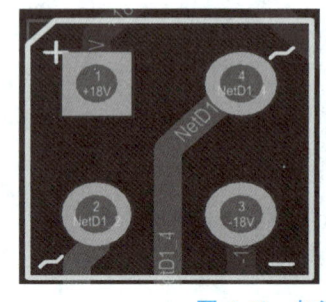

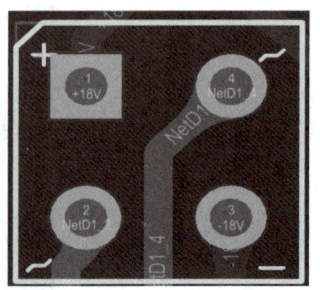

图 6.50　加泪滴后的效果

（1）"Working Mode"：可选择是增加泪滴还是删除泪滴，"Add"为增加泪滴，"Remove"为删除泪滴。

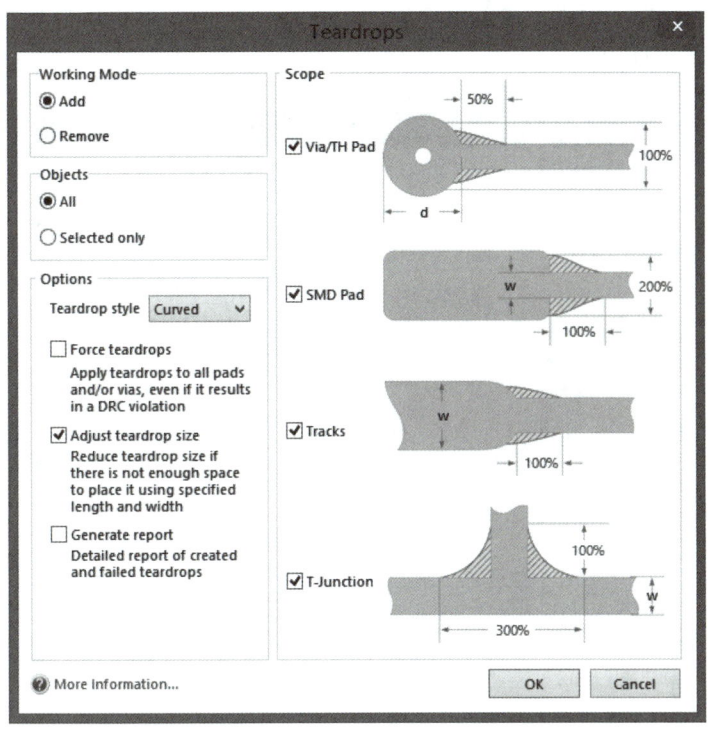

图 6.51 "Teardrops"窗口

（2）"Objects"：表示操作的范围，包括"All"（全体对象）和"Selected only"（指定对象）两个选项。

（3）"Options"：选项，其中"Teardrop Style"表示泪滴的类型，"Curved"为弧线连接，"Line"为直线连接；"Force Teardrops"表示按属性设置，将焊盘强制生成符合要求的泪滴，忽略布线规则；而"Adjust teardrop to all pads and/or vias"指根据空间的大小自适应产生泪滴，可根据需要选择相应的选项框。

（4）"Scope"：属性范围，可针对焊盘和导线等不同的对象来设置泪滴的长宽等比例系数。

任务 6.6　放置多边形敷铜

多边形敷铜是在 PCB 设计完毕后，将 PCB 上多余的空间作为基准面，用固体铜填充，这些敷铜区又称为"灌铜"。多边形敷铜的意义在于减小地线阻抗，提高 PCB 板子的散热性和机械强度，大面积的敷铜还起到屏蔽干扰的双重作用；同时敷铜后敷铜板只需要通过腐蚀较少的铜皮就能完成生产，从而提高了生产效率并节约资源。

6.6.1　敷铜的属性

单击主菜单中的"工具（T）"|"多边形敷铜（G）"命令，或直接单击"布线工具栏"

中的"放置多边形平面"按钮，在系统弹出的"多边形敷铜"窗口进行设置，如图6.52所示。其中主要的选项如下。

图 6.52 "多边形敷铜"窗口

1. "填充模式"选项

用于选择敷铜的填充模式，有以下3个单选按钮。

◆ "Solid(Copper Regions)"：实心填充模式，即敷铜区域内为全铜敷设。选择该单选按钮后，需要设定孤岛的面积限制值及删除凹槽的宽度限制值等，如图6.52所示。

◆ "Hatched(Tracks/Arcs)"：网格线填充模式，即在敷铜区域内填入网格状的敷铜。选择该单选按钮后，需要设定轨迹宽度、栅格尺寸、包围焊盘宽度，以及网格的孵化模式等。

◆ "None(Outlines Only)"：无填充模式，即只保留敷铜区域的边界，内部不进行填充。选中该单选按钮后，需要设定敷铜边界轨迹宽度，以及包围焊盘的形状等。

2. "属性"选项组

用于设定敷铜块的名称、所在的工作层面和最小图元的长度，以及是否选择锁定敷铜等。

◆ "名称"文本框：给此次敷铜起个名称，可以通过勾选"Auto Naming"复选框由系统自动命名。

◆ "层"下拉列表框：放置敷铜的电路层，敷铜只能放置在信号层上，通常选择顶层（Top Layer）或底层（Bottom Layer）。

3. "网络选项"选项组

用于设置与敷铜有关的网络,有以下选项。

◆ "链接到网络"选项:选择设定敷铜所需连接的网络名,系统默认为不与任何网络连接即"No Net"选项。但一般设计中通常将敷铜连接到信号地"GND"上,即进行带地敷铜。如果未设置敷铜区域的网络连接属性,则敷铜区域不与任何电路连接。系统要么根据规则设定予以去除,要么成为一片敷铜孤岛,不起良好的电气屏蔽作用。

◆ "Don't Pout Over Same Net Objects"选项:选择该选项时,敷铜的内部填充不会覆盖具有相同网络名称的导线,并且只与同网络的焊盘相连接。

◆ "Pour Over All Same Net Objects"选项:选择该选项时,敷铜的内部填充将覆盖具有相同网络名称的导线,并与同网络的所有图元相连接,如焊盘和过孔等。

◆ "Pour Over Same Net Polygons Only"选项:选择该选项时,敷铜将只覆盖具有相同网络名称铜皮,不会覆盖具有相同网络名称的导线。

◆ "死铜移除"复选框:用于设置是否删除死铜。死铜是指没有连接到指定网络上的小区域敷铜,或者是不符合设定要求的小区域敷铜。若勾选该复选框,则可以将这些敷铜去除,使PCB更为美观。

6.6.2 放置敷铜

本节以设计2.1声道功率放大器双面板PCB电路放置为例,介绍放置敷铜的方法。

(1) 在2.1声道功率放大器双面PCB中的空白区域,放置若干过孔"Via",其网络名为"GND"。双面板PCB板一般会双面敷铜设计,而双面敷铜的电气导通依靠过孔"Via"的贯通。一定数量的过孔能降低阻抗,保证敷铜构成的接地效应。过孔"Via"也能消除敷铜产生的区域死铜。

(2) 单击主菜单中的"放置(P)"|"多边形敷铜(G)"命令,或直接单击"布线工具栏"中的"放置多边形平面"按钮,在系统弹出的"多边形敷铜"窗口中设置相关属性,如实心填充、"层"选择顶层(Top Layer)、在"链接到网络"下拉列表框选择网络名"GND",其他保留为默认。设置完毕后单击"确定"按钮。

(3) 系统关闭"多边形敷铜"窗口后鼠标变成十字形,处于选择状态。此时按顺时针或逆时针的方法依此选定需要多边形敷铜的各端点,这里选中2.1声道功率放大器双面板PCB电路的四个顶角的端点,使整体PCB板带地敷铜,如图6.53所示。

(4) 将"层"切换到底层(Bottom Layer),在底层也放置多边形敷铜,并带网络名"GND"。

(5) 两面敷铜完毕后,检查有无网络名为"GND"的焊盘未连接在敷铜上,若有则检查是什么原因。一般是由于布线规则的设置使敷铜的连接导线走不通,或空间太小导线走不进,这时要手动布线进行修正或放置过孔来弥补。

(6) 敷铜形状的编辑。有时需要编辑已放置好的敷铜的形状,这时选中敷铜所在的层和多边形敷铜。被选中的多边形敷铜会亮白显示,并在多边形敷铜的边缘出现可编辑的白色小端点,如图6.54所示。

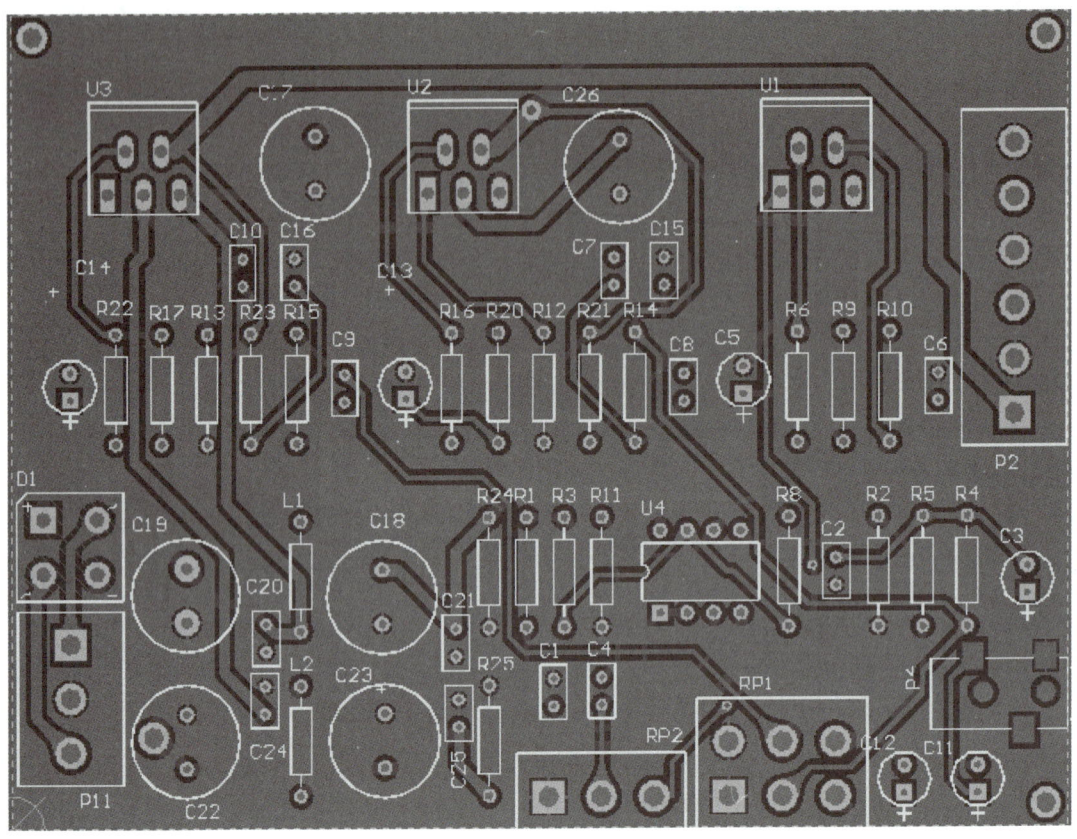

图 6.53　实心填充模式敷铜

用鼠标拖动相应的端点就可以改变敷铜多边形的形状，如将底层敷铜的形状做成倒角形状，如图 6.55 所示。

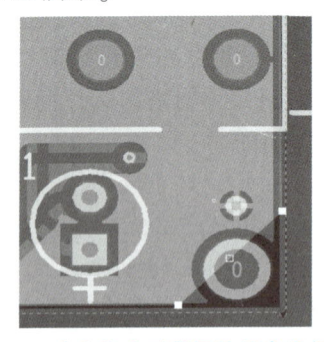

图 6.54　选中多边形敷铜的端点进行修正　　　　图 6.55　修正后的效果

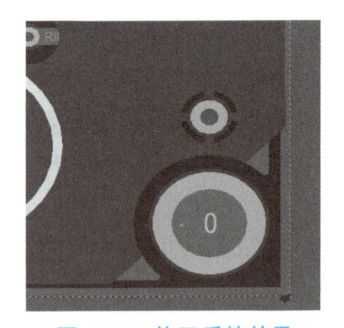

改变多边形敷铜的形状后，还可将敷铜重新生成一遍，多边形敷铜才能成功。在选中多边形敷铜的状态下，单击主菜单中的"工具（T）"|"多边形填充（G）"|"Repour Selected"命令，将选择的多边形敷铜重新生成一遍。多边形敷铜的编辑还包括命令，如图 6.56 所示。

（7）设置敷铜的连接方式。一般这一步设置可以默认。敷铜与焊盘等连接方式常为十字热阻线的形式，如图 6.57 所示。

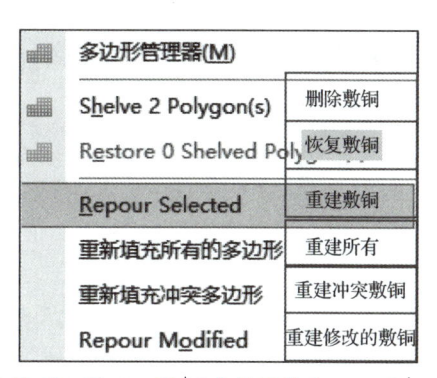

图 6.56　执行主菜单中的"工具（T）"|"多边形填充（G）"|"Repour Selected"命令

> 放置敷铜的快捷键是"P"+"G"+"L"，重新生成敷铜的快捷键是"T"+"G"+"R"；手动布线时切换走线层的快捷键是"L"；

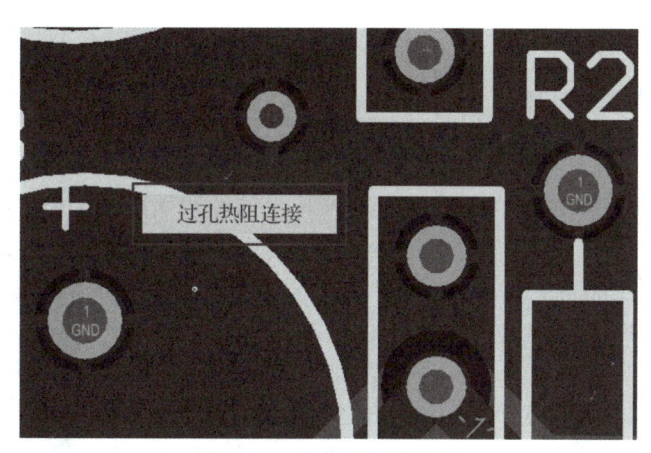

图 6.57　焊盘的连接方式

热阻线的存在使电烙铁焊接时热量集中在焊盘上，不容易传导到四周的敷铜上，所以焊盘的温度升高快，容易焊接。如要设置连接的形式，则需要通过单击主菜单中的"设计"|"规则"命令，在弹出的菜单中进行设置。如图 6.58 所示的"PCB 规则及约束编辑器"窗口，单击左边总树形目录中的"Design Rules"|"Plane"|"Polygon Connect Style"|"PolygonConnect"选项，展开其设置选项，除了"规则"中常见的作用范围外，主要还有如下几项：

◆"连接类型"下拉列表框：有"Relief Connect"（热阻连接）、"Direct Connect"（直接连接）和"No Connect"（无连接）三种，"Relief Connect"（热阻连接）还要设置连接导线的数量和角度。

◆"Air Gap Width"文本框：设置空气间隙的宽度，此宽度越大热阻越大，焊盘的温度升高相对就越快。

◆"导线宽度"文本框：设置连接线的宽度，此宽度越小热阻越大，焊盘的温度升高相对就越快，当然导电性也受影响。

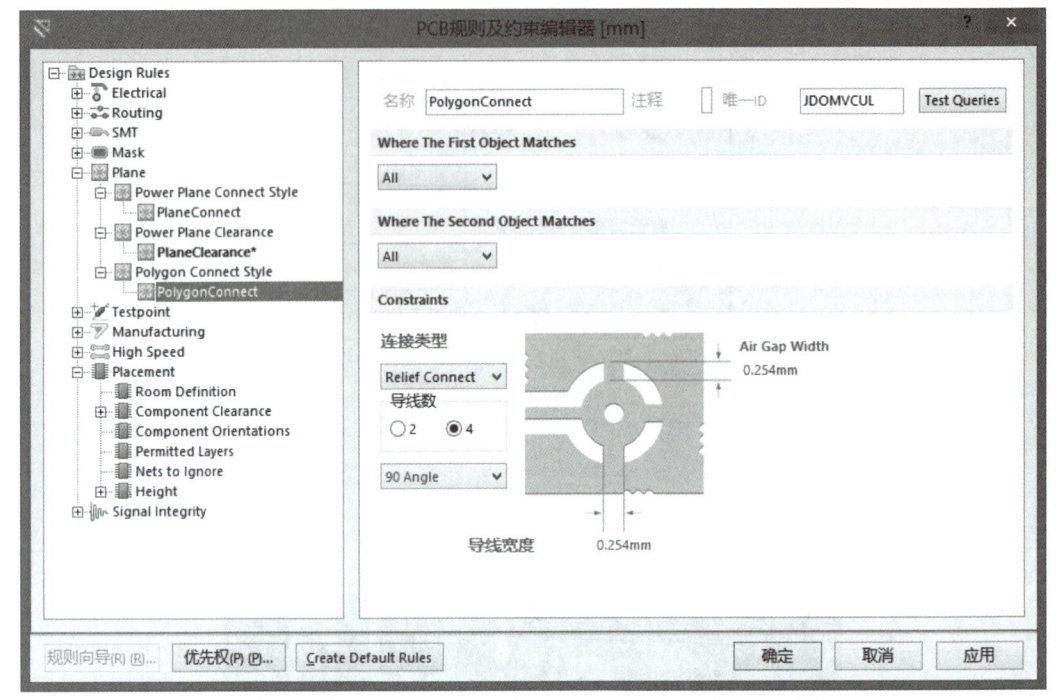

图 6.58 "Polygon Connect Style" 设置

本节以设计 2.1 声道功率放大器双面板 PCB 设计的双面敷铜为例，我们要求焊盘与敷铜为十字热阻形式的连接，而过孔为直接连接。为此就需要在执行"Design Rules"|"Plane"|"Polygon Connect Style"命令弹出的选项中再新建一个 Polygon Connect 规则，在其"Where The First Object Matches"（作用范围）下拉列表框中选择"Custom Query"（自定义）选项，然后在右边的文本框中填入"isVia"，将"连接类型"设置为"Direct Connect"（直接连接）。保存规则并将此规则的优先权设置为 1 级，其他默认的规则的优先权设置为 2 级，重新生成多边形敷铜后实现了过孔的直接连接，如图 6.59 所示。

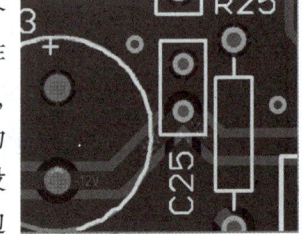

图 6.59 过孔的直接连接

通常过孔的直接连接形式使过孔的电气特性更加优越，如阻抗特性、EMI 特性、散热特性相比十字连接的方式就有显著的提升。

改变过孔和焊盘的连接方式之后，应将敷铜重新产生后才能呈现最新设定的连接方式。

采用同样的方法，在底层（Bottom Layer）也放置带网络名"GND"的敷铜，Top Layer 和 Bottom Layer 的带网络名"GND"的敷铜通过过孔贯通。

任务 6.7　PCB 验证规则

完成电路板设计之后，为了保证所进行的设计工作符合规范，根据布局和布线的设计要求，Altium Designer 提供了设计规则检查功能 DRC（Design Rule Check），对 PCB 的完整性进行检查。

1. 设置检查规则

设计检查规则可以测试各种违反走线情况（如安全错误、未走线网络、宽度错误等）影响制造和信号完整性的错误。单击主菜单中的"工具（T）"|"设计规则检查（D）"命令，系统弹出"设计规则检测"属性设置窗口，如图 6.60 所示。其中主要选项如下。

图 6.60 "设计规则检测"窗口

◆ "Report Options"（报告选项）选项组。

该选项组可设置生成 DRC 报表包括的选项，包括"创建报告文件""创建违反事件"和"校验短敷铜"等选项。系统默认所有的复选框都处于启用状态。

◆ "Rules To Check"（检查规则）选项组。

该选项组列出了 8 项设计规则，分别是"Electrical"（电气规则）、"Routing"（布线规则）、"SMT"（表面贴装技术规则）、"Testpoint"（测试点规则）、"Manufacturing"（制板规则）、"High Speed"（高速电路规则）、"Placement"（布局规则）和"Signal Integrity"（信号完整性分析规则）。选择各选项后，详细内容会在右边的窗口中显示出来，包括规则、种类等。"在线"列表示该规则是否在电路板设计的同时进行同步检测，即在线方法的检测；"批量"列表示在运行 DRC 检查时要检测的项目，如图 6.61 所示。一般采用默认设置，不必修改。

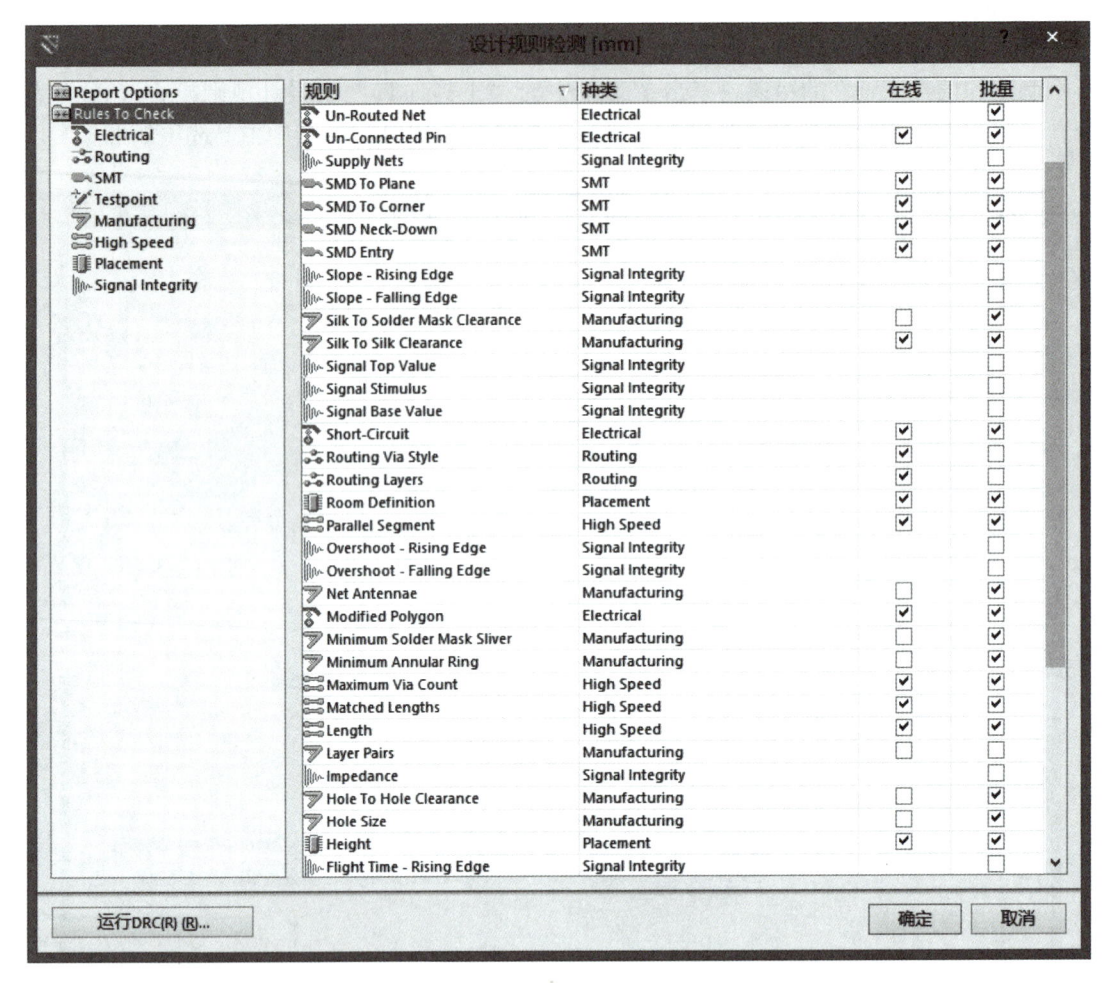

图 6.61　设计规则检测的项目

2. 执行规则检查

在"设计规则检测"窗口中单击"运行 DRC"按钮，将进入规则检测。系统会逐一检查器件之间的间距、电气安全间隔、导线宽度、有无电气短路等现象，检测完毕后系统将弹出"Messages"窗口，在其中列出了所有违反规则的信息项。其中包括所违反的设计规则的种类、所在文件、错误信息和序号等，如图 6.62 所示。

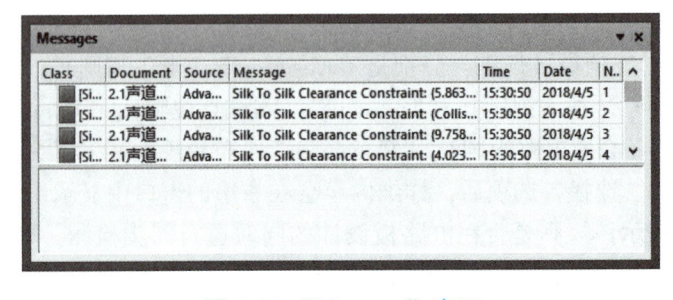

图 6.62　"Messages"窗口

在"Messages"窗口信息中不应该有错误或报警的信息,如有则需要逐一审阅错误或报警信息,修改具体的 PCB 设计。

任务 6.8　调整和添加字符

当 PCB 设计的电气部分设计和检查完毕后,下一步要调整各元器件的文字说明、标号、参数值的摆放位置、方向、大小等。一般是手动调整,即逐个将各文本字符调整到合理的位置,排放整齐。也可以使用系统的"对齐"命令。所有的文本字符不能放置在焊盘上面,但可以放置在走线上面。同时各字符不能出现覆盖和重叠现象。特别要提示的是放置在底层(Bottom Layer)的字符在 PCB 编辑界面下应该显示为镜像的。

如设计需要,也可以在 PCB 板子上放置其他的字符。例如,我们在本节设计的 2.1 声道功率放大器双面板 PCB 上放置时间信息"2018 – 1 – 1",直接单击放置文本命名即可。我们在顶层放置文本"2018 – 1 – 1",在底层放置文本"2.1 功放",其效果如图 6.63 所示。

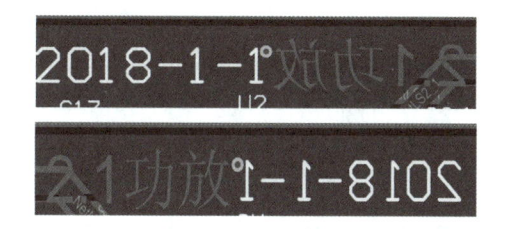

图 6.63　顶层丝印层和底层丝印层放置文字的效果

任务 6.9　查看 PCB 设计

Altium Designer 在 PCB 设计时除了有视图放大、缩小等查看命令外,还有其他的查看方式,方便设计者有针对性地查看和审阅。

1. 翻转板子

翻转板子是将 PCB 板子水平镜像翻转 180°,主要是将底层的字符翻转后查看书写和排列有无问题。翻转后底层的文本显示为正的,而顶层的文本就反置了,如图 6.63 所示。单击主菜单中的"察看(V)"|"翻转板子(B)"命令即可实现板子的翻转。

2. 洞察板子

洞察板子是系统提供一个类似放大镜一样的透镜功能,在观察 PCB 设计全局的同时,放大镜随鼠标的移动且放大局部 PCB 设计的细节,如图 6.64 所示。当设计的 PCB 比较复杂时,这一功能就相当有用。洞察板子是只能看到设计的 PCB 焊盘和导线,非电气对象如字符层会被忽略。单击主菜单中的"察看(V)"|"洞察板子"|"切换 I 洞察板子透镜"命令即可实现板子放大镜功能。再次单击此命令将其关闭洞察板子功能。

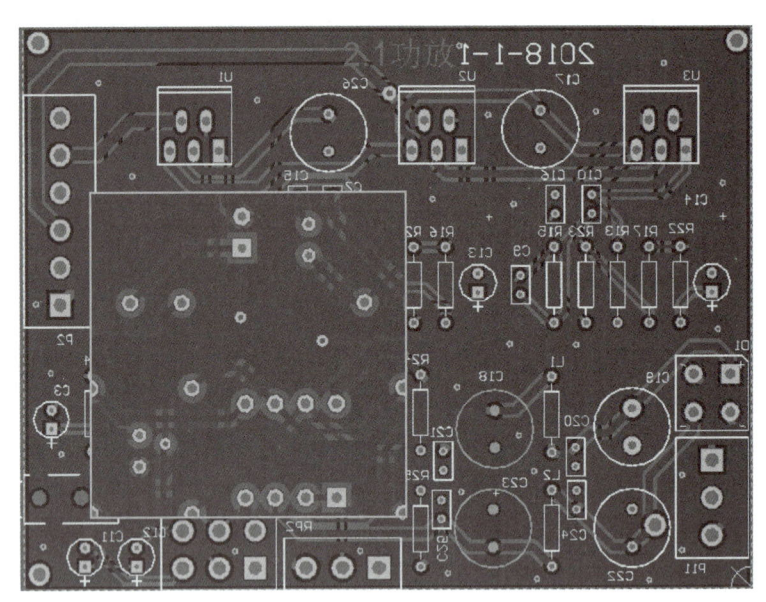

图 6.64　洞察板子的局部细节

3. 3D 模式显示

Altium Designer 中可以显示 PCB 设计的 3D 视图,从 3D 视图中可查看 PCB 设计的成品样式。单击主菜单中的"察看(V)"|"切换到 3 维模式"命令,视图就变成了 3D 模式,如图 6.65 所示。在 PCB 编辑界面,查看 2 维、3 维视图模式的切换只要直接按击快捷键"2"或"3"即可,十分方便。

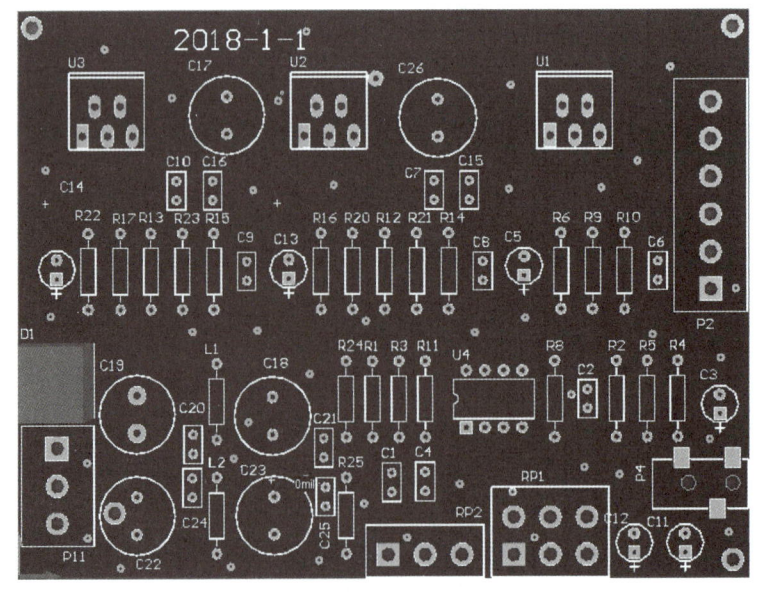

图 6.65　3D 视图

项目训练

1. 打开 STM32F107VCT6 设计 \ STM32F107.PrjPcb 中的 PCB 设计文件 PCB1.PcbDoc。

2. 将 PCB1. PcbDoc 各元器件通过交互式布局的方法放置到合适的位置（参照 PCB3. PcbDoc）。

3. 为 PCB1. PcbDoc 设置布线规则：网络名为"+12 V""+5 V"的节点的线宽设置为 10~40 mil，其他的线宽设置为 10~20 mil；网络名为"+12 V""+5 V"过孔设置为 20/40 mil，其他的为 10/20 mil。

4. 完成布线设计。

5. 顶层和底层双面敷铜，敷铜电气属性为"GND"。

6. 将元器件的标号调整到位。

项目 7

多层 PCB 电路板的设计

电子系统越发复杂，对装配的密度也越来越高。PCB 也从单面板到双面板，再到现在常见的多层板。多层板有较好的高频特性及电磁兼容特性，其设计主要是要设计好电源层、地层和信号层之间的层叠关系，以及内电层的创建和应用。

知识技能素养导航	知识了解	多层 PCB 的概念及层叠原理
	知识熟知	多层 PCB 的构成； 多层 PCB 的电磁兼容的概念
	技能掌握	多层 PCB 的层叠管理、内电层分割； 多层 PCB 的布局与布线
	技能高手	工作面板的对象过滤操作； 快速布局与布线
	职业素养	责任心、爱岗敬业、精益求精、有效沟通、团队合作

任务 7.1 了解多层 PCB

7.1.1 多层 PCB 的概念与特点

21 世纪由于集成电路和 SMT 器件和技术的成熟，使 PCB 的组装密度大大增加，导致 PCB 上连线高度集中。同时 PCB 上信号速率和电磁干扰等因素，催生了对多层 PCB 的研究。多层 PCB 就是指两层以上的 PCB，它是由多层铜箔构成的导电层和多层绝缘层叠加压制而成的 PCB，多层 PCB 主要需考虑信号高质量互通和电磁屏蔽的因素。自 1991 年 IBM 公司首先成功开发出高密度多层板（SLC）以来，多国也相继开发出各种各样的高密度互联（HDI）微孔板，这些加工技术的迅猛发展促使了 PCB 的设计已逐渐向多层和高密度布线的方向发展。多层印制板以其设计灵活、稳定可靠的电气性能和优越的经济性能现已广泛应用于电子产品的生产制造中。

多层PCB布线之所以得到广泛的应用，究其原因，有以下特点：

（1）多层板内部设有专用电源层和地线层，减小了供电线路的阻抗，从而减小了公共阻抗干扰。大块铜箔的电源层可以作为噪声和电磁干扰的屏蔽，降低了干扰。同时采用专门的地线层加大了信号线和地线之间的分布电容，减小了串扰。

（2）多层板采用了专门地线层，对所有信号线而言都有专门接地线。因此接地可靠，公共阻抗干扰也大大降低。

（3）信号线变短，阻抗稳定且易匹配，减少了反射引起的波形畸变。

一般多层PCB有四层、六层、八层和十层，甚至更多。因多层PCB板层叠的对称性是性能提升的基础，所以其层数都是偶数。

一般情况下叠层设计的原则是满足信号的特征阻抗要求、满足信号回路最小化原则、满足PCB内的信号抗干扰要求和满足对称原则，具体而言在设计多层板时需要注意以下几个方面。

①一个信号层应该和一个敷铜层相邻，两层要间隔放置，每个信号层都能和至少一个敷铜层紧邻，信号层应该和临近的敷铜层紧密耦合（即信号层和临近敷铜层之间的介质厚度很小）。

②电源层和地层应该紧密耦合并处于叠层中部，缩短电源和地层的距离有利于电源的稳定和减少EMI。尽量避免将信号层夹在电源层与地层之间。电源平面与地平面的紧密相邻如同形成一个平板电容，两平面靠得越近，则该电容值就越大。该电容的主要作用是为高频噪声（如开关噪声等）提供一个低阻抗回流路径，从而使接收器件的电源输入拥有更小的纹波，增强接收器件本身的性能。

③在高速情况下可以加入多余的地层来隔离信号层，多个地层可以有效地减小PCB的阻抗和共模EMI。但是建议尽量不要多加电源层来隔离，否则可能造成不必要的噪声干扰。

④系统中的高速信号应该在内层且在两个地层之间，这样两个地层可以为这些高速信号提供屏蔽作用，并将这些信号的辐射限制在两个敷铜区域内。

⑤优先考虑高速信号、时钟信号的传输线模型，为这些信号设计一个完整的参考平面。尽量避免跨平面分割区，以控制特性阻抗和保证信号回流路径的完整。

⑥对于具有高速信号的PCB，理想的叠层是为每一个高速信号层都设计一个完整的参考平面。但在实际中我们总是需要在PCB层数和PCB成本上做一个权衡，在这种情况下不能避免有两个信号层相邻的现象。目前的做法是让两个信号层间距加大和使两层的走线尽量垂直，以避免层与层之间的信号串扰。

以四层PCB为例，其层叠结构可以有如下几种层叠方式的排列组合（从顶层到底层）：

（1）Signal_1(Top)，GND(Inner_1)，POWER(Inner_2)，Signal_2(Bottom)。

（2）Signal_1(Top)，POWER(Inner_1)，GND(Inner_2)，Signal_2(Bottom)。

（3）POWER(Top)，Signal_1(Inner_1)，GND(Inner_2)，Signal_2(Bottom)。

其中（1）和（2）中的电源层和底层靠得较近，其耦合紧密性能大大提升了电源本身电路的抗干扰性；同时两个信号层被中间的电源层和底层屏蔽，不易产生相互干扰；两个信号层放置在顶层和底层又方便安装元器件，故方法（1）和（2）是比较优越的四层PCB板层叠的方案。表7.1所示为常见多层PCB的层叠方案。

表 7.1　常见多层 PCB 的层叠方案

层数	电源层	地层	信号层	1	2	3	4	5	6	7	8	9	10	11	12
4	1	1	2	S1	G1	P1	S2								
6	1	2	3	S1	G1	S2	P1	G2	S3						
8	1	3	4	S1	G1	S2	G2	P1	S3	G3	S4				
8	2	2	4	S1	G1	S2	S2	G2	S3	P2	S4				
10	2	3	5	S1	G1	P1	S2	S3	G2	S4	P2	G3	S5		
10	1	3	6	S1	G1	S2	S3	G2	P1	S4	S5	G3	S6		
12	1	5	6	S1	G1	S2	G2	S3	G3	P1	S4	G4	S5	G5	S6
12	2	4	6	S1	G1	S2	G2	S3	P1	G3	S4	P2	S5	G4	S6

注：P 为电源层，G 为地层，S 为信号层。

7.1.2　多层 PCB 设计的布局和布线原则

常规的多层电路板布局的基本原则如下。

（1）元器件最好单面放置。如果需要双面放置元器件，则在底层放置插针式元器件有可能造成电路板不易安放，也不利于焊接。所以在底层最好只放置贴片元器件，常见的如计算机显卡 PCB 上的元器件布置方法。单面放置时只需在电路板的一个面上做丝印层，便于降低成本。

（2）合理安排接口元器件的位置和方向。一般来说，作为电路板和外界（电源和信号线）连接的连接器元器件，通常布置在电路板的边缘，如串口和并口。如果放置在电路板的中央，显然不利于接线，也有可能因为其他元器件的阻碍而无法连接；另外，在放置接口元器件时要注意接口的方向，使得连接线可以顺利地引出，远离电路板。放置接口后应当利用接口元器件的 String（字符串）清晰地标明接口的种类，对于电源类接口应当标明电压等级，防止因接线错误导致烧毁 PCB。

（3）高压和低压元器件之间最好要有较宽的电气隔离带，即不要将电压等级相差很大的元器件摆放在一起，这样既有利于电气绝缘，对信号的隔离和抗干扰也有很大好处。

（4）电气连接关系密切的元器件最好放置在一起。这就是模块化的布局思想。

（5）对于易产生噪声的元器件，如时钟发生器和晶振等高频器件，在放置时应当尽量放置在靠近 CPU 的时钟输入端。大电流电路和开关电路也容易产生噪声，在布局时这些元器件或模块也应该远离逻辑控制电路和存储电路等高速信号电路。如果可能，尽量采用控制板结合功率板的方式利用接口来连接，以提高电路板整体的抗干扰能力和工作可靠性。

（6）在电源和芯片周围尽量放置去耦电容和滤波电容。二者是改善电路板电源质量、提高抗干扰能力的一项重要措施。在实际应用中印制电路板的走线、引脚连线和接线都有可能带来较大的寄生电感，导致电源波形和信号波形中出现高频纹波和毛刺。因而在电源和地之间放置一个 0.1 mF 或者更大的电容，以进一步改善电源质量。如果 PCB 上使用的是贴片电容，应该将其紧靠元器件的电源引脚。对于电源转换芯片或者电源输入端，布置一个 100 mF 的去耦电容可以有效地滤除这些高频纹波和毛刺。

（7）元器件的编号应该紧靠元器件的边框布置，大小统一且方向整齐，不与元器件、过孔和焊盘重叠。元器件或接插件的第 1 引脚表示方向；正负极的标志应该在 PCB 上明显标出，不允许被覆盖；电源变换元器件（如 DC/DC 变换器、线性变换电源和开关电源）旁应该有足够的散热空间和安装空间，外围留有足够的焊接空间等。

在多层电路板或高密度电路板布线过程中，用户需要遵循的一般原则如下。

（1）印制走线的间距遵循 3W 原则，高速高频导线可适当增加间距；另外，影响元器件的一个重要因素是电气绝缘。如果两个元器件或网络的电位差较大，则需要考虑电气绝缘问题。一般环境中的间隙安全电压为 200 V/mm，也就是 5.08 V/mil。所以当同一块 PCB 上既有高压电路，又有低压电路时就需要特别注意足够的安全间距。

（2）为了让 PCB 便于制造和美观，在设计时需要设置线路的拐角模式，可以选择 45°、90°或圆弧。一般不采用尖锐的拐角，最好采用圆弧过渡或 45°过渡，避免采用 90°或者更加尖锐的拐角过渡。

（3）导线和焊盘之间的连接处要尽量圆滑，避免出现小的尖脚，可以采用补泪滴的方法来解决。当焊盘之间的中心距离小于一个焊盘的外径 D 时，导线的宽度可以和焊盘的直径相同；如果大于 D，则导线的宽度不宜大于焊盘的直径。导线通过两个焊盘之间而不与其连通时，应该与它们保持最大且相等的间距，同样导线和导线之间的间距也应该均匀相等并保持最大。

（4）走线宽度是由导线流过的电流等级和抗干扰等因素决定的，流过电流越大，则走线应该越宽。一般电源线应该比信号线宽。为了保证地电位的稳定（受地电流大小变化影响小），地线也应该较宽。实验证明，当印制导线的铜膜厚度为 0.05 mm 时，印制导线的载流量可以按照 20 A/mm 进行计算，即 0.05 mm 厚及 1 mm 宽的导线可以流过 1 A 的电流。所以对于一般的信号线来说 10～30 mil 的宽度就可以满足要求；高电压且大电流的信号线线宽大于等于 40 mil，线间间距大于 30 mil。为了保证导线的抗剥离强度和工作可靠性，在板面积和密度允许的范围内应该采用尽可能宽的导线来降低线路阻抗，提高抗干扰性能。

对于电源线和地线的宽度，为了保证波形的稳定，在 PCB 布线空间允许的情况下尽量加粗，一般情况下至少需要 50 mil。

（5）导线上的干扰主要有导线之间引入的干扰、电源线引入的干扰和信号线之间的串扰等，合理安排和布置走线及接地方式可以有效减少干扰源，使设计出的 PCB 具备更好的电磁兼容性能。

（6）对于高频或者其他一些重要的信号线，如时钟信号线，一方面其走线要尽量宽，另一方面可以采取包地的形式使其与周围的信号线隔离（即用一条封闭的地线包起信号线，相当于加一层接地屏蔽层）。

（7）模拟地和数字地要分开布线，不能混用。如果需要最后将二者统一为一个电位，则通常应该采用一点接地方式。即只选取一点将模拟地和数字地连接，以防止构成地线环路，造成地电位偏移。

（8）完成布线后应在顶层和底层没有铺设导线的地方敷以大面积敷铜，以有效减小地线阻抗。从而削弱地线中的高频信号；同时大面积的接地可以对电磁干扰起到抑制作用。

（9）PCB 中的一个过孔会带来大约 10 pF 的寄生电容，对于高速电路来说尤其有害；同时，过多的过孔也会降低 PCB 的机械强度，所以在布线时应尽可能减少过孔的数量。

（10）多层板布线要先走信号线，后走电源线，这是因为多层板的电源和地通常都通过连接内电层来实现。这样做的好处是可以简化信号层的走线，并且通过内电层大面积铜膜连接的方式来有效降低接地阻抗和电源等效内阻，提高电路的抗干扰能力。

在实际操作中，元器件的布局和布线仍然是一项很灵活的工作。元器件的布局方式和连线方式并不唯一，其很大程度上取决于用户的经验和思路。可以说没有一个标准可以评判布局和布线方案的对与错，只能比较相对的优和劣，以及电路性能的差异。

任务 7.2　四轴飞行器无刷电机控制电路的四层板设计

四轴飞行器无刷电机控制电路由电源单元、微芯片单元、驱动单元和 MOS 管电流输出电源构成，要求电路尺寸小和组装密度高，而且输出电流达几十安培；PCB 上还有典型的强电流信号和弱控制信号并存；为使 PCB 的稳定性更好，设计采用四层电路板设计。

7.2.1　四轴飞行器无刷电机控制电路原理图

四轴飞行器无刷电机控制电路如图 7.1 所示。原理图经编译后无误。

项目 7　多层 PCB 电路板的设计

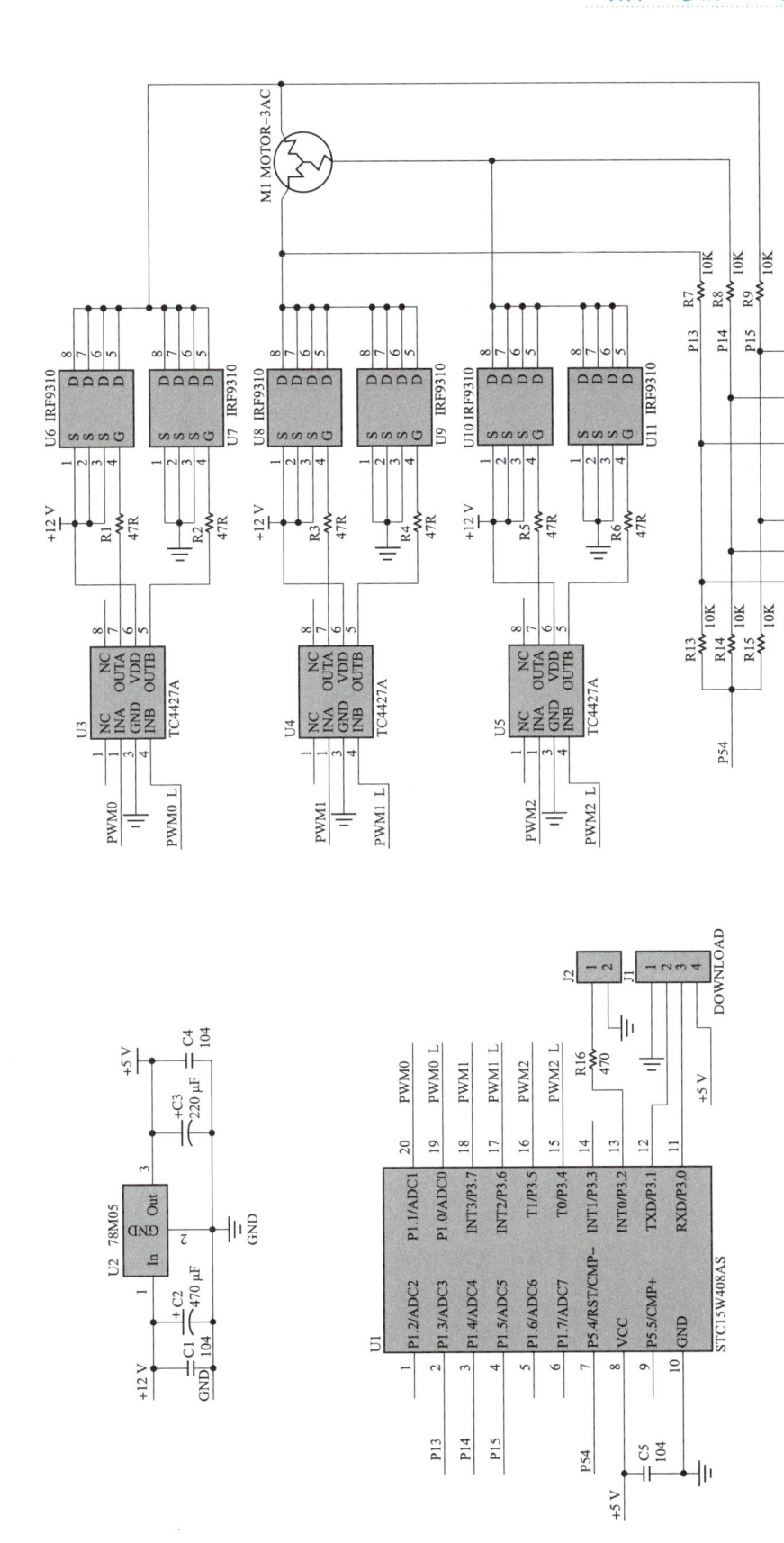

图 7.1　四轴飞行器无刷电机控制电路

7.2.2　用向导创建 PCB 设计文档

前面介绍的创建 PCB 设计文档是常规操作，如果 PCB 的形状是通常的非异形板子，也可以通过 Altium Designer 主窗口的向导新建 PCB 文档；同时设置好常规的 PCB 设计属性。

单击 Altium Designer 主窗口左下角的工作面板区，将标签切换到"Files"，单击"从模板新建栏目"|"PCB Board Wizard…"选项，系统弹出"PCB 板向导"属性设置窗口，如图 7.2 所示。

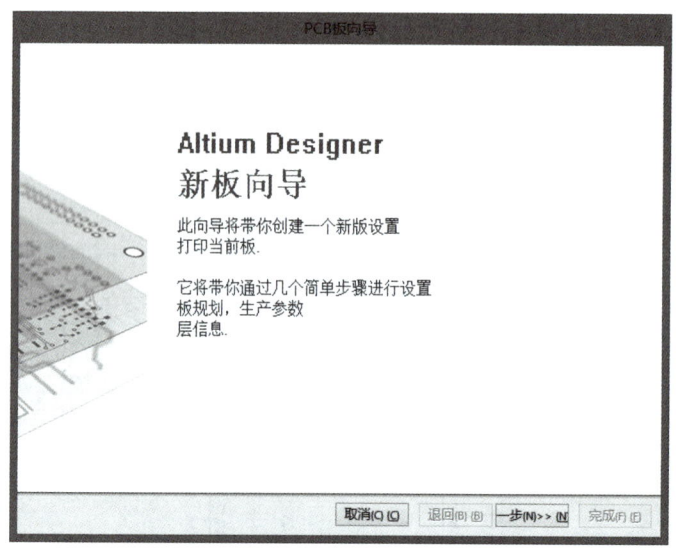

图 7.2　"PCB 板向导"属性设置窗口

（1）单击"下一步"按钮，选择设计单位选项，这里选择公制即以毫米为单位，如图 7.3 所示。一般 PCB 板子的尺寸国内默认采用公制单位，单位为毫米。同时也要注意公制和英制的单位换算。

图 7.3　单位选择"公制的"

项目 7　多层 PCB 电路板的设计

（2）单击"下一步"按钮，显示选择板详细信息。这里设置板子的形状为"矩形"，"板尺寸"为 42 mm×38 mm，勾选"切掉拐角"复选框，其他保留默认，如图 7.4 所示。

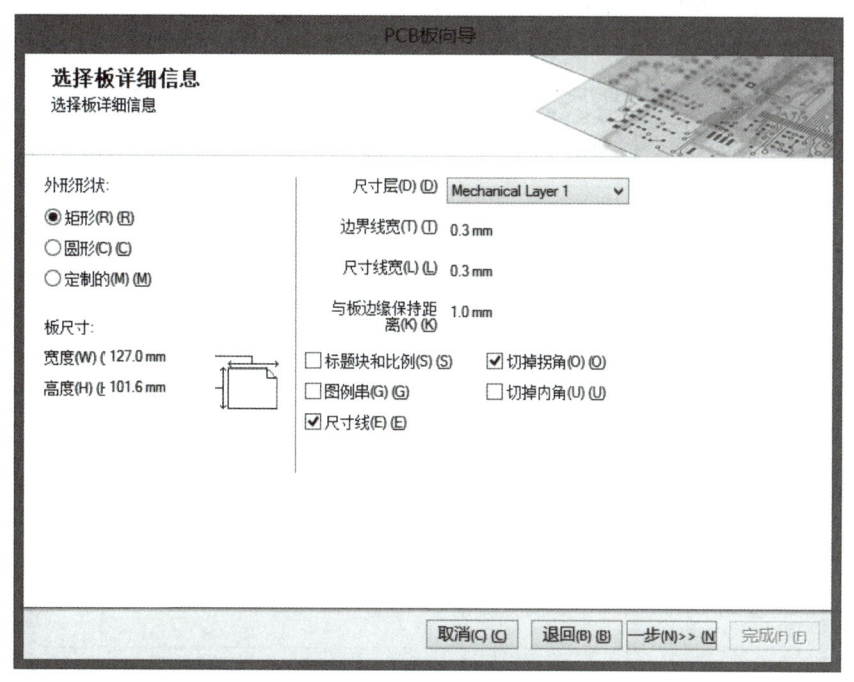

图 7.4　设置外形和边界

（3）单击"下一步"按钮，选择板剖面。这里选择"Custom"栏中的选项，可设置板子的背景图纸尺寸，如图 7.5 所示。

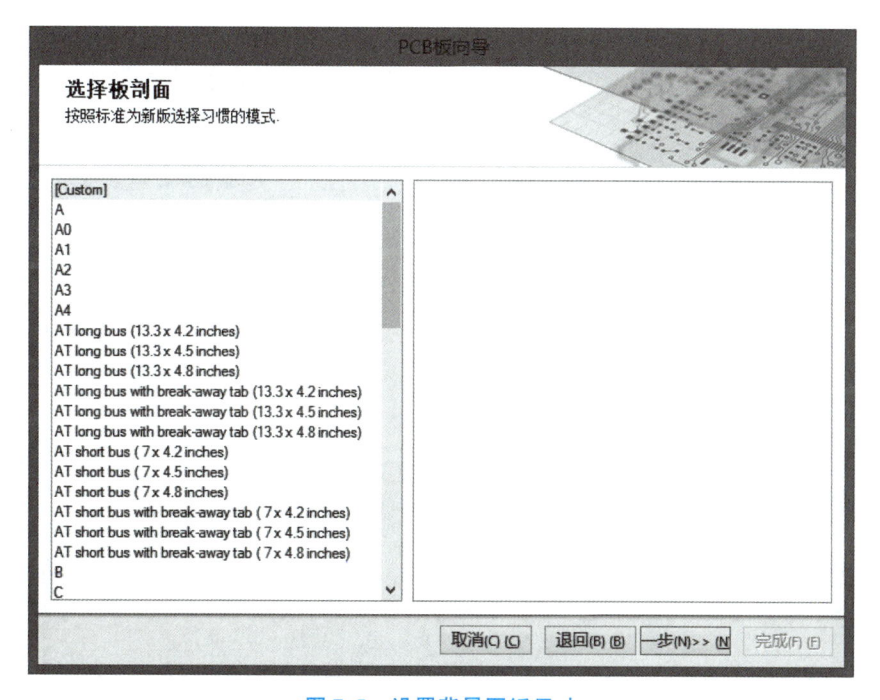

图 7.5　设置背景图纸尺寸

175

Altium Designer 系统中集成了许多采用电路板的外形轮廓，如电脑主板 AT 型的外形尺寸、内存条的外形尺寸。

（4）单击"下一步"按钮，选择板切角加工。这里可设置板子板切角的尺寸，均输入 2 mm，如图 7.6 所示。

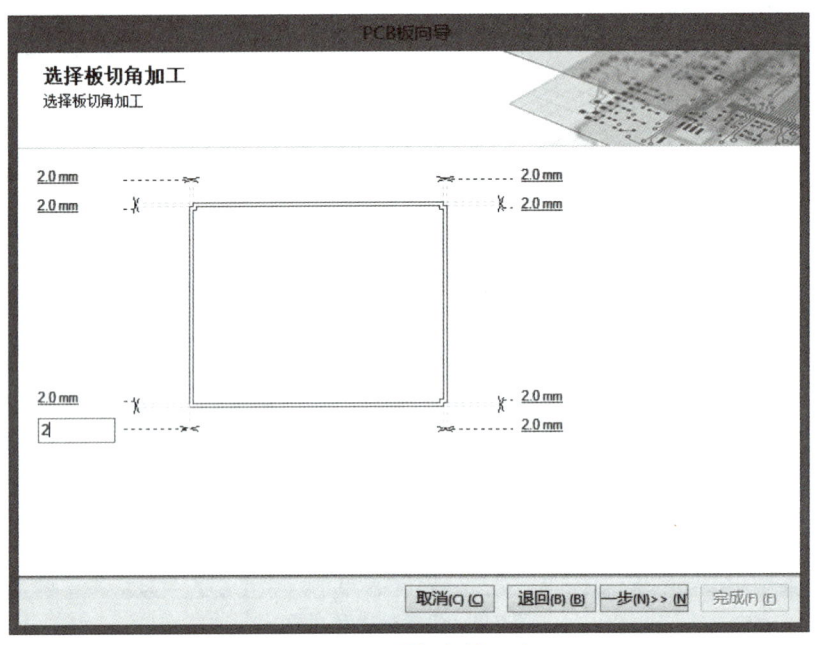

图 7.6　设置切角的尺寸

（5）单击"下一步"按钮，设置板子内切角尺寸。这里均输入 0.0 mm，即没有内角，如图 7.7 所示。

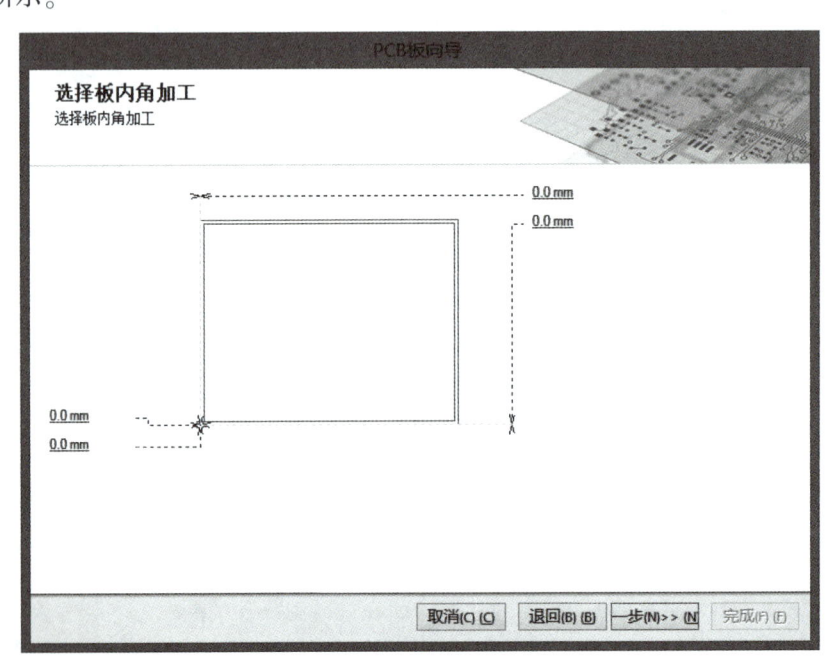

图 7.7　设置板子的内切角尺寸

项目 7　多层 PCB 电路板的设计

▲ "尺寸层"：设置放置尺寸边界线的层，默认一般为 Mechanical Layer1（机械层 1）；其他的如"边界线宽""尺寸线宽"的参数采用默认设置。

（6）单击"下一步"按钮，设置 PCB 导电层的数量，包括信号层与电源层。本例设计为四层 PCB 板子，因此设置信号层为 2 层，电源平面为 2 层，如图 7.8 所示。

图 7.8　选择板层

（7）单击"下一步"按钮，选择过孔类型。这里选择"仅通孔的过孔"，如图 7.9 所示。

图 7.9　PCB 向导设置过孔类型

(8) 单击"下一步"按钮，选择元件和布线工艺。这里选择"表面装配元件"和"是"双面安装器件，如图 7.10 所示。

图 7.10　设置元件和布线工艺

▲ "表面装配元件"：选中此选项，说明电路中大部分元器件是贴片元器件。
▲ "通孔元件"：选中此选项，说明电路中大部分元器件是通孔元器件。

(9) 单击"下一步"按钮，选择默认线和过孔尺寸。这里选择输入导线最小轨迹尺寸为 0.1 mm，最小过孔宽度为 0.3 mm，最小过孔孔径大小为 0.1 mm，最小间隔为 0.2 mm，如图 7.11 所示。

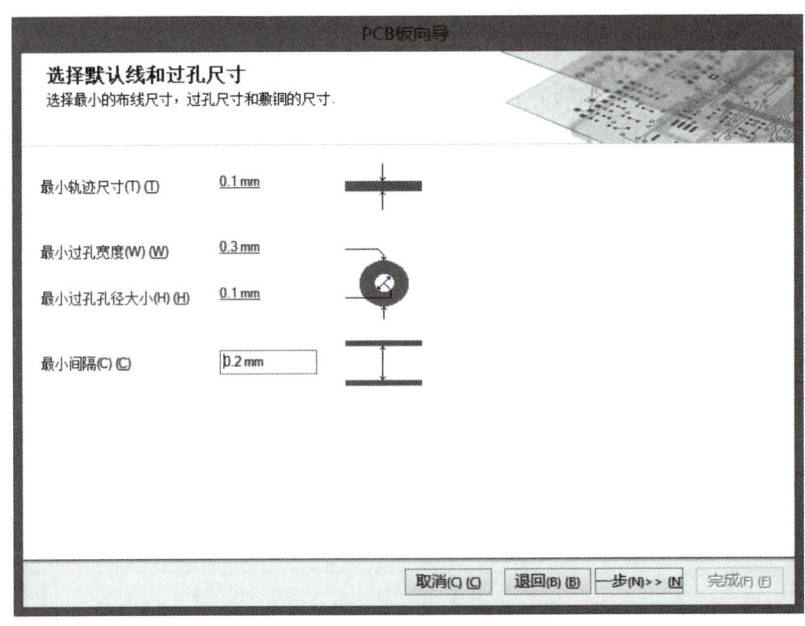

图 7.11　设置线宽和间距等

▲ "最小轨迹尺寸"：即设置 PCB 设计时走线的最小宽度。
▲ "最小过孔宽度"：即设置过孔铜箔的外沿直径。
▲ "最小过孔孔径大小"：即设置过孔孔径的直径。
▲ "最小间隔"：即设置导线与导线间的最小安全间距。

走线的宽度、过孔的孔径等参数在"PCB 向导"中可以一并设置，当然这里设置相对比较简单，也可以在 PCB 设计时直接在主菜单中的"设计"|"规则"中详细设置。

（10）单击"下一步"按钮系统弹出结束属性设置窗口，单击"完成"按钮。至此系统根据以上过程输入的参数生成了新的 PCB 设计文档。PCB 板子的外形，四周设计了四个切角，如图 7.14 所示。

通过"PCB 向导"的一步步引导和设置，可以快速设置 PCB 设计的尺寸、板子的层叠方案和简单的规则，步骤清晰有序。

7.2.3　元器件的双面布局

1. 导入网络表信息及布局

元器件双面布局四层板给设计带来很大的灵活性，但是每块 PCB 的元器件布局和设计都是有章可循的。根据上面阐述的 PCB 设计规范和经验，我们将研究四轴飞行器无刷电机控制电路的特点后，将整个 PCB 区域划分成 3 块，将强电与弱电分开，如图 7.12 所示；同时考虑抗干扰性，将由 U1 等构成的微控制区与由 MOS 管构成的强电流区分别放置在 PCB 的两侧，避免互相干扰。双面布局时根据 PCB 的安装空间，一般将尺寸大的元器件放置在顶层，小型贴片器件放置在底层，如图 7.13 所示。

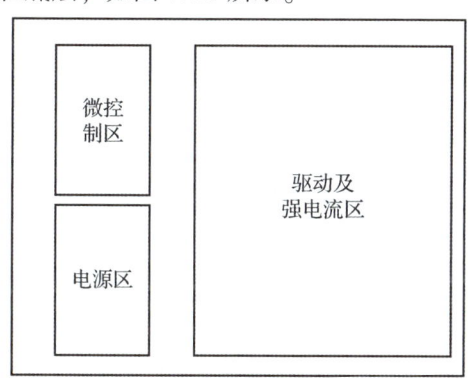

图 7.12　PCB 布局的区域划分

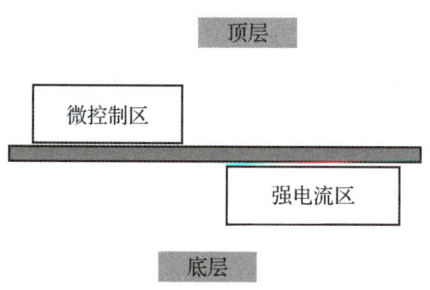

图 7.13　双层布局的电磁屏蔽

在 PCB 设计界面导入原理图文件的网络表信息，采用前面讲述的交互式布局的方法将各单元模块的元器件放置到合适的位置。再利用系统的布局和排列功能将元器件整理完毕，并且将各层的字符层调整到位。PCB 双面布局的顶层元器件布局如图 7.14 所示，底层元器件布局如图 7.15 所示。

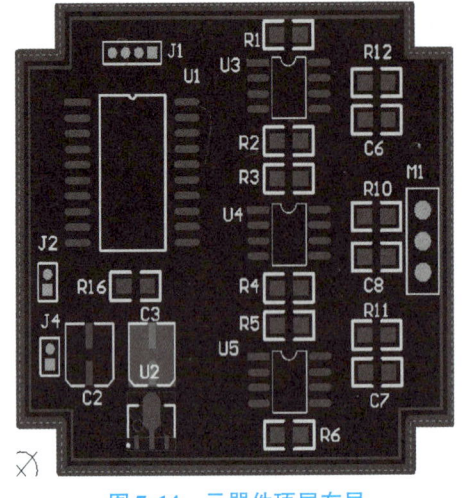

图 7.14　元器件顶层布局

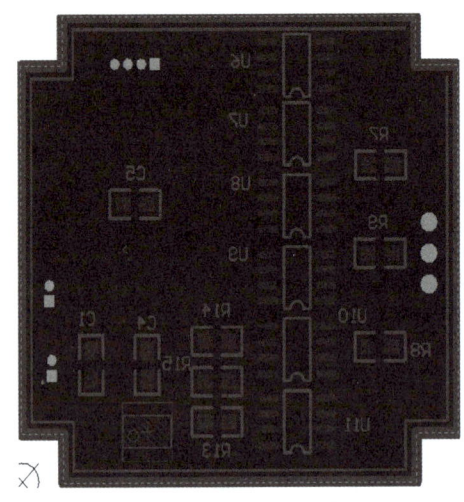

图 7.15　元器件底层布局

2. 管理层视图

当 PCB 为双面板或多层板时各层的图形、字符等信息叠加在一起显得凌乱，也不方便操作，这时需要管理层视图操作来管理各层的颜色、显示或关闭，以及高亮等功能或状态。

单击主菜单中的"设计（D）"|"板层颜色（L）"命令，系统弹出"视图设置"属性设置窗口，如图 7.16 所示。

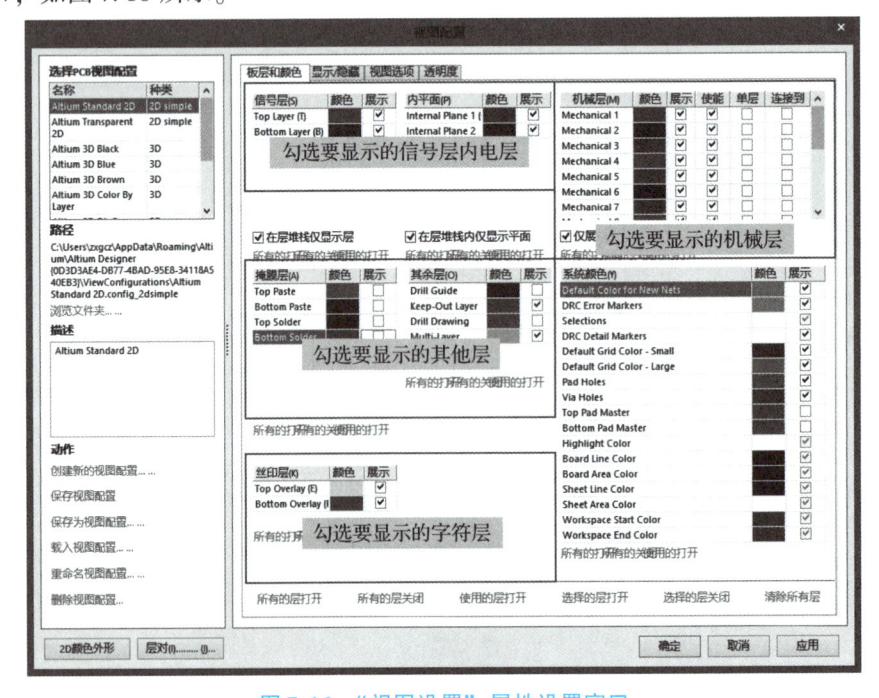

图 7.16　"视图设置"属性设置窗口

（1）信号层与内电层的"颜色"和"展示"复选框：颜色一般保留默认。如要在 PCB 设计界面中显示，则选择相应的层后勾选"展示"复选框。

（2）字符层的"颜色"和"展示"复选框：颜色一般保留默认，操作方法同上。

（3）机械层的"颜色"和"展示"复选框：颜色一般保留默认，操作方法同上。

（4）其他层，如 Top Paste 焊膏层和禁止布线层的"颜色"和"展示"设置：颜色一般保留默认，操作方法同上。机械层有 16 层，一般只展示两个用于放置 PCB 的外形及其他参数的层，其他层均关闭，免得 PCB 设计界面太复杂和凌乱。

单击"应用"或"确定"按钮后，在 PCB 设计界面下方的层切换标签中只显示打开的层，而隐藏其他层。

另外，也可右击层标签，在系统弹出的快捷菜单中选择要隐藏、显示和高亮等命令来管理图层，如图 7.17 所示。

如要隐藏布局或布线过程中的预拉线，可以用快捷菜单来实现。即在 PCB 设计界面中，单击"N"键，在系统弹出的快捷菜单中选择需掩藏的对象如"网络""器件"或"全部"命令即可，如图 7.18 所示。预拉线掩藏的效果如图 7.14 所示。

图 7.17　快捷菜单　　　　图 7.18　隐藏布局或布线的菜单

> 多层板中的层视图操作是相当重要的技能，常用的快捷键功能有："L"键为层视图管理，"N"键为预拉线掩藏/显示，"+"和"-"键为各层切换，"Shift"+"S"键为掩藏/显示其他层。另外，在布局时如元器件处于拖动状态，按"L"键能快速将元器件切换放置到其他层。

7.2.4　四层 PCB 的层叠设计

前面我们通过向导法创建了 PCB 文件，并根据规则导入了四层板的构成，以及两层信号层和两层电源层（地层）。根据多层板设计的原理与规范，要进一步细化四层板的层叠参数。

单击主菜单中的"设计（D）"|"层叠管理（K）"命令，或右击 PCB 设计窗口下方的

层切换标签后在菜单选择"层堆栈管理器"命令，系统弹出"Layer Stack Manager"（层叠管理器）属性设置窗口，如图7.19所示。从图中能直观地看到当前多层板的构成，以及各层的名称（Layer Name）、厚度（Thickness）和叠加顺序等信息。在该属性设置窗口中要设置如下属性。

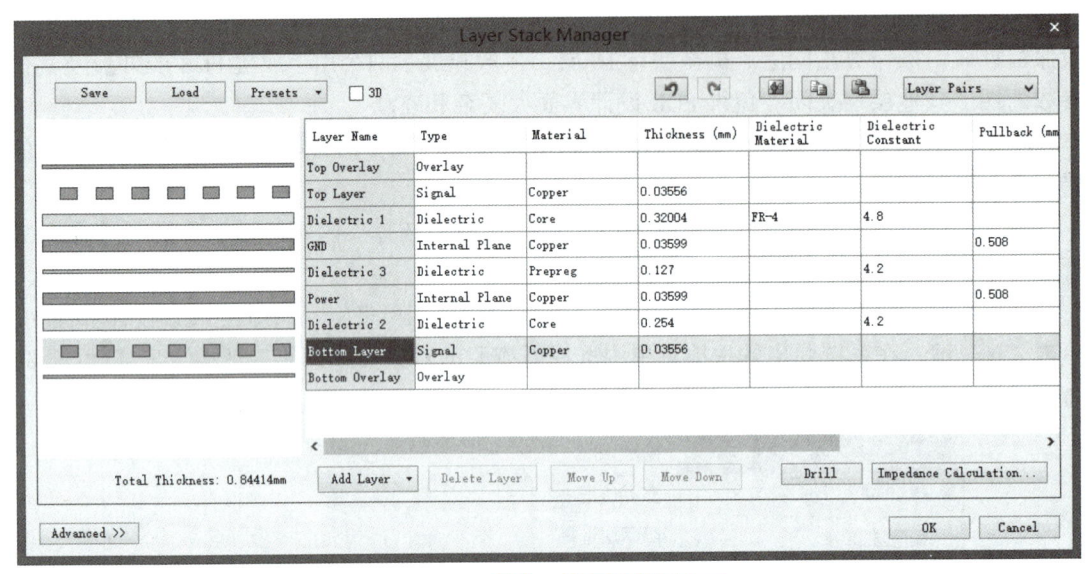

图7.19　层叠管理器属性设置窗口

（1）"Add Layer"（增加层）按钮：单击"Add Layer"按钮，在下拉列表框选择增加层的类型，有"Add Layer"和"Add Internal Plane"两种。前者"Add Layer"就是增加一个信号层，在示意图中用断续的黄方块表示。信号层是各元器件连接的导线，可以根据需要以垂直、水平或拐角等方式布线；后者"Add Internal Plane"称为内电层，一般是电源或地。内电层是整块的大铜箔，在多层板中起到供电和信号屏蔽作用，后者一般不布设传递信号的导线。如抗干扰要求不高，仅仅是为了布通导线，也可以在内电层中放置若干不易受干扰的信号导线。这里我们增加两个"Internal Plane"，即内电层。关于新建的内电层的名称，将两个内电层分别改名为"GND"和"Power"。在增加导电层的同时，系统会自动在两层导电层间增加一个绝缘层"Dielectric Layer"。

（2）"Move Up"（层上移）按钮：单击"Move Up"按钮，将选中的层上移一层，以符合多层板叠加的需要。

（3）"Move Down"（层下移）按钮：单击"MoveDown"按钮，将选中的层下移一层，以符合多层板叠加的需要。

（4）"Presets"（预置项）按钮：系统预置了常见的2层、4层、6层、8层、10层、12层和16层多层板的层叠配置，可快速选择一个预置的层叠配置，再使用增加或删除以及上移下移功能来配置符合自己需要的层叠配置及参数。

（5）"Save"或"Load"按钮：可以保存或加载已经配置好的层叠设计。

（6）"Layer Pairs"（层配对类型）按钮：可选择是层对称还是内电层对称。此设置可保留默认。

四层板层叠参数配置好后，从PCB设计窗口下方的层切换标签能直观地看到相应的信号层、内电层及其他层（此项与层视图管理中对应层是否打开显示有关）。

多层板中导电层与绝缘层的厚度一般可默认，设计 PCB 打样或生产时要与生产商沟通确认。

7.2.5 建立与分割内电层

创建多层板后，该内电层没有电气属性，下一步就要建立内电层并分配网络名，即指定某个内电层为地层或为电路中某个电源层。在本例四轴飞行器无刷电机控制电路四层板设计中，要将名称"GND"的内电层与电路设计中的网络名"GND"相连，将名称"Power"的内电层与电路设计中的网络名"+12 V"相连。这样内电层"GND"就是一大块整块的铜箔地，而内电层"Power"就是一整块的 12 V 的导电层。整块的铜箔在多层PCB 板中将各层信号的电磁辐射隔离和屏蔽掉，不影响其他层的信号传输，故各信号层能更加稳定和可靠地工作。

内电层采用"负片"设计，即不布线和不放置任何对象的区域完全被铜箔覆盖，而布线或放置对象的地方则没有铜箔。信号层为正片设计，即放置布线和焊盘或其他对象的区域会被铜箔覆盖，一般用于纯线路设计，包括外层线路和内层线路。

内电层建立的方法和步骤如下。

（1）将 PCB 设计窗口下方的层切换标签切换到要设置内电层的层，如切换到"GND"层。

（2）在该内电层上用画直线（Line）命令绘制一个封闭的多边形，即内电层的形状及轮廓。这里我们要将整块 PCB 的所有区域形成带地的铜箔，用画直线命令沿 PCB 的轮廓绘制多根直线或线段构成一个多边形。

（3）单击选中上一步绘制的封闭多边形，该多边形高亮显示以表示被选中，如图 7.20 所示。

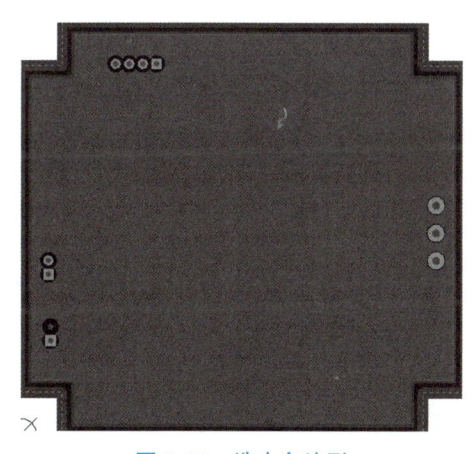

图 7.20 选中多边形

（4）双击该多边形，系统弹出"平面分割"属性设置窗口。在"连接到网络"的下拉列表框中选择一个网络名，这里选择"GND"，如图 7.21 所示。这样该内电层就是整块的"GND"铜箔。

(5) 以同样的方法创建与网络名"+12 V"相连"Power"的内电层。

图 7.21　选择网络名

(6) 在已经创建的内电层中，再创建新的封闭多边形并连接到不同的网络名，则为内电层分割。我们在"Power"的内电层中绘制一个小的封闭多边形，将电路中所有"+5 V"焊盘均包含在其中，并将此小的多边形连接到"+5 V"网络名，在大的"+12 V"铜箔中分割了一块"+5 V"铜箔，如图 7.22 所示。

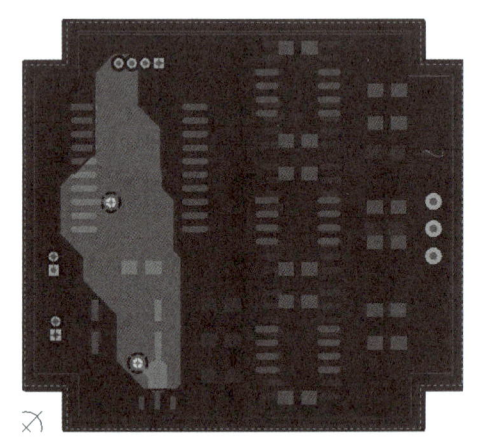

图 7.22　内电层的分割

(7) 设置内电层属性，在通过主菜单中的"设计（D）"|"规则（R）"命令弹出的窗口中，有"Plane Clearance"（内电层间距）与"Plane Connect"（内电层连接方式）两个配置项，具体设置跟敷铜的连接方式及导线的间距有关。本例将内电层间距设置为 0.508 mm，内电层连接方式为热阻焊 4 向连接，如图 7.23 和图 7.24 所示。

图中内电层的安全间距要根据电路中节点的电压等级来设置，我们采用默认的 0.508 mm。

Plane Connect"（内电层连接方式）配置项中，具体有如下配置：

▲ "Where The Objects Matches"：设置该连接方式的作用范围，有"All"（全部）、"Nets"（网络名）等选项。

▲ "关联类型"：即设置内电层连接方式，有"Relief Connect"（热阻连接）、"Direct Connect"（直接连接）和"No Connect"（不连接）三种选项，根据 PCB 设计的需要选择，一般选择"Relief Connect"（热阻焊）选项。

▲ "扩充"：设置热阻焊连接的铜箔宽度，默认为 20 mil 或 0.508 mm。

▲ "Air – Gap"：设置阻焊的空气间隙，默认为 10 mil 或 0.254 mm。

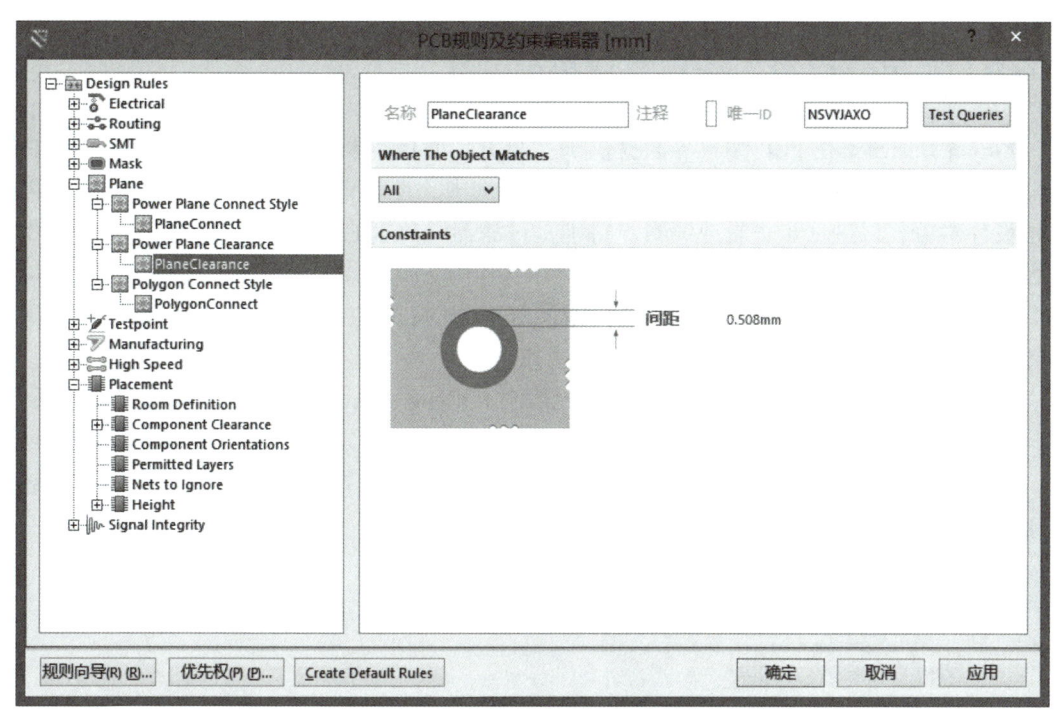

图 7.23 设置内电层的安全间距

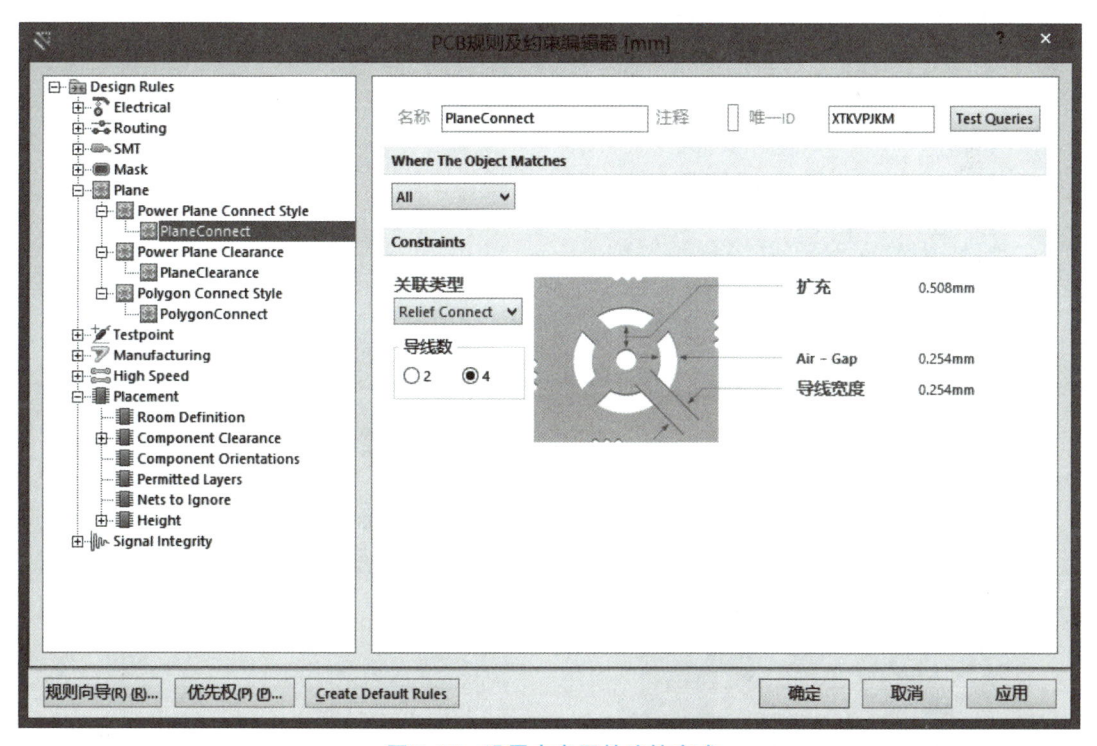

图 7.24 设置内电层的连接方式

▲ "导线宽度":设置热阻焊连接的十字连接导线铜箔宽度。
▲ "导线数":设置热阻焊连接的十字连接导线铜箔的数量。

185

7.2.6 使用"PCB"面板查找对象

Altium Designer 在 PCB 编辑界面提供了"PCB"面板，能快速筛选 PCB 编辑视图中的元器件或网络名，将符合条件的对象突出显示或选中，使设计者能更快且更精准地找到和定位设计对象，以进一步查看或编辑。特别是过滤器（PCB Filter）为复杂的 PCB 设计带来很大的便捷性。

要使用"PCB"面板查找某个元器件或网络节点时，将工作面板切换到"PCB"标签，如图 7.25 所示。在其中设置过滤的对象类型如下。

（1）对象类型：包括网络名（Net）、元器件（Components）、敷铜（Polygons）以及焊盘与过孔（Pad & Via Templates），根据要查找的对象设置。如要查看整个 PCB 设计的网络名"GND"的导线或焊盘，则对象类型为"Net"。勾选"选择"复选框，找到相应对象后处于选中状态，如图 7.26 所示。

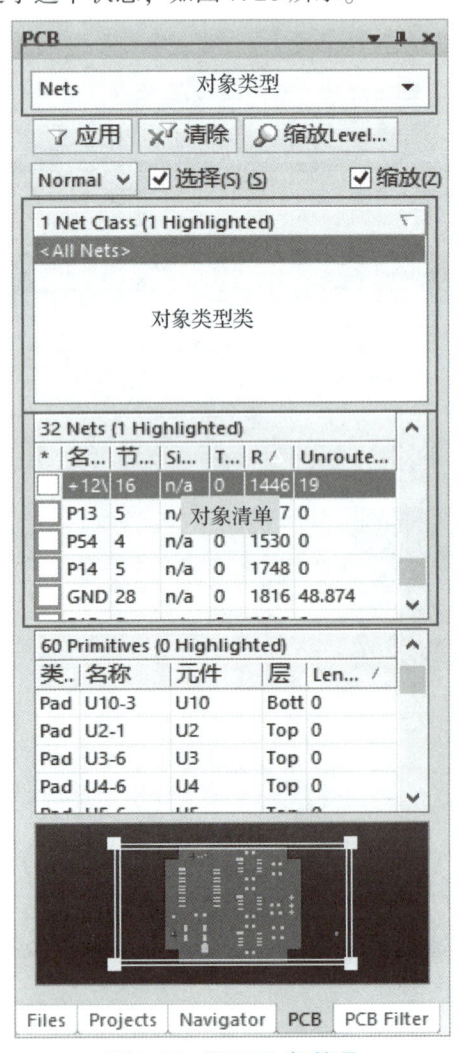

图 7.25 "PCB"标签项

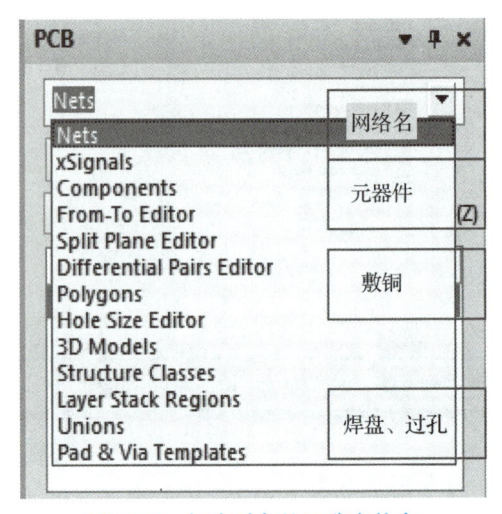

图 7.26 相应对象处于选中状态

（2）对象类型类：显示所选类型中类（Class）的状况，如图 7.26 所示只有一个类，即 All Nets。

（3）对象清单：显示所有对象类型，如"Nets"的清单。如果需要查看电路中的网络名为"NetM1_1"的焊盘，则选中"NetM1_1"选项；如果需要查看电路中标号为"U1"的焊盘元器件，则单击"Components"｜"All Components"｜"U1"选项，元器件 U1 则被选中并高亮显示在 PCB 设计区域的中心，如图 7.27 所示。如已经布线，则选择"Nets"会将同一网络名的焊盘和导线显示出来，如图 7.28 所示。

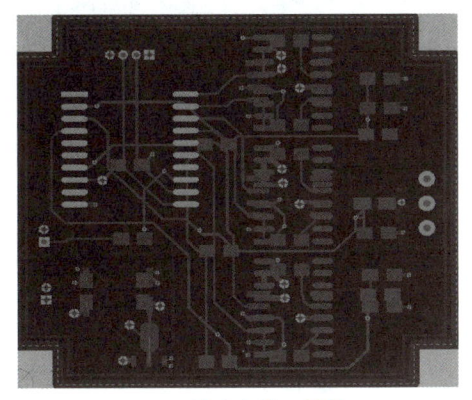

图 7.27　筛选出的元器件 U1 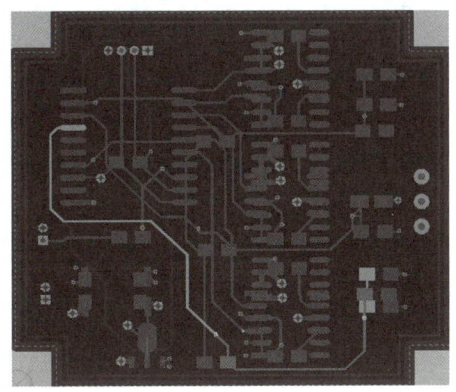　　　　　图 7.28　筛选出的"NetM1_1"

7.2.7　四层 PCB 布线方法

1. 设置布线规则

设计本例四轴飞行器无刷电机控制电路四层 PCB 时，根据要求设置如下布线规则。

（1）间距：10 mil。

（2）线宽：10～20 mil，推荐用 10 mil。

（3）过孔：网络名为"+5 V"的孔径用 20 mil/40 mil；网络名为"+12 V"的孔径用 20 mil/40 mil；其他的使用 10 mil/20 mil。

（4）其他采用默认规则条件。

2. 放置过孔或焊盘与内电层贯通

本例有两个内电层和 3 个带网络名的"Plane"，即"+12 V""+5"V 和"GND"。在所有网络名为"+12 V"的贴片焊盘附近放置过孔，其网络名设置为"+12 V"，以同样的方法在"+5 V"和"GND"的贴片焊盘附近也放置相同网络名的过孔或焊盘。放置完毕后单击主菜单中的"自动布线"｜"Nets"命令或手动布线连接这些焊盘与过孔。

这一步可以首先将相应的焊盘通过"PCB"面板先筛选出来，在高亮显示的状态下操作，以免漏选。操作完毕后可切换不同层加以观察，如图 7.29 所示为"GND"焊盘与内电层"GND"贯通，图 7.30 所示为"+12 V"焊盘与内电层"Power"中"+12 V"平面贯通。

放置完毕贯通内电层的过孔后，可以通过筛选功能将这些过孔筛选过滤出来，并将其锁定，避免这些过孔移动或被删除。

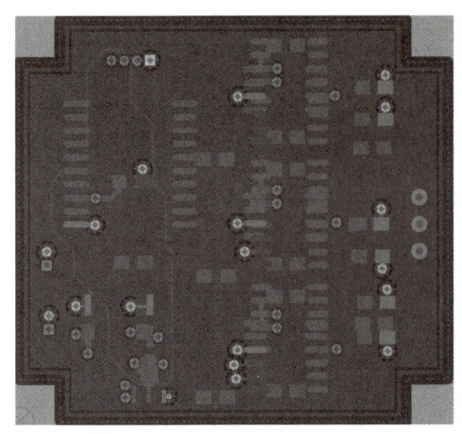

图 7.29　放置过孔或焊盘与内电层"GND"贯通 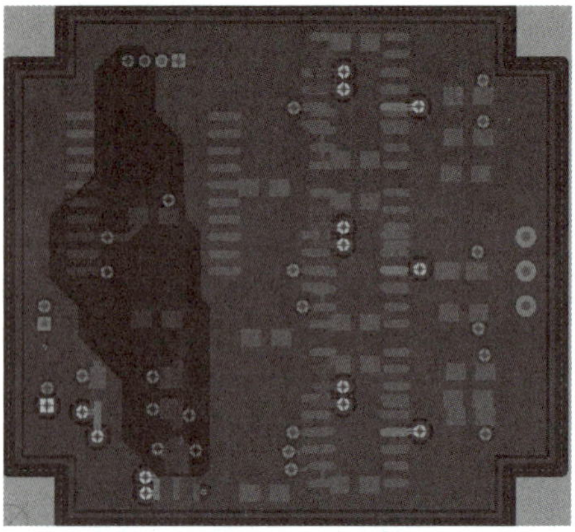　　图 7.30　放置过孔或焊盘与内电层"+12 V"贯通

3. 完成其他部分布线及手动调整

这一步将剩余的其他各部分的导线全部布通，可以用自动布线或者手动布线方式。布线完成后顶层和底层的 PCB 设计如图 7.31 和图 7.32 所示。图中的顶层 PCB 布线图或底层 PCB 布线图显示时采用了层遮掩或层隐藏功能，只显示想观察的层，其他层均关闭不显示，使得多层电路板的 PCB 走线设计清晰，而不是多层同时显示时的凌乱且难易分辨。

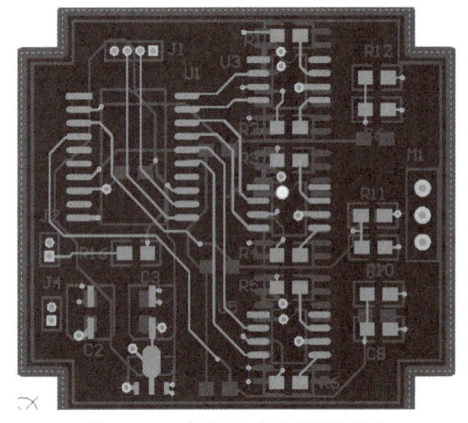

图 7.31　布线完成的顶层设计 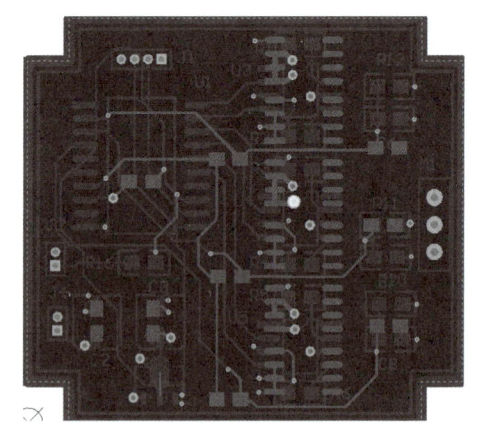　　图 7.32　布线完成的底层设计

在布线过程中也可适当调整已经布置的过孔和导线，甚至元器件的位置。

4. 放置局部敷铜

考虑本例四轴飞行器无刷电机的电流会较大，所以需要在连接电机的输出端所对应的三个节点"NetM1_1""NetM1_2"和"NetM1_3"进行局部敷铜，大大扩大了连接导线的铜箔面积，如图 7.33 所示，能够输出的电流就大大增强，电路的散热效果也得到较好的改善。

5. 放置顶层底层敷铜

在所有的布线工作完成后，在顶层和底层一般也需要带地敷铜，使得电路的抗电磁干扰能力得到增强，也使得 PCB 板的工艺特性、机械特性有所提升。敷铜与"GND"的过孔连接方式为直接连接，结果如图 7.34 所示（顶层）。

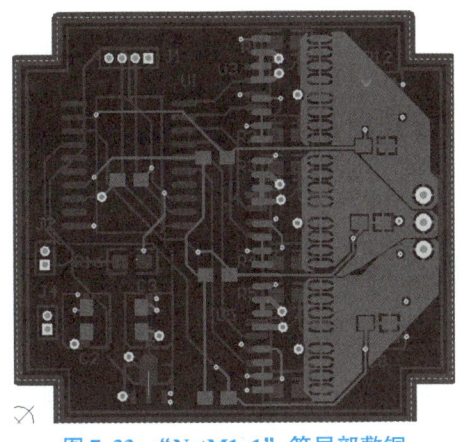

图 7.33 "NetM1_1"等局部敷铜　　　　　图 7.34 顶层敷铜

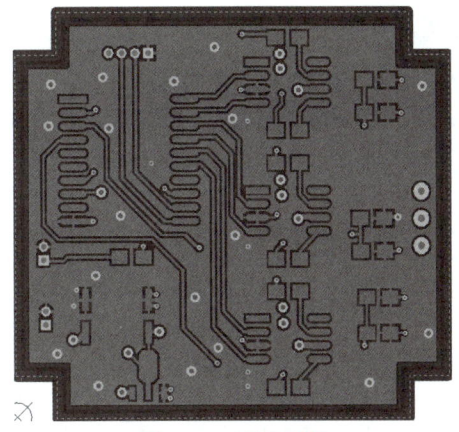

6. 电气规则检查

四层电路板设计完毕后,要执行主菜单中的"工具"(T) | "设计规则检查"(D)命令,由 Altium Designer 系统检查 PCB 设计中有无违反规则的项目。

7. 字符调整

如电路电气性能没有问题,一般最后一步才是调整丝印层的字符,使得字符方向、大小、位置合理。

项目训练

1. 打开"数字电压表电路设计 \ 数字电压表 . PrjPcb",打开工程项目内的原理图和 PCB 设计图。PCB 的外形设计成 6 cm×6 cm,元器件封装采用贴片器件或参见原理图中的设置。

2. 将工程项目内的 PCB 设计设置成常规的四层电路板设计,生成"+5 V"和"GND"两个内电层。

3. 完成元器件双面布局且四层板布线。

4. 完成双面带地敷铜。

项目 8

3D PCB 电路板设计

随着EDA设计和CAM生产工艺的发展，PCB电路板的设计正逐级导入3D模型的元器件，能使设计者直观地观察到器件、电路板和电路板安装空间的位置关系、空间关系，使得在实现电路板功能的同时也能与机械系统、装配系统进行同步的系统设计。3D PCB设计在视图渲染、3D虚拟现实等方面具有重大的优势，在设计阶段就能拿出产品的效果图，从而使产品的宣传和推广方面具有领先优势。

知识技能素养导航	知识了解	3D PCB 模型、3D PCB 的概念
	知识熟知	3D PCB 元器件的制作
	技能掌握	3D 实体的导入；3D PCB 的设计
	技能高手	3D PCB 视图操作；3D PCB 的导入导出
	职业素养	责任心、爱岗敬业、精益求精、有效沟通、团队合作

任务 8.1　3D PCB 视图基础

8.1.1　3D 技术的概念

3D主要是指基于电脑或互联网的数字化三维技术，一般包括3D软件开发技术、3D硬件开发技术，以及3D软件、3D硬件与其他软件硬件数字化平台/设备相结合在不同行业和不同需求上的应用技术。

3D技术原来主要应用在机械零部件的设计、装配等环节，因为这些环节对零配件的形状、大小、空间关系、运动配合等要素具有相当苛刻的要求，一个要素不符合要求就会造成系统设计或功能的失败。3D技术通过电脑的CAD设计软件能直观地显示零部件的尺寸、形状、空间装配等要素，在电脑软件中就可以验证设计的正确性、科学性，而不是要将零部件做成真正的实体，然后通过手工安装来验证系统设计的正确性，大大提升了系统设计和加工工艺的精确性。

3D 零部件的创建叫 3D 建模，3D 建模常用的软件较多，且各有优缺点。

3DS Max：美国 Autodesk 公司的 3D Studio Max（简写为 3DS Max，其前身是 Discreet 公司的，后被 Autodesk 收购）是基于 PC 系统的三维建模、动画、渲染的制作软件，为用户群最为广泛的 3D 建模软件之一。常用于建筑模型、工业模型、室内设计等行业。因为其广泛性，它的插件也很多，有些很强大，基本上都能满足一般的 3D 建模需求。我们学生也需要经常用到 3DS Max 来构建模型。网上关于 3DS Max 的教程和学习视频非常多，使用者众多。

Maya：Maya 也是 Autodesk 公司出品的世界顶级的 3D 软件，它集成了早年的两个 3D 软件 Alias 和 Wavefront。相比于 3DS Max，Maya 的专业性更强，功能非常强大，渲染真实感极强，是电影级别的高端制作软件。在工业界，应用 Maya 的多是从事影视广告、角色动画、电影特技等行业。我们学生也经常用 Maya 来制作和渲染 3D 模型，生成漂亮的渲染结果放在论文中。

AutoCAD：AutoCAD（Auto Computer – Aided Design）是美国 Autodesk 公司出品的自动计算机辅助设计（CAD）软件，用于二维绘图、文档规划和三维设计；适用于制作平面布置图、水电图、节点图及大样图等；广泛应用于土木建筑、装饰装潢、城市规划、园林设计、电子电路、机械设计、航空航天、轻工化工等诸多领域。大家买房时看的房型图大部分都是用 AutoCAD 来做的。

CATIA：CATIA 是由法国 Dassault Systems 公司开发的 CAD/CAE/CAM 一体化的三维软件，支持产品开发的整个过程，即从概念（CAID）到设计（CAD），到分析（CAE），到制造（CAM）的完整流程。可帮助制造厂商设计未来的产品，并支持从项目前阶段、具体的设计、分析、模拟、组装到维护在内的全部工业设计流程，在机械行业、航空航天、汽车工业、造船工业等领域中应用广泛。其实体造型和曲面设计的功能非常强大。

SolidWorks：SolidWorks 是世界上第一个基于 Windows 开发的三维 CAD 系统，后被法国 Dassault Systems 公司（开发 Catia 的公司）所收购。相对于其他同类产品，SolidWorks 操作简单方便、易学易用，国内外的很多教育机构（大学）都把 SolidWorks 列为制造专业的必修课。SolidWorks 在杭州有专门的研发机构。

UG NX：UG NX 是由美国 Unigraphics Solutions（UGS）公司开发的 CAD/CAE/CAM 一体化的三维软件，后被德国西门子公司收购。它广泛用于通用机械、航空航天、汽车工业、医疗器械等领域。现在西门子公司在上海有专门的研发机构对 UG NX 产品进行升级完善。

Pro/E：即 Pro/Engineer，是美国 PTC 公司（Parametric Technology Corporation）旗下的 CAD/CAM/CAE 一体化的三维软件。它在参数化设计、基于特征的建模方面具有独特的功能，在模具设计与制造方面功能强大，机械行业用得比较多。

随着近些年来电脑技术的快速发展，3D 技术的研发与应用已经走过了几十年的前期摸索阶段，技术的成熟度、完善度、易用性、人性化、经济性等都已经取得了巨大的突破。

8.1.2 PCB 的概念

PCB 是印制电路板的简称，电路板主要是实现电气功能和逻辑功能，通常情况下与电路板的三维实现没有多大关系。

但是随着电脑软硬件技术的发展，特别是 3D 技术的成熟，如在 PCB 设计时能直观地观察到元器件的形状、大小、空间关系、器件与器件之间的装配关系以及 PCB 电路板与其他机械系统的配合关系，特别是需要验证电路板的通风散热、电磁干扰抑制 EMI 等特殊功能和要求时，3D PCB 设计就能直观地检测和验证系统的设计和性能。

另外，电子产品的升级换代逐渐加快，造成电路的设计周期也大大缩短，PCB 设计、打样、电路装配和测试的周期也将大大缩短。如果在电路设计、PCB 设计的同时能同步开展电路或产品的最终产品效果的宣传与推广，而不必等电路实物装配调试完毕再拍照、发布等环节，大大加快了设计和推广的进度。3D PCB 设计技术也是当今互联网时代网络宣传、网络购物、信息化办公的有力支撑。如图 8.1 所示为 Altium Designer 设计的机械臂关节的通信主板 3D 视图，图中各元器件的大小、颜色、空间关系栩栩如生，丝毫不比实物图逊色。

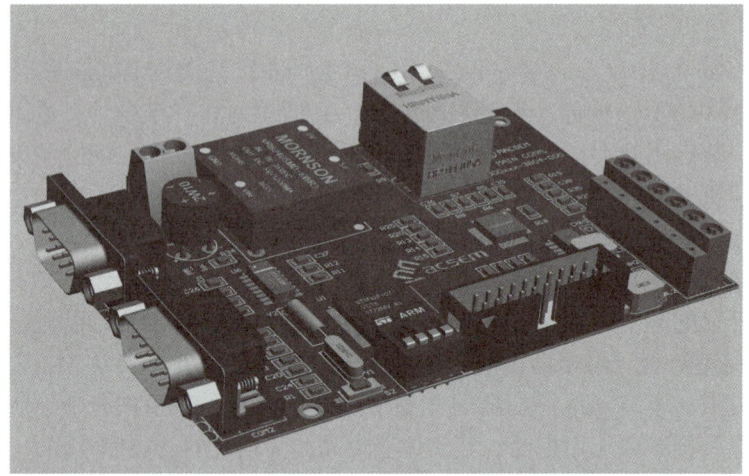

图 8.1　Altium Designer 设计的机械臂关节的通信主板 3D 视图

图 8.2 为某公司为产品设计的各 PCB 电路板组装系统图，从图中能清晰地看到各 PCB 小板的形状和轮廓，也能快速了解各 PCB 小板与系统之间的连接关系。

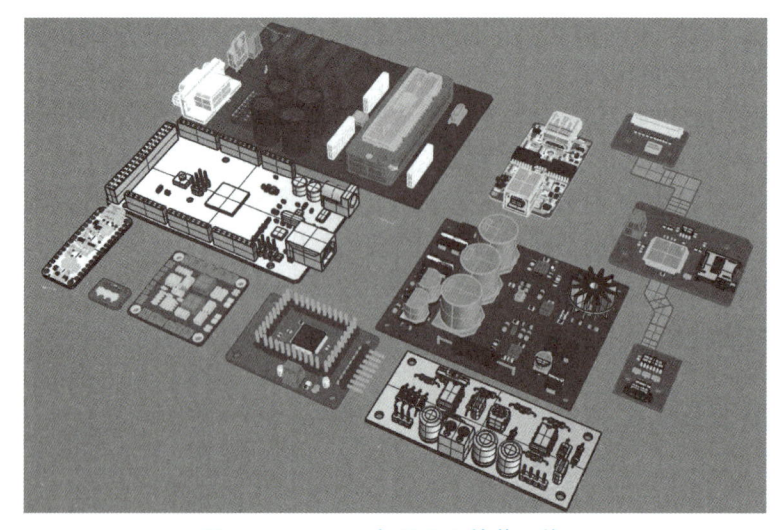

图 8.2　3D PCB 视图呈现的装配关系

项目 8　3D PCB 电路板设计

Altium Designer 系统中的 3D PCB 应用一般包括 3D PCB 视图操作、3D 元器件创建和 3D PCB 的导出等内容。

任务 8.2　3D PCB 视图操作

大部分的 3D PCB 设计一般只需要查看设计的 PCB 的轮廓和特殊部件的设计效果，如观察敷铜、过孔沉铜与否、绿油开窗等是否正确，这样 Altium Designer 系统中 3D 视图操作就能得心应手。

本任务以卡片式单片机开发板为例，讲述其 3D 视图的操作，该 PCB 设计的原理图设计和 PCB 布局布线等内容不再赘述。

8.2.1　查看 2D 视图

打开"卡片式单片机开发板.PcbDoc"文件，系统自动打开 PCB 设计界面，同时出现其 PCB 设计结果，如图 8.3 所示。

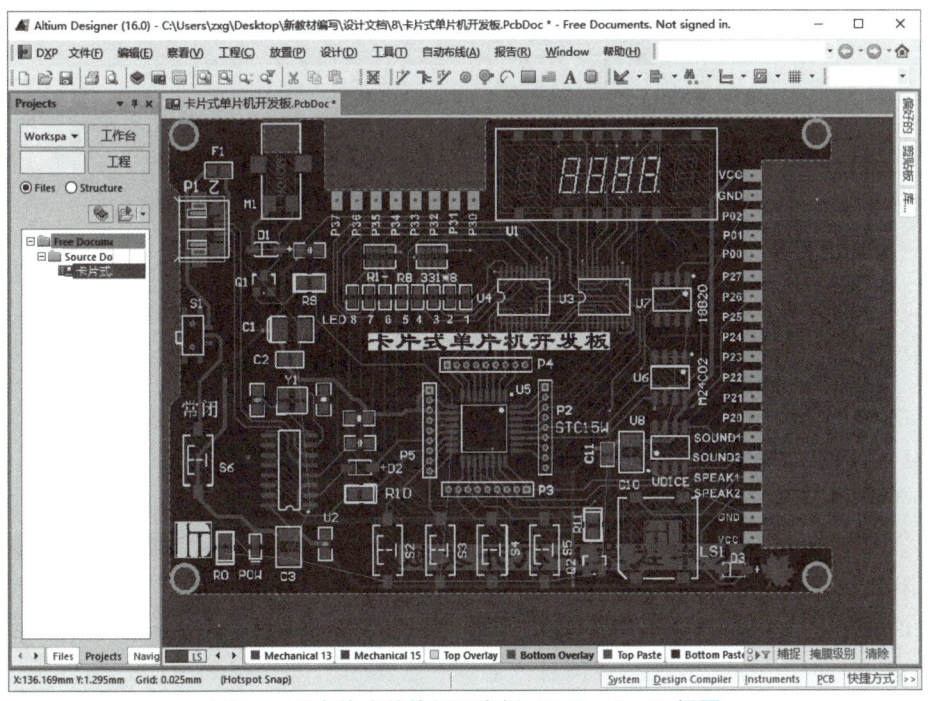

图 8.3　"卡片式单片机开发板.PcbDoc" 2D 视图

从图 8.3 所示的 PCB 设计中，我们能看到 PCB 设计的尺寸、元器件的布局和走线等信息，这就是 Altium Designer 系统常用的 "2D" 设计视图。"2D" 设计视图就是常见的黑底设计界面，也就是说项目 6 和项目 7 讲述的 PCB 设计界面就是 "2D" 设计视图。

如进入了 "3D" 设计视图后，需要回到 "2D" 设计视图进行修改等操作，则执行主菜单中的"察看"（V）｜"切换到 2 维操作"命令，或直接按快捷键 "2"，系统将返回 "2D" 设计视图。

193

8.2.2　查看 3D 视图

如要查看"3D"设计视图,则执行主菜单中的"察看"(V)|"切换到 3 维操作"命令,或直接按快捷键"3",系统将呈现 PCB 设计的"3D"设计视图,如图 8.4 所示。

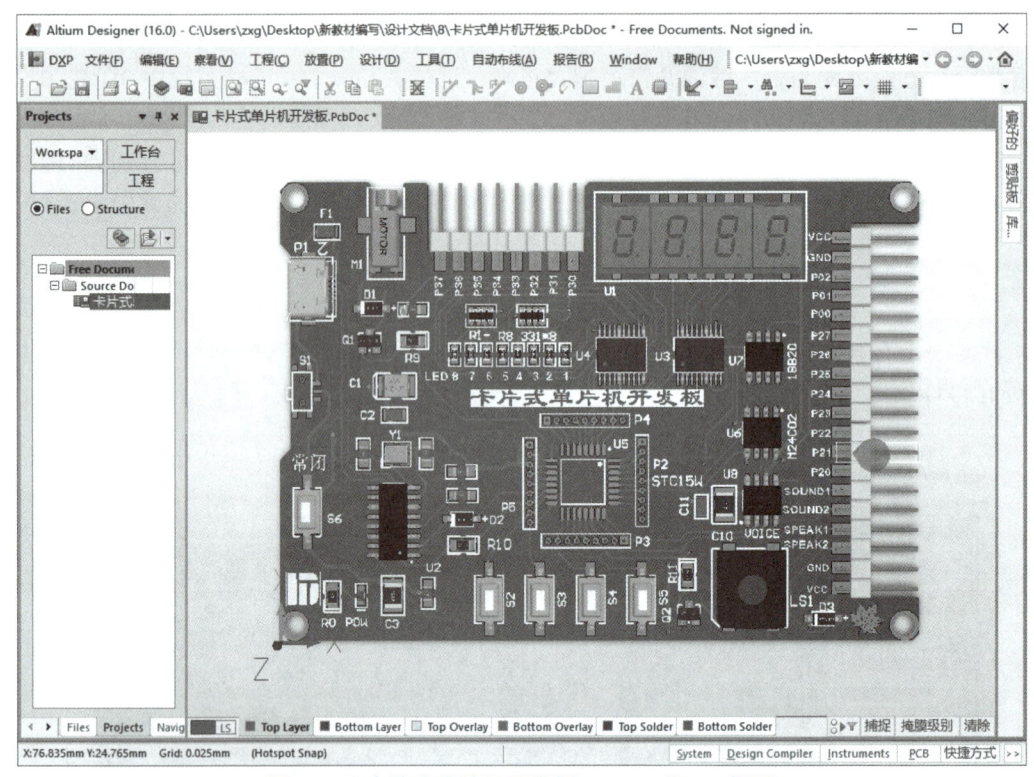

图 8.4　"卡片式单片机开发板.PcbDoc" 3D 视图

在"3D"设计视图界面状态,主菜单中的"察看"(V)下有"翻转板子""0 度旋转""90 度旋转""Orthogonal Rotation"(正交)等视角操作。

1."翻转板子"视图操作

在"3D"设计视图界面状态,执行主菜单中的"察看"(V)|"翻转板子"命令,系统将 PCB 板子水平翻转,将 PCB 的 Bottom Layer(底层)呈现在屏幕,并将 PCB 的 Top Layer(顶层)翻转到背面。这样能以第一视角观察到 Bottom Layer(底层)的元器件以及底层(Bottom Overlayer)字符层等信息。如图 8.5 所示。如再次单击"翻转板子"命令,系统将 PCB 板子再次翻转,以此类推。

2."0 度旋转"视图操作

在"3D"设计视图界面状态,执行主菜单中的"察看"(V)|"0 度旋转"命令,系统将 PCB 板子的 X 轴呈水平放置,如图 8.3 所示。

3."90 度旋转"视图操作

在"3D"设计视图界面状态,执行主菜单|"察看"(V)|"90 度旋转"命令,系统将 PCB 板子的 Y 轴呈水平放置,如图 8.6 所示。

项目 8　3D PCB 电路板设计

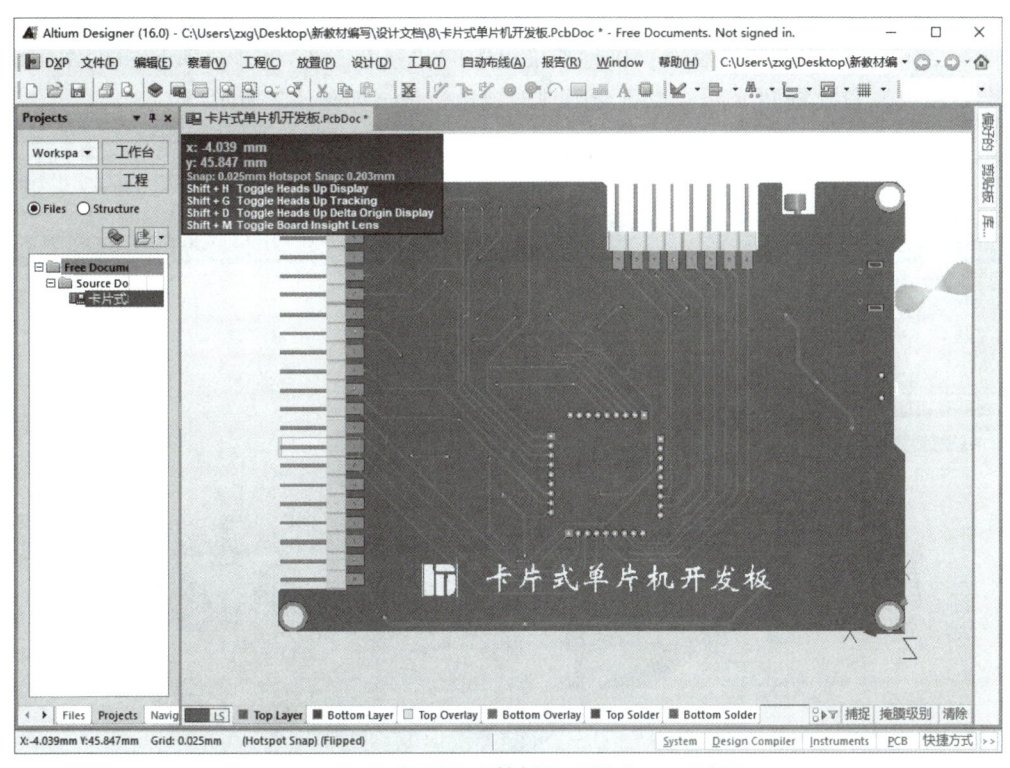

图 8.5　3D 视图 "翻转板子" 呈现 PCB 反面

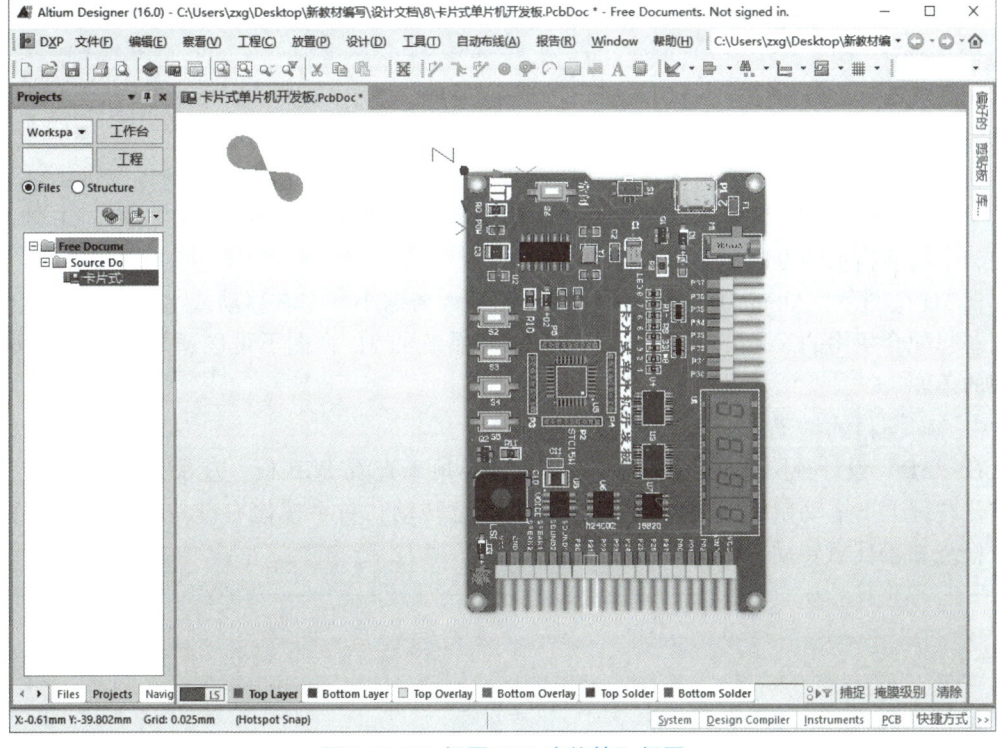

图 8.6　3D 视图 "90 度旋转" 视图

195

4. "Orthogonal Rotation"（正交）视图操作

在"3D"设计视图界面状态，执行主菜单中的"察看"（V）｜"Orthogonal Rotation"（正交）命令，系统将 PCB 板子以正交斜视的视角呈现，如图 8.7 所示。

图 8.7　"Orthogonal Rotation"（正交）显示

在正交斜视的视角下能清晰观察到在三维坐标系的 X 轴、Y 轴和 Z 轴，三维坐标系符合右手法则，即将右手背对着屏幕放置，大拇指即指向 X 轴的正方向，食指指向 Y 轴的正方向，中指所指示的方向即是 Z 轴的正方向。

在 3D 视图下，Altium Designer 系统的视图放大与缩小、左右移动或上下移动功能也是可以一起配合使用的。另外，在 Altium Designer 系统的 3D 视图下可以通过鼠标来拖动 3D 斜视的角度。

5. 3D 视角的拖动

在"3D"设计视图界面状态，可以以任意视角来查看 PCB 板。左手按住 Shift 键，右手按住右键上下拖动鼠标能使 PCB 板绕 X 轴任意转动，右手按住右键左右拖动鼠标能使 PCB 板绕 Y 轴任意转动，如图 8.8 所示。

> "3D"设计视图"翻转板子"操作的快捷键是"V"+"B"、"0 度旋转"操作的快捷键是"0"、"90 度旋转"操作的快捷键是"9"、"Orthogonal Rotation"（正交）操作的快捷键是"8"，鼠标拖动 3D 视角的快捷键是"Shift" +鼠标右键拖动。

图 8.8　3D 视角的拖动

8.2.3　3D 视图配置

在 3D 视图中，为了达到 3D 效果逼真，一般会设置 3D 视图的相关配置，如颜色、显示的要素等选项均可以修改或配置。

在"3D"设计视图界面状态，执行主菜单中的"设计"（D）|"板层颜色（L）"命令，系统弹出"视图配置"设置窗口，如图 8.9 所示。

在图 8.9 所示的"视图配置"设置窗口中，主要有"选择 PCB 视图配置""颜色和可视化"和"3D 体"三项栏目通常要进行重新配置。

（1）在"选择 PCB 视图配置"栏中，有系统已经配置好了颜色模式，也可以自己重新创建新的配置模式，主要有以下相关选项。

▲"Active Configuration"：当前激活的 3D 配置模式，此模式的颜色配置是，铜的颜色为淡黄色，丝印层为白色，阻焊层即绿油为蓝色。

▲"Altium 3D Black"：选择该模式，PCB 的阻焊层即绿油为黑色。

▲"Active 3D Red"：选择该模式，PCB 的阻焊层即绿油为红色。

其他颜色选项类似。

（2）在"颜色和可视化"栏中，能显示当前配置的颜色要素和透明度，主要有以下相关选项。

▲"铜"：即显示 PCB 设计中铜箔、焊盘、走线等以铜为载体的物体的颜色，默认为淡黄色。单击右侧的颜色方框，系统弹出"选择颜色"设置窗口，如图 8.10 所示，在此窗口中设置该项目的颜色后，单击"确定"按钮保存并应用。

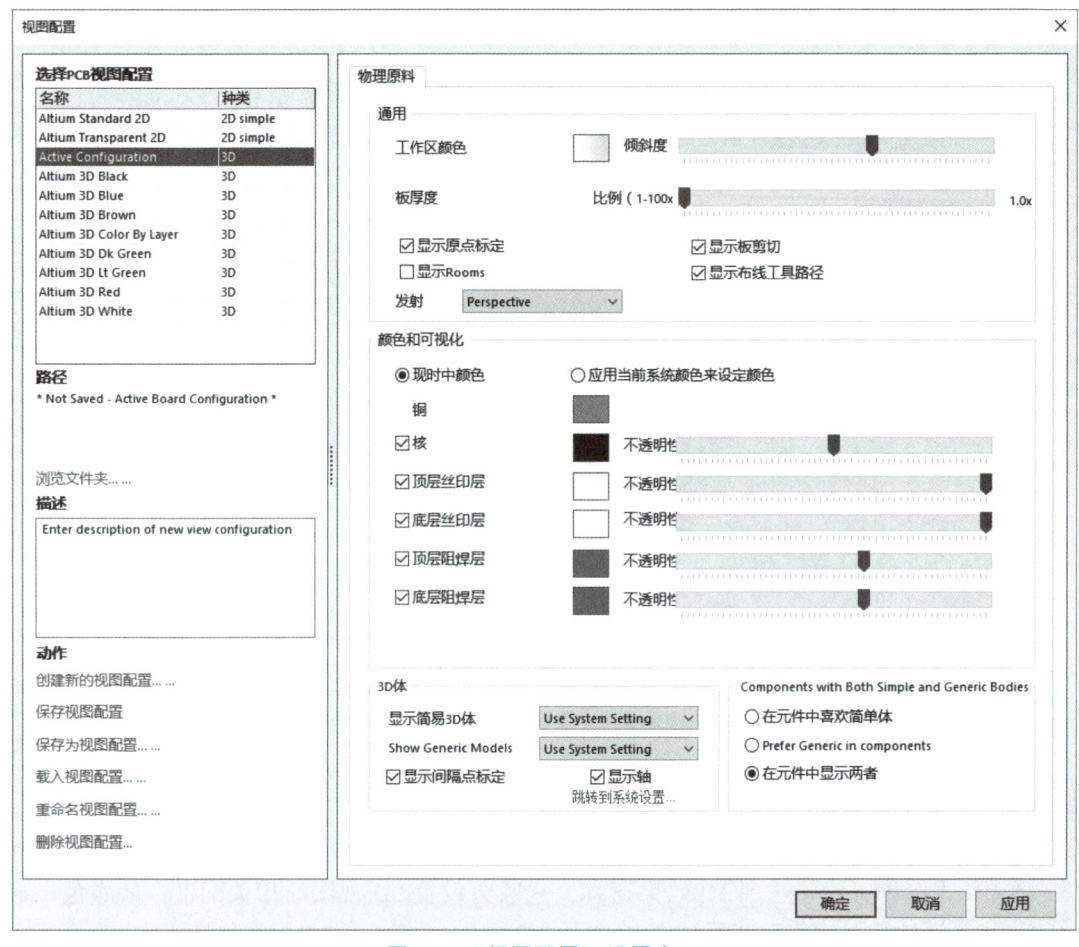

图 8.9 "视图配置"设置窗口

▲ "核"：即显示 PCB 板中绝缘介质的颜色，2D 视图下为黑色，3D 视图为淡绿色。拖动右边的"不透明性"滚动条可以设置其不透明度，一般为默认设置 50%。

▲ "顶层丝印层"：即显示 PCB 板中顶层丝印层字符层的颜色，一般默认为白色，拖动右边的"不透明性"滚动条可以设置其不透明度，一般为默认设置 100%，即不透明。单击右侧的颜色方框，系统弹出"选择颜色"设置窗口，如图 8.10 所示，在此窗口中设置该项目的颜色后，单击"确定"按钮保存并应用。

▲ "底层丝印层"：即显示 PCB 板中底层丝印层字符层的颜色，一般默认为白色，拖动右边的"不透明性"滚动条可以设置其不透明度，一般为默认设置 100%，即不透明。单击右侧的颜色方框，系统弹出"选择颜色"设置窗口，如图 8.10 所示，在此窗口中设置该项目的颜色后，单击"确定"按钮保存并应用。

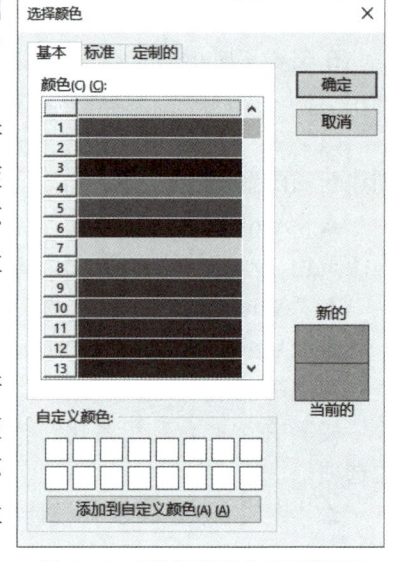

图 8.10 "选择颜色"设置窗口

▲"顶层阻焊层"：即显示 PCB 板中顶层阻焊的颜色，一般默认为白色，拖动右边的"不透明性"滚动条可以设置其不透明度，一般为默认设置 50%，能透过阻焊层观察到走线的路径和形态。单击右侧的颜色方框，系统弹出"选择颜色"设置窗口，如图 8.10 所示，在此窗口中设置该项目的颜色后，单击"确定"按钮保存并应用。

▲"底层阻焊层"：即显示 PCB 板中底层阻焊的颜色，一般默认为白色，拖动右边的"不透明性"滚动条可以设置其不透明度，一般为默认设置 50%，能透过阻焊层观察到走线的路径和形态。单击右侧的颜色方框，系统弹出"选择颜色"设置窗口，如图 8.10 所示，在此窗口中设置该项目的颜色后，单击"确定"按钮保存并应用。

(3) 在"3D 体"中，设置是否显示物体的 3D 模型。其主要有以下相关选项：

▲"显示简易 3D 体"：该选项为下拉列表框，有"Use System Setting""No""Yes"三个选项，分别代表采用系统设置、不显示 3D 体、显示 3D 体三种方案。

▲"Show Generic Models"：该选项为下拉列表框，有"Use System Setting""No""Yes"三个选项，分别代表采用系统设置 Generic Models、不显示 Generic Models、显示 Generic Models 三种方案。

我们将 PCB 设计的阻焊层设置为绿色，在"3D 体"中的"显示简易 3D 体"和"Show Generic Models"两个选项均设置为"No"时，PCB 设计的 3D 显示中只留下 PCB 板，元器件的实体视图呈不显示状态，如图 8.11 所示。

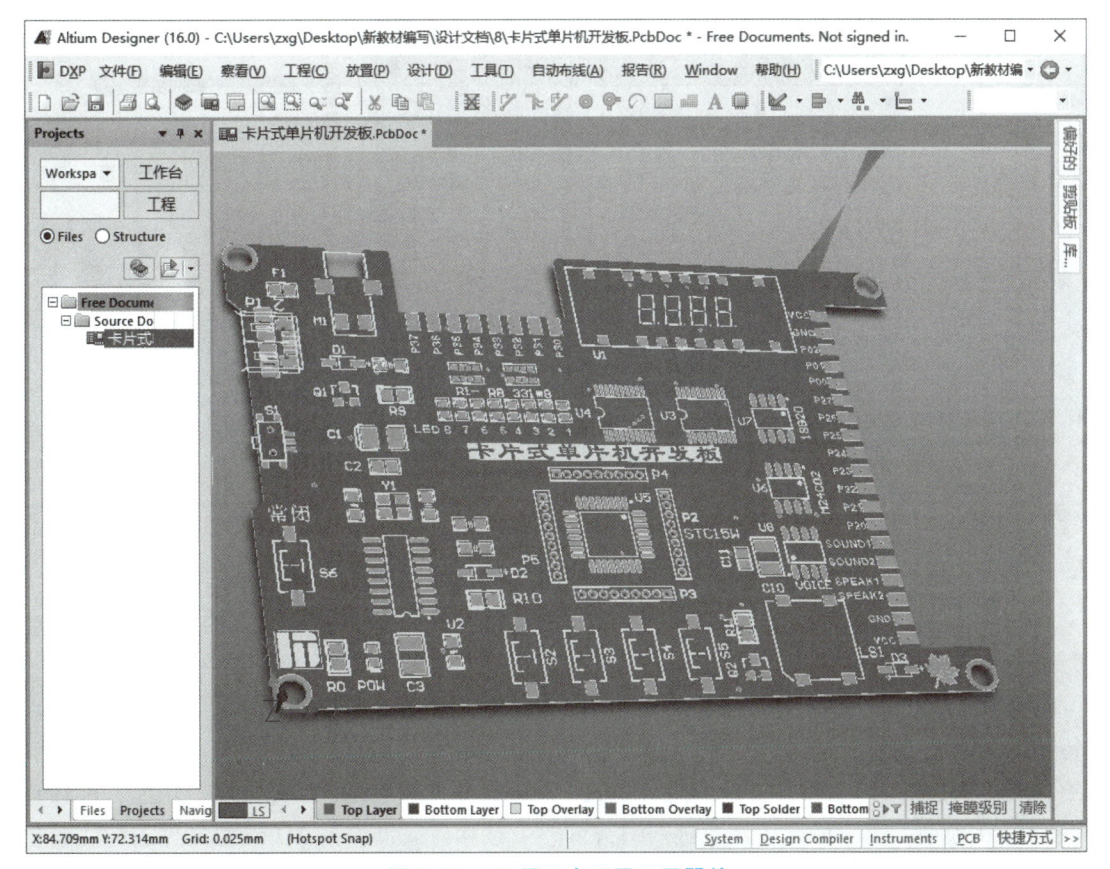

图 8.11　3D 显示中不显示元器件

任务 8.3　元器件 3D 实体的设计

Altium Designer 系统中 3D 实体一般放置在元件库中，如常用的 Miscellaneous Devices.IntLib（常用器件元件库）和 Miscellaneous Connectors.IntLib（常用接插件库）中部分元器件是自带 3D 模型的，如图 8.12 所示。在元器件"库"面板中，单击某个元器件如"TO‑92A"，能查看到其自带的 3D 模型，此时用鼠标单击该模型，左手按住 Shift 键，右手按住右键拖动鼠标能使该 3D 模型 360°立体视图观察。

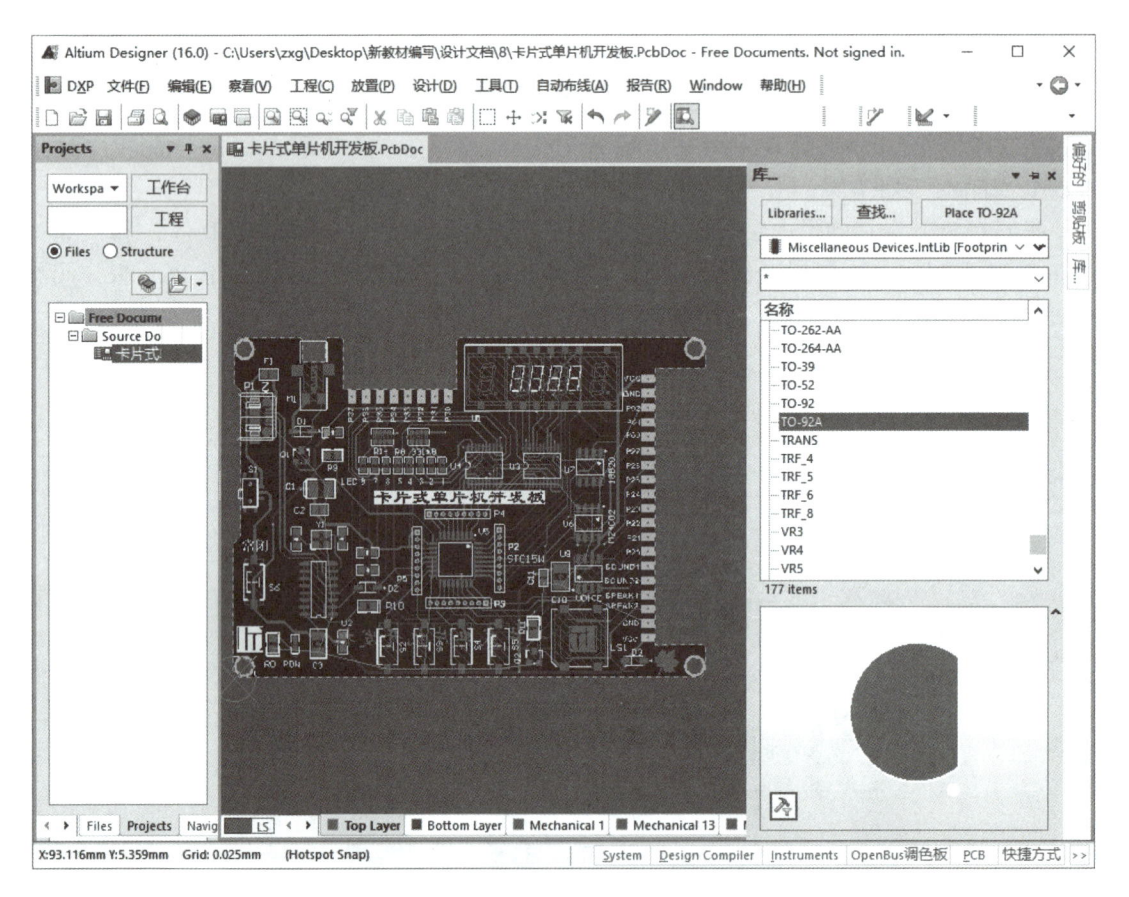

图 8.12　元件库中元器件的 3D 模型查阅

但是，Altium Designer 系统自带元件库中不是每一个元器件都附带有 3D 模型，此时要设计 PCB 的 3D 结构和视图，必须要找到合适的器件的 3D 模型。

常规的方法有三种，第一种是采用 3D 设计软件，根据元器件的尺寸、形状设计 3D 设计或 3D 模型，这种方法设计的 3D 模型尺寸精准，3D 效果逼真，但是需要专业的 3D 设计软件知识和技能。第二种方法是采用 Altium Designer 系统自带的 3D 实体设计功能，能设计简单的 3D 模型。第三种方法是通过网络查询、下载相应元器件的 3D 模型文件，再将其模型导入元件库文件中，从而使加载的元器件拥有 3D 模型的功能。

8.3.1 简单 3D 实体的设计

Altium Designer 系统自带 3D 实体设计功能，能创建简单的 3D 实体。以卡片式单片机开发板为例，该实例中除了 MCU 芯片没有 3D 模型外，其余的所有元器件均已附带有 3D 模型，如图 8.4 所示。

1. 创建或生成元器件封装库

3D 实体或 3D 模型一般在元器件封装库中设计或加载，所以要创建或生成元器件封装库。在卡片式单片机开发板.PcbDoc 2D 设计界面下，单击主菜单中的"设计（D）"|"生成 PCB 库"命令，系统将卡片式单片机开发板.PcbDoc 设计中所有元器件的封装集成在一个封装库中，封装库文件的名称默认为卡片式单片机开发板.PcbLib。打开该封装库，在左侧工作面板"PCB Library"选项卡中找到元器件 MCU 器件的封装"LC – LQFP – 32_7X7"，如图 8.13 所示。

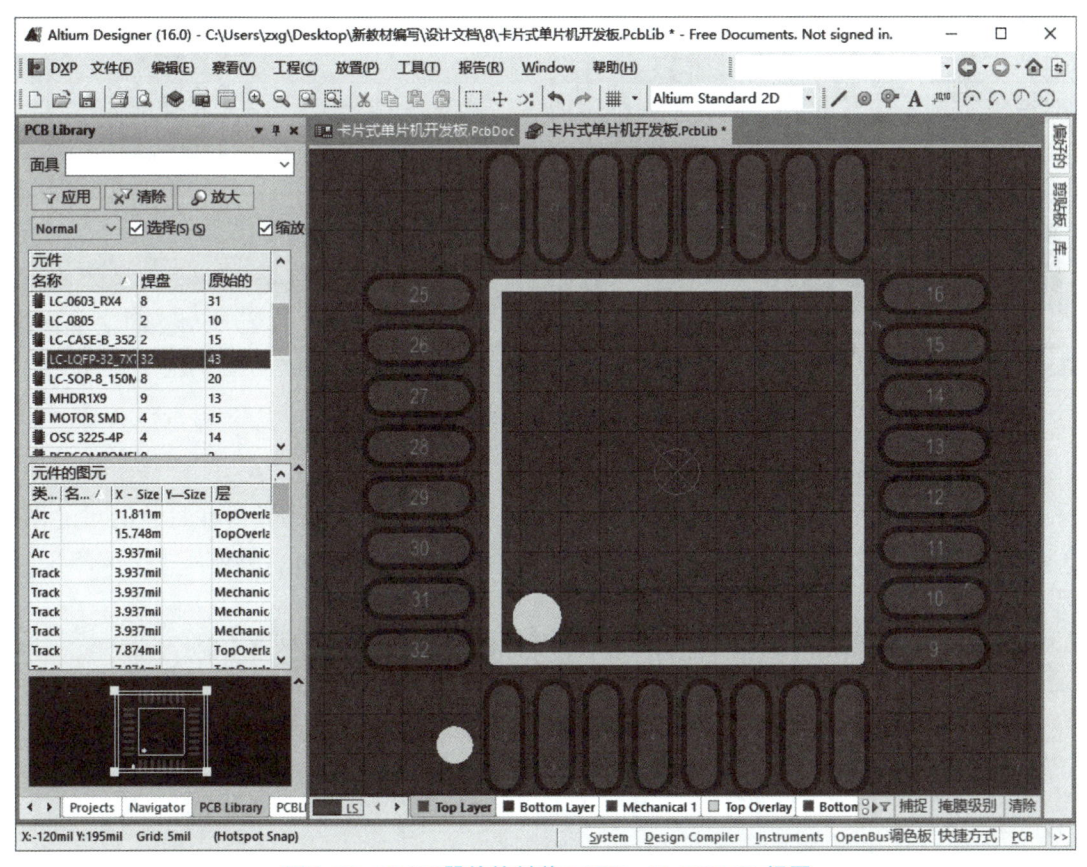

图 8.13 MCU 器件的封装 LQFP – 32_7X7 2D 视图

在 MCU 器件的封装 LC – LQFP – 32_7X7 2D 视图下，执行主菜单中的"察看"（V）|"切换到 3 维操作"命令，或直接按快捷键"3"，进入 3D 视图模式，观察封装"LC – LQFP – 32_7X7"3D 视图，如图 8.14 所示。

图 8.14 所示 LC – LQFP – 32_7X7 封装的 3D 视图中只有 PCB 焊盘的 3D 形状，没有元器件封装 LC – LQFP – 32_7X7 的 3D 视图。

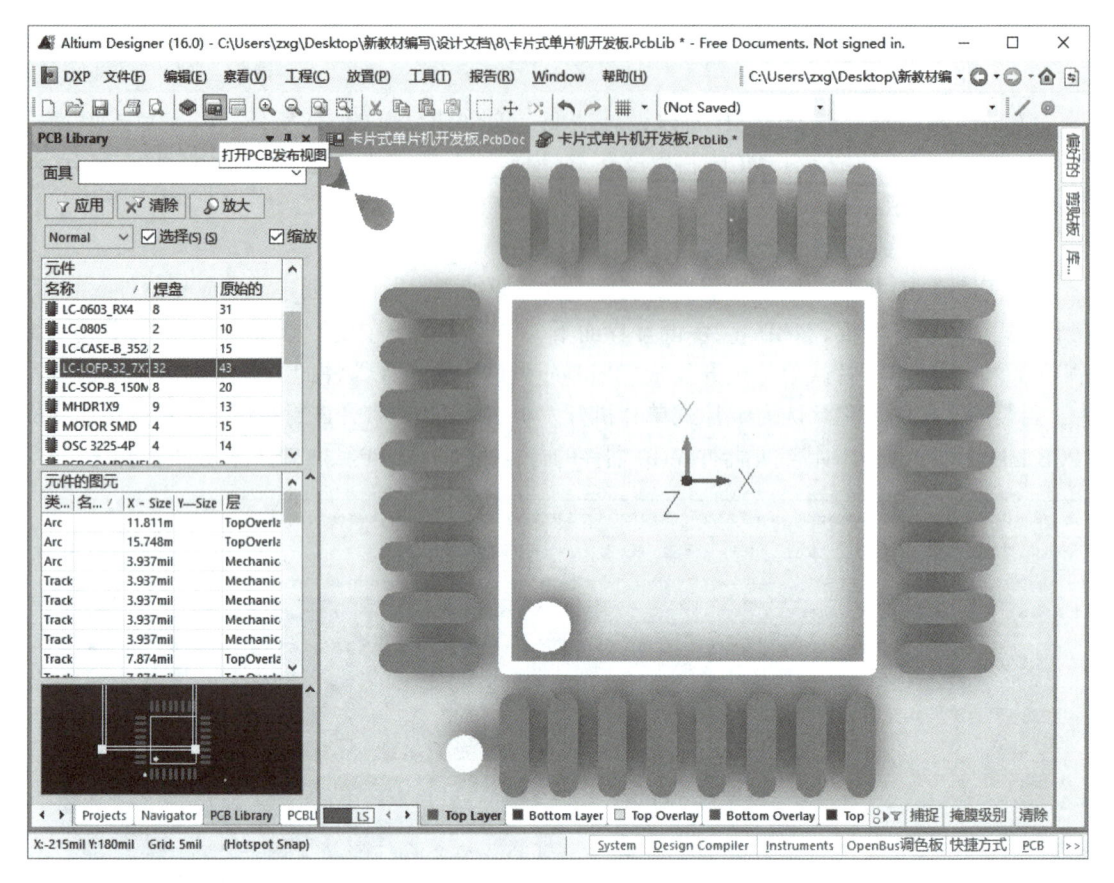

图8.14　LC – LQFP – 32_7X7 封装的 3D 视图

2. 查阅芯片手册、尺寸图

要设计元器件的封装库文件或 3D 实体模型，必须要有精确的元器件封装的尺寸图，LC – LQFP – 32_7X7 封装为小型四方扁平封装，引脚间距为 0.8 mm，具体尺寸图如图 8.15 所示。

这些元器件的参数或图纸可以查阅元器件制造商的官网进行查阅或下载。

3. 放置"3D 元件体"绘制芯片主体

在如图 8.13 所示元器件封装库编辑界面，执行主菜单中的"放置"（P）|"3D 元件体（B）"命令，系统弹出"3D 体"设置窗口，如图 8.16 所示。

在"3D 体"设置窗口中，有"3D 模型类型""属性""显示""Extruded"等栏目。

（1）在"3D 模型类型"栏中，有如下选项：

▲ "挤压"：该选项用于将绘制的平面图进行纵向拉伸，成为 3D 立体模型。

▲ "圆柱体"：该选项用于绘制圆柱体形状 3D 立体模型。

▲ "球体"：该选项用于绘制球体形状 3D 立体模型。

▲ "Generic 3D Model"：该选项用于设置导入通用的 3D 模型文件。

▲ "Convert To SETP"按钮：单击该按钮可将绘制的 3D 立体模型转成通用的"SETP"格式。

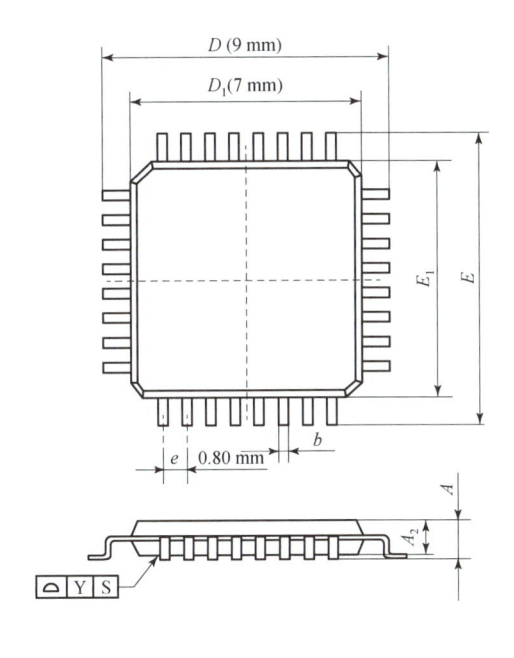

参数符号	最小值	常规值	最大值
A	1.45	1.55	1.65
A_1	0.01	—	0.21
A_2	1.35	1.40	1.45
A_3	—	0.254	—
D	8.80	9.00	9.20
D_1	6.90	7.00	7.10
E	8.80	9.00	9.20
E_1	6.90	7.00	7.10
e		0.80	
b	0.3	0.35	0.4
b_1	0.31	0.37	0.43
c	—	0.127	—
L	0.43	—	0.71
L_1	0.90	1.00	1.10
R	0.1	—	0.25
R_1	0.1		
θ	0°	—	10°

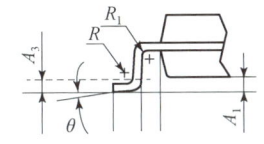

图 8.15　LQFP－32_7X7 封装的尺寸图

（2）在"属性"栏中，一般设置该 3D 体的标识名、所在层等信息，一般可以采用默认设置。

（3）在"显示"栏中，有如下设置参数。

▲"3D 颜色"：该选项可以设置 3D 模型的颜色，单击颜色方框，在弹出的颜色设置窗口中设置所需的颜色。这里设置芯片主体颜色为黑色。

▲"3D 颜色透明度"滚动条：拖动该滚动条可以设置该 3D 模型的透明度，进度条拉到左侧代表不透明，拉到最右侧代表全透明。

（4）在"Extruded"栏中，有如下设置参数。

▲"全部高度"：该选项用于设置 3D 模型的总高。输入芯片的总高为 1.4 mm。

▲"支架高度"：该选项用于设置 3D 模型离 PCB 板子顶层（Top Layer）的高度。

▲"文本文件"文件选择框：在该文件选择框中单击"…"按钮，在弹出的文件选择窗口中选择一个图片文件，该图片将放置在 3D 模型的表面，模拟元器件实物上的数字或其他标识。选择图片文件后，可以设置该图片文件的长、宽、旋转角度等参数。

在图 8.16 所示的"3D 体"设置窗口的"3D 模型类型"栏中选中"挤压"单选按钮，输入相关参数后单击"确定"按钮，系统关闭"3D 体"设置窗口，在封装设计编辑窗口中鼠标呈现十字交叉状态，表示系统处于平面图设计状态。绕"LC-LQFP-32_7X7"封装的顶层丝印层的轮廓线顺时针单击四个顶点，然后右击鼠标来结束平面图点的输入状态，系统重新回到"3D 体"设置窗口，如需要再次放置"3D 体"，可以重复上述步骤继续放置多个 3D 实体。

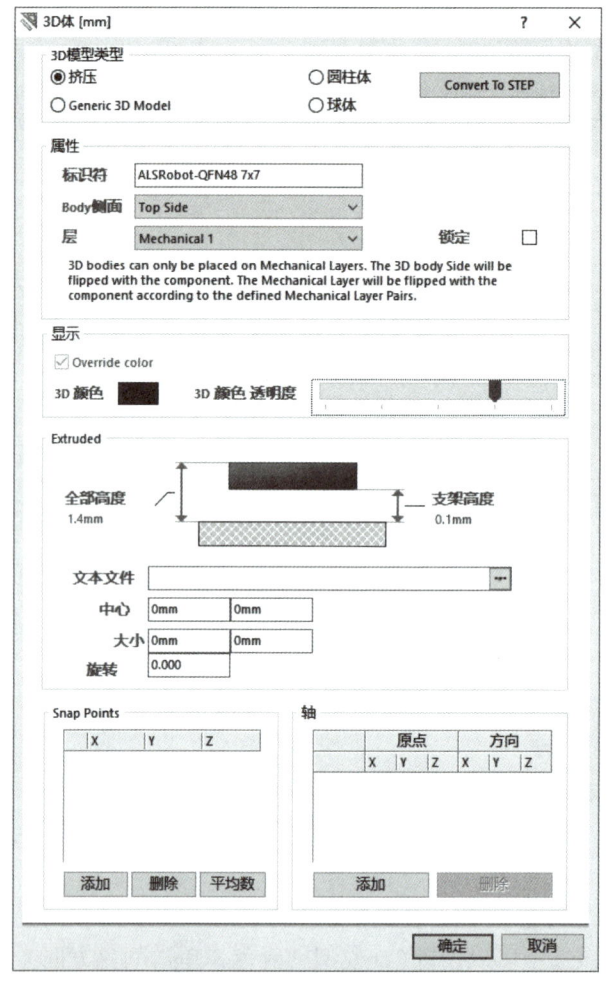

图 8.16 "3D 体"设置窗口

放置的平面图呈现紫色阴影形状，这与其所在的机械层属性密切相关。

为精确放置 3D 体平面图，可以采用栅格与捕捉功能的配合，比如将栅格设置为 1mm，这样 3D 体平面图在 X 轴方向与 Y 轴方向均绘制 7 个单元格。另外，在实际应用时，一般先将 3D 体绘制在封装图焊盘的旁边，如图 8.17 所示，反复编辑、修改无误后再将 3D 体移动到正确的位置。

图 8.17 为放置 3D 体后的"2D"视图模式，执行主菜单中的"察看"（V）|"切换到 3 维操作"命令，或直接按快捷键"3"，可进入 3D 视图模式，观察放置的芯片主体的 3D 模型是否正确，如正确无误，回到"2D"视图模式，移动 3D 体放置到封装图的中央。

4. 放置"3D 元件体"绘制芯片引脚

根据图 8.15 的封装尺寸图，芯片引脚总长度是 1 mm，宽度是 0.35 mm，间距是 0.8 mm，厚度小于 0.254 mm，我们放置一个形似引脚侧视图的平面图，如图 8.18 所示。在此平面图的设计过程中，先画出基本的雏形图，再逐渐单击图形轮廓的白色基点修改编辑，慢慢完善形成引脚弯曲弧度、长宽的平面图，再设置拉伸 0.35 mm，3D 实体的颜色为淡黄色，观察此 3D 实体的 3D 视图，如图 8.19 所示。

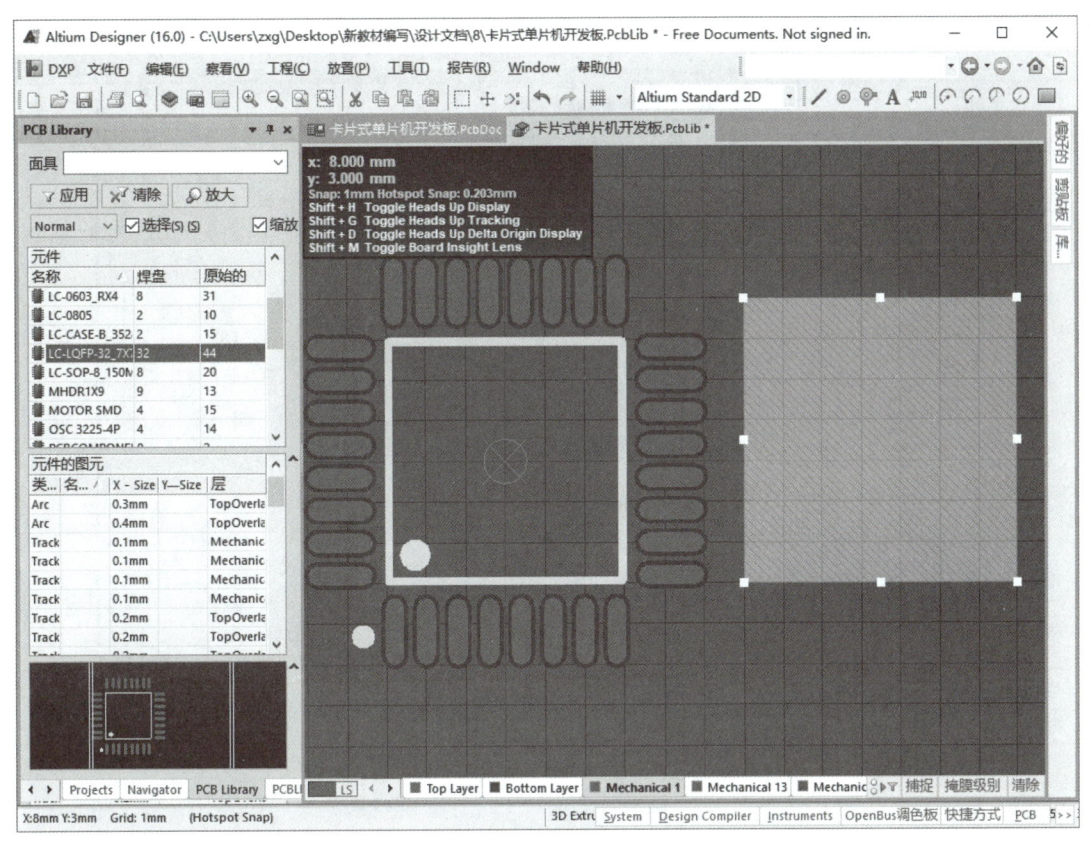

图 8.17 绘制 3D 体

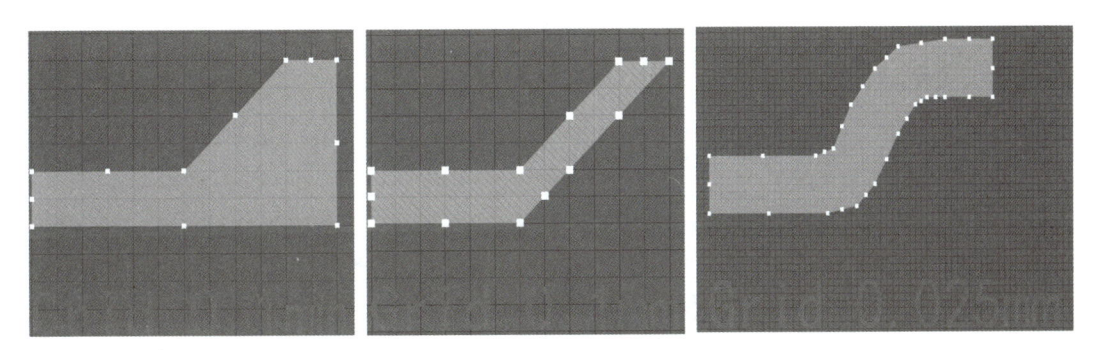

图 8.18 引脚侧视图的平面图的设计

从图 8.19 中可以看到，引脚的 3D 实体基本完成，但是它的方向与先前设计好的芯片的主体部分不符，需要绕 X 轴旋转 90°来修正。在"2D"视图模式或"3D"视图模式下，双击该引脚模型，在弹出的"3D 体"设置窗口中，单击"Convert To STEP"按钮，将通过"挤压"成型的 3D 引脚实体转化成通用的立体模型，如图 8.20 所示。

然后单击图 8.20 所示窗口中"Generic 3D Model"栏中的"Rotation X°"选项，输入旋转的角度 90°，单击"确定"按钮保存该设置。再次观察该引脚的"3D"视图，引脚与芯片主体的 3D 模型的方向就一致了，如图 8.21 所示。

Altium Designer 电路板设计与 3D 仿真

图 8.19　引脚的 3D 视图

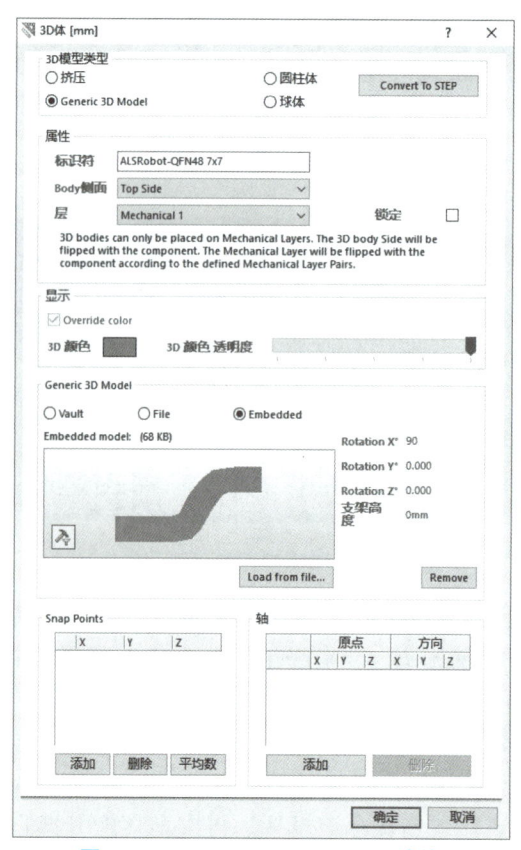

图 8.20　"Convert To STEP" 功能

206

回到封装设计的"2D"视图，将引脚的 3D 模型拖到芯片的第 32 号焊盘，放置到位后再通过"3D"视图观察位置、高度是否合适，如有偏差则回到如图 8.20 所示窗口中进行修改。

5. 复制粘贴多个绘制芯片引脚

第 32 号焊盘的引脚设计完毕后，其他的引脚可通过系统的复制粘贴功能快速完成。这里不再赘述，32 个引脚放置完毕的 LC – LQFP – 32_7X7 封装的 3D 视图如图 8.22 所示。

图 8.21 芯片表面贴图的图片

图 8.22 32 个引脚放置完毕的 LC – LQFP – 32_7X7 封装

6. 芯片表面贴图

为了更加逼真地显示芯片的 3D 效果图，可以在图 8.16 的"3D 体"设置窗口的"Extruded"栏中"文本文件"中加载如图 8.22 所示的图片文件，实现在元器件表面呈现元器件型号、批号等信息。最后完成的 LC – LQFP – 32_7X7 封装 3D 图如图 8.23 所示。

8.3.2　加载创建的带 3D 模型的元器件

将卡片式单片机开发板.PcbLib 文件保存后，在卡片式单片机开发板 PCB 设计文件中加载设计的 LC – LQFP – 32_7X7 封装，整个卡片式单片机开发板的 3D 视图如图 8.24 所示。

图 8.23 LC – LQFP – 32_7X7 封装的最终 3D 效果

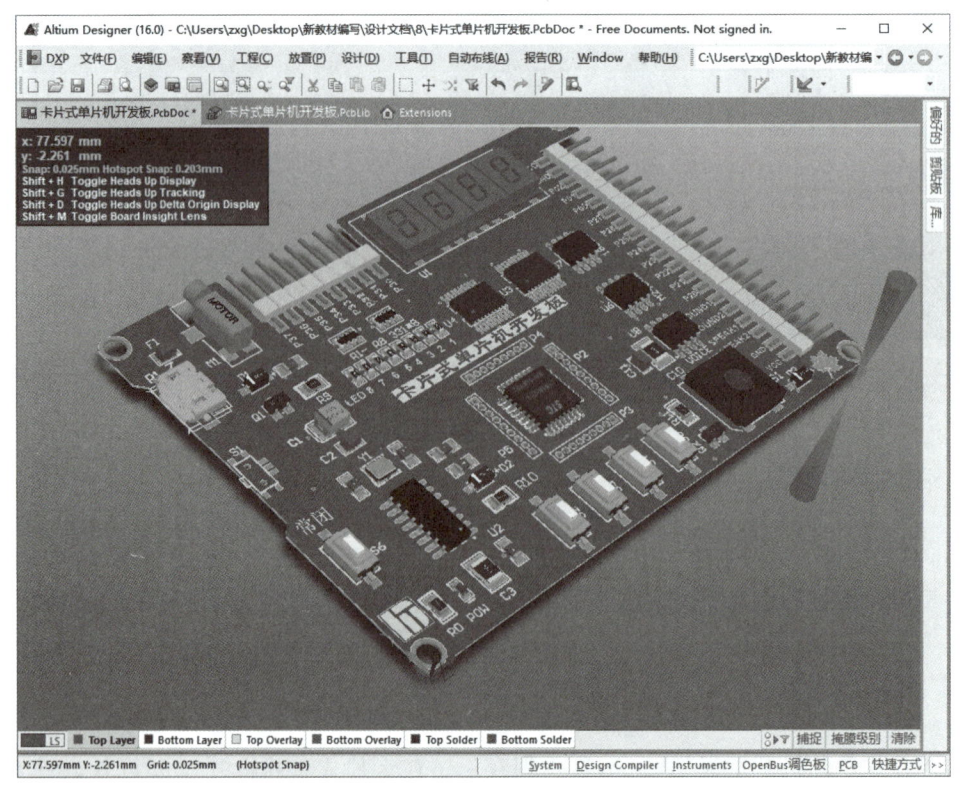

图 8.24 完整的卡片式单片机开发板的 3D 视图

任务 8.4　机械臂关节通信主板的 3D PCB 设计

8.4.1　机械臂关节通信主板 PCB 布局

机械臂关节通信主板采用 STM32f107 主芯片，TQFP100 封装，在完成电路原理图的设计和 PCB 布局设计后，后续的 PCB 走线设计与 3D PCB 设计是完全不同的技术路线。PCB 走线设计的重点是电路的逻辑特性和电气特性，因此走线的宽度、间距、形式等会影响电路的特性。而 3D PCB 设计最终的目的是电路的视觉效果，因此 PCB 设计中走线形式、过孔、泪滴等要素对 3D PCB 设计而言无关紧要。所以，将元器件布局完毕后，元器件的位置关系基本固定，通常将原 PCB 设计文件拷贝一份，原文件继续做布线的设计工作，备份文件做 3D PCB 设计工作。

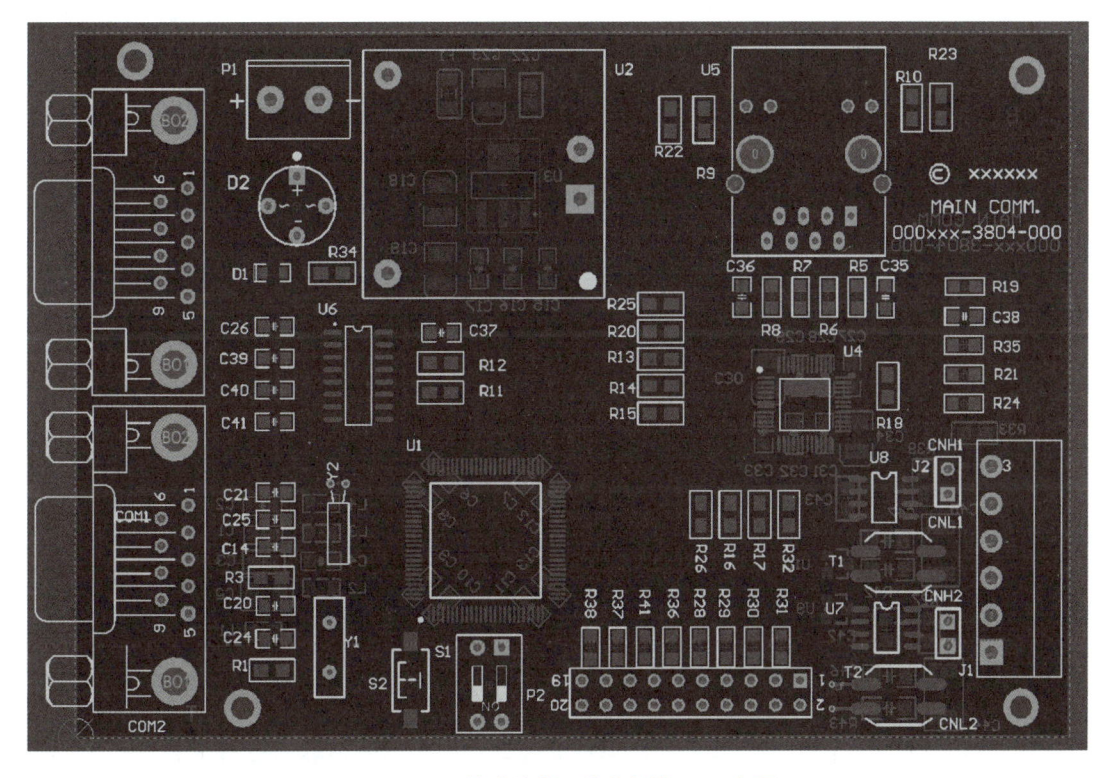

机械臂关节通信主板的 PCB 布局如图 8.25 所示，图中只保留 PCB 的机械尺寸轮廓线和元器件的焊盘与字符层的参数，焊盘与焊盘间的逻辑拉线被设置了隐藏，因为 3D PCB 设计忽略电气连接关系。可以在 PCB 设计界面单击快捷键"N"，在弹出的快捷菜单中选择"掩藏连接（H）"|"全部（A）"命令，将凌乱的逻辑拉线全部掩藏，如图 8.26 所示。

图 8.25　机械臂关节通信主板的 PCB 布局

Altium Designer 电路板设计与 3D 仿真

图 8.26 掩藏所有拉线

8.4.2 3D CONTENTCENTRAL 共享中心查找元器件的 3D 模型

任务 8.3 讲述了简单 3D 实体的创建，但是复杂的元器件如采用 Altium Designer 系统自带的 3D 创建功能来设计，设计工作将是十分的烦琐和困难，数量较大的元器件一个个自建 3D 实体也是不太现实的。通常解决的方法是在网络上查找和下载带 3D 模型的元件库文件，直接加载相应的元件库文件，一一调用对应的元器件即可。当然元件库文件中的元器件封装种类、参数纷繁复杂，形态各异，往往许多元器件的 3D 实体要到专业的 3D 模型库网站上查找、下载。3D Content Central 共享中心免费为用户提供且经供应商验证过的零件、装配体及其他的 2D、3D CAD 模型。国内的搜索网址是https：//www.3dcontentcentral.cn/。

以搜索机械臂关节通信主板的 STM32f107 主芯片的 3D 实体为例，简要讲解搜索下载的方法。

1. 输入关键词

在 3D Content Central 共享中心网页中的搜索栏输入元器件 3D 模型的关键词或过滤词，通常关键词是元器件型号或商品号的关键词，如 STM32f107 的封装是 TQFP100，引脚间距是 0.5 mm，因此在网站的搜索栏中输入关键词"TQFP100"，然后单击"搜索"按钮，如图 8.27 所示。

图 8.27 3D Content Central 共享中心搜索栏关键词

在 3D CONTENTCENTRAL 共享中心根据关键词在库中搜索所符合条件的模型，并在网页中呈现出来，如图 8.28 所示。

项目 8　3D PCB 电路板设计

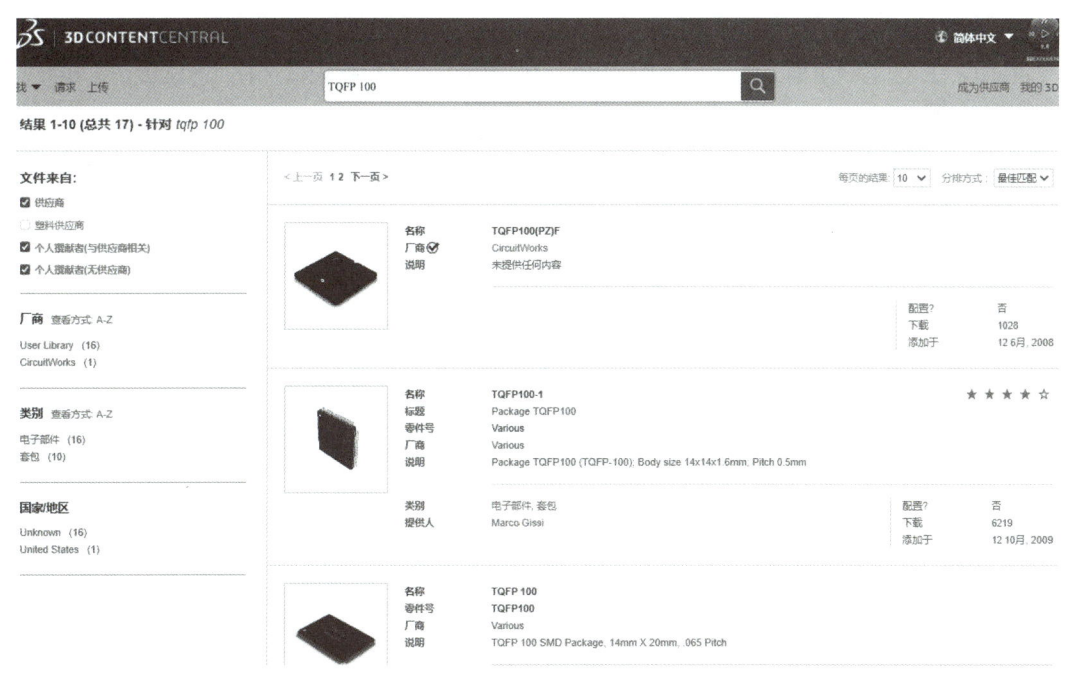

图 8.28　搜索的结果

在网页的左侧，可以继续筛选厂商、类别等条件，然后在搜索的结果中逐一比对模型的详细参数，找到一个模型"TQFP100 - 1"，具体的参数是 14 mm × 14 mm × 1.6 mm，间距为 0.5 mm，跟我们要找的 STM32f107 芯片的封装完全符合。

单击"TQFP100 - 1"模型，网页跳转至下载页面，如图 8.29 所示。

图 8.29　下载页面

211

2. 选择模型文件的格式、版本

在图 8.29 的下载页面，选择"3D"选项，在"格式"下拉列表框选择"STEP（*.step）"，"版本"选择"AP214"，然后单击"下载"按钮。

3. 下载并解压

下载的文件存放在计算机默认的存放路径，文件的格式是 Zip 压缩格式，需要解压后使用。

用同样的方法查找并下载机械臂关节通信主板中其他元器件，部分元器件的搜索关键词和封装参数如表 8.1 所示。

表 8.1 机械臂关节通信主板部分元器件的封装及搜索关键词

序号	元器件标号	元器件名称	封装参数	关键词
1	U1	STM32f107	TQFP100 0.5 mm	TQFP100
2	U4	DM9161	LQFP48	QFP48
3	U5	RJ45	RJ45 8P8C	RJ45 8P8C
4	CN1	DB9	DB9 UART	DB9
5	Y2	Crystal	R38	Crystal R38
6	S1	SW	SW DIP-2	SW DIP
7	U6	MAX3232	SO-16	SO16
8	D2	Bridge		Bridge Rectifiers
9	P1	Header 2H	5.08 mm	5.08 2P
10	R1	Resistor	0805	0805

8.4.3 3D 实体的导入

将搜索到的 3D 实体或 3D 模型下载解压后，一般将其加载到元器件封装库中，然后在 PCB 的 3D 设计中直接调用元器件封装库。

在机械臂关节通信主板的 PCB 设计界面，单击主菜单中的"设计（D）"|"生成 PCB 库"命令，将当前 PCB 布局图中的所示元器件集中到一个库文件中，打开该库文件，找到库文件中的封装"TQFP100"，然后单击主菜单中的"放置"（P）|"3D 元件体（B）"命令，系统弹出"3D 体"设置窗口，在该窗口的"3D 模型类型"中选中"Generic 3D Model"单选按钮，然后在"Generic 3D Model"栏中单击调用模型文件的按钮"Load from file…"，如图 8.30 所示。系统弹出"Choose Model"设置窗口，如图 8.31 所示。在此窗口中选择"TQFP100"的模型文件，单击"打开"按钮。系统会将该模型文件调用并显示在图 8.30 的"3D 体"设置窗口中。

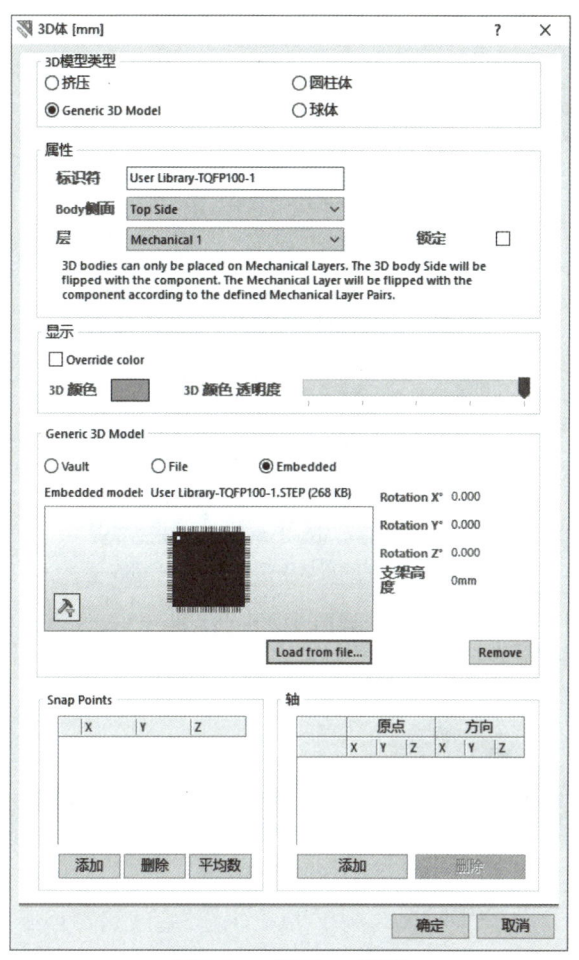

图 8.30　调用 3D 模型

图 8.31　选择 3D 模型的存放路径及文件

单击图 8.30 中的"确定"按钮,系统返回元器件封装设计界面,同时跟随鼠标的移动拖出一个紫色的阴影,该阴影就是放置 3D 模型的 2D 视图,将该阴影放置到"TQFP100"的正中央,如图 8.32 所示。

图 8.32　放置 3D 模型的 2D 视图

在元器件封装设计界面下,单击主菜单中的"察看(V)"|"切换到 3 维显示"命令,观察 3D 模型与焊盘、丝印的空间关系,如图 8.33 所示。

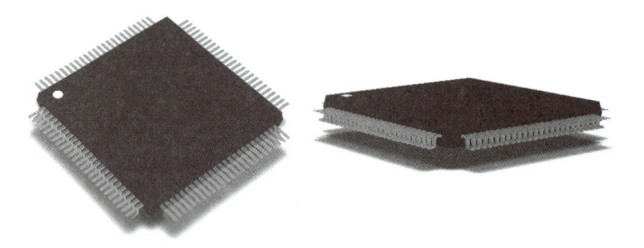

图 8.33　查看 TQFP 封装的 3D 视图

在 3D 视图下,多方位多视角查看各部件间的空间位置关系,若发现问题,双击对应的 3D 模型,在其"3D 体"属性设置窗口中修改。在图 8.33 中若发现 3D 模型下沉到了焊盘的下方,则在"3D 体"属性设置窗口中的"支架高度"输入 1 mm,再次观察 3D 视图就会发现 3D 模型被抬高了 1 mm。

采用同样的方法,将对机械臂关节通信主板的 PCB 设计中元器件逐个搜索 3D 模型,并加载到封装库中。

部分元器件若在网络上搜索不到合适的 3D 模型,可以用 Altium Designer 系统自带的 3D 模型创建功能,创建符合要求的 3D 模型。

8.4.4　机械臂关节通信主板 3D PCB 的完善

在机械臂关节通信主板的 PCB 封装库内通过自己创建 3D 模型或加载网络下载的 3D 模型后,要将最新的 PCB 封装库的参数反映到 PCB 设计文件。在元件库封装设计编辑界面,单击主菜单中的"工具(T)"|"更新所有 PCB 的器件封装(A)"命令,系统将机械臂关节通信主板 PCB 设计文件中所有封装更新替换。替换完毕后,可以通过 2D 和 3D 视图查看

整个 PCB 的设计，其 3D 视图如图 8.34 所示。图中部分元器件表面增加了贴图，使得 3D 效果更加逼真。

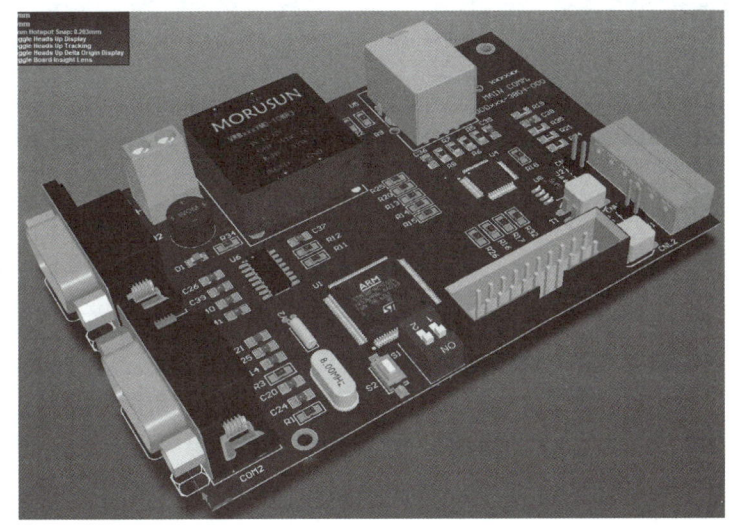

图 8.34 机械臂关节通信主板的完整 3D PCB 视图

8.4.5 在 3D PCB 中查看 PCB 的电气属性

PCB 设计中很多常用的设计要素在 2D 视图下层层叠叠，其设计效果往往要等 PCB 实际打样才能看到。但是在 3D PCB 设计下，设计的效果立竿见影，真正实现了所见即所得。

1. 查看通焊盘的孔金属化效果

PCB 设计中，放置的通孔焊盘大部分是需要在其孔壁中镀铜的，称为孔金属化，但是在某些 PCB 设计中，部分放置的通孔焊盘不需要镀铜，比如一些螺丝安装孔。

在机械臂关节通信主板设计中，四周放置了几个螺丝安装孔，这些安装孔一般是镀铜的，如图 8.35 左图所示（在 Altium Designer 系统中，3D 视图中铜的颜色为淡黄色，显而易见）。双击该安装孔，在弹出的"焊盘"设置窗口（见图 8.36），将"孔洞信息"栏中的"镀金的"复选框不勾选，即该焊盘的孔洞不镀铜，然后单击"确定"按钮后 3D 效果如图 8.35 右图所示。

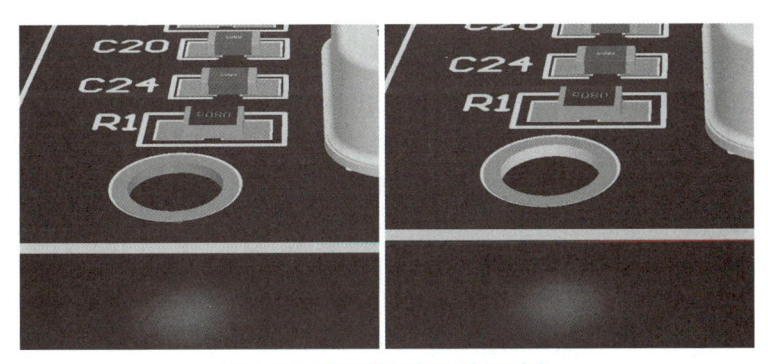

图 8.35 孔洞镀铜与不镀铜对比

图 8.36　取消勾选"焊盘"设置窗口中的"镀金的"复选框

在 Altium Designer 系统默认的 3D"板层颜色"配置中，PCB 板子的绝缘层一般采用高亮的灰色来表示。

2. 查看开窗的效果

在 PCB 上，焊盘与焊盘间的导线通常情况下是被绝缘油漆覆盖住的，以避免铜线裸露带来的易氧化腐蚀，以及 PCB 自动化生产工艺流程中易造成的短路等问题。但是有些 PCB 中的走线需要裸露，不能被绝缘油漆覆盖，这种形式叫作绿油开窗。

以机械臂关节通信主板设计为例，在该 PCB 设计中的电源模块 U2 的 3 号引脚，绘制一根 2 mm 宽的电源走线，放置在 Bottom Layer 中，该走线系统默认设置是绿油覆盖的，在 3D 视图中查看其效果，如图 8.37 所示。从图中能清晰看到阻焊绿油和被覆盖住的铜箔走线，3D 视图中的阻焊透明度被下降到 50% 左右。

回到 2D 视图设计模式下，单击设计窗口下方的"Bottom Solder"选项标签，在此层上沿的电源走线也绘制一根线段，该线段略比 Bottom Layer 上的铜走线粗，在 PCB 生产工艺中，就将"Bottom Solder"层的图形作为不涂覆绝缘油漆的依据，即绿油开窗。在 3D 视图中查看其效果，如图 8.38 所示。

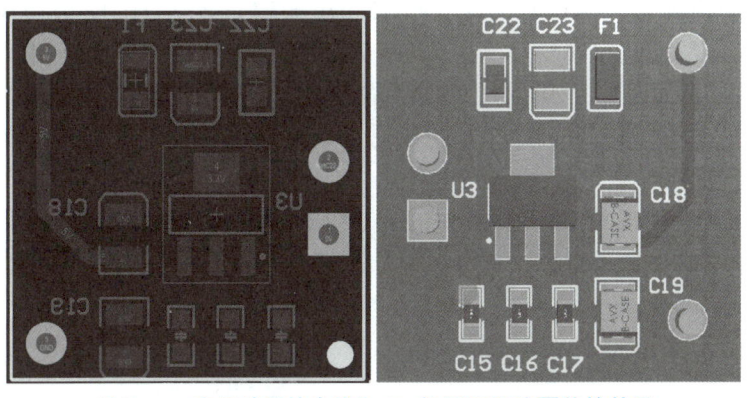

图 8.37　底层放置的走线和 3D 视图下绿油覆盖的效果

图 8.38 中,电源走线在 3D 视图下呈现淡黄色的铜色,表示没有被绿油覆盖住。

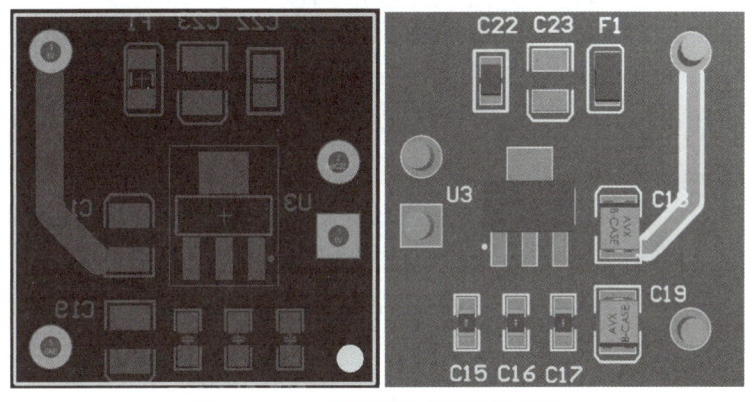

图 8.38　3D 视图下绿油开窗的效果

任务 8.5　3D PCB 的装配设计

PCB 的 3D 视图设计就是用来直观感受 PCB 板和元器件安装后的真实效果,在 Altium Designer 系统的 3D 不仅能完成上述元器件的 3D 模型的导入,也能在 PCB 设计界面进行元器件、电路模块、机械零部件等 3D 模型的导入,从而在 Altium Designer 系统中快速实现电路板、机械部件等有机组合的 3D 装配图设计,为产品的设计、装配、维护以及宣传和推广构建了强大的系统集成开发能力。

8.5.1　导入元器件或零部件的 3D 模型

机械臂关节通信主板的 3D PCB 设计完善后,为在 3D PCB 中模拟 PCB 板的装配效果,在 3D PCB 中放置简单的铜柱安装螺丝螺帽。铜柱等零部件的 3D 模型可以在 3D CONTENT CENTRAL 共享中心搜索、下载。

在机械臂关节通信主板的 PCB 设计界面,单击主菜单中的"放置(P)"|"3D 元件体

(B)"命令，系统弹出"3D体"设置窗口，在该窗口的"3D模型类型"栏中选中"Generic 3D Model"单选按钮，然后在"Generic 3D Model"栏中单击调用模型文件的按钮"Load from file…"，如图8.30所示。在此设置窗口中加载铜柱等零部件的3D模型，放置到各安装孔的位置，为体现安装的效果，可以适当调整铜柱等零部件的位置和高度，使其符合装配图的设计要求。

按同样的方法，在该3D PCB设计中的J1、J2处，放置短路跳帽的3D模型，并将两个短路跳帽分别设置为红色、蓝色，这样可以模拟该电路板调试时采用不同颜色的跳帽实现不同的电路功能。

导入零部件与3D PCB的安装视图如图8.39所示。

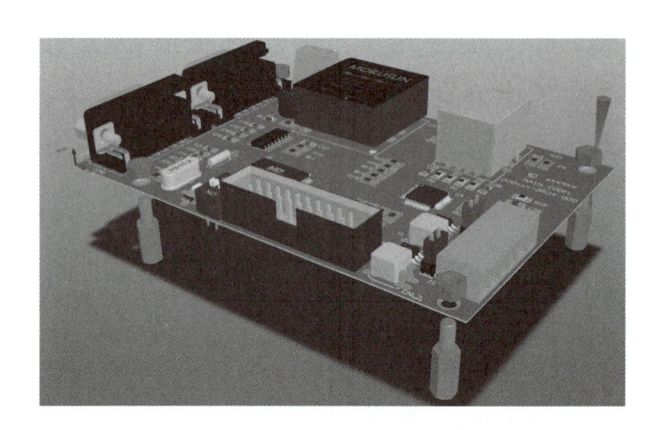

图 8.39　导入零部件与 3D PCB 的安装视图

8.5.2　3D PCB 板 STEP 3D 导出

Altium Designer 为 EDA、MCAD 交互设计工具提供了强大的接口支持，包括在 PCB 编辑器中的三维可视化，以及 STEP 文件模型的导入和 3D 文件的导出。已完成的 PCB 文件可以输出为 3D STEP 格式的文件供机械设计、结构设计软件调用。

以机械臂关节通信主板的 PCB 设计为例，将该设计的 PCB 导出成 3D 模型。在 PCB 设计界面，单击主菜单中的"文件（F）"|"Export"|"STEP 3D"命令，系统弹出"Export File"设置窗口，在该窗口中设置3D模型文件的存放路径及文件名称后，单击"保存"按钮，如图 8.40 所示。

系统关闭"Export File"设置窗口后，弹出"Export Options"设置窗口，如图 8.41 所示。在该窗口中有"Board Options""有3D体的元件""3D体导出选项""焊盘过孔"等多个栏目。

（1）在"Board Options"栏中，有如下参数设置。

▲"Export Folded Board"选项：该选项设置折叠板的比例，一般采用默认设置。

（2）在"有3D体的元件"栏中，有如下参数设置。

▲"导出所有"选项：选中此选项，即导出 PCB 设计中的所有元器件。

▲"导出选择的"选项：选中此选项，即导出 PCB 设计中已选择的元器件。

图 8.40 "Export File"设置窗口

（3）在"3D 体导出选项"栏中，有如下参数设置。

▲"更喜欢简单的 3D 体"选项：选中此选项，导出简单的 3D 模型，这样的 3D 模型文件的大小较小。

▲"Prefer generic 3D models"选项：选中此选项，导出精密的 3D 模型，这样的 3D 模型文件的大小较大，导出的时间相对较长。

▲"Export both"选项：选中此选项，简单的 3D 模型和精密的 3D 模型均导出。

（4）在"焊盘过孔"栏中，有如下参数设置。

▲"导出所有"选项：选中此选项，即导出所有焊盘和过孔。

▲"导出选择的"选项：选中此选项，即导出已选择的焊盘和过孔。

通常在如图 8.41 所示的"Export Options"设置窗口中采用默认的设置，单击"确定"按钮，系统将设计完毕的 3D PCB 转化成"STEP"格式的 3D 模型，存放在指定的位置。

导出的"STEP"格式 3D 模型可在 3D 建模软件中直接调用，也可以在 Altium Designer 系统中调用，如图 8.42 所示为通过将机械臂关节通信主板的 3D PCB 模型的调用，搭建的一个叠层 PCB 电路的系统。

图 8.41 "Export Option"设置窗口

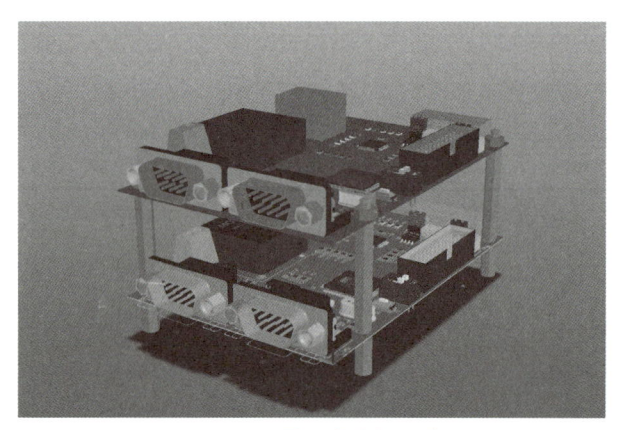

图 8.42　叠层电路板系统

项目训练

1. 在 Altium Designer 系统中创建项目 WH148 电位器的 3D 模型。

2. 在 Altium Designer 系统中创建项目欧姆龙继电器 G6D – 1A – ASI – 53D 模型。

3. 下载各元器件的 3D 模型，将项目 5 中的集成稳压电源电路设计成 3D PCB，并导出 3D 模型。

4. 下载各元器件的 3D 模型，将项目 2 中的 2.1 声道功率放大器电路设计成 3D PCB，并导出 3D 模型。

5. 下载各元器件的 3D 模型，将项目 7 中的四轴飞行器无刷电机控制电路设计成 3D PCB，并导出 3D 模型。

项目 9

PCB 设计的后期处理

本项目介绍 PCB 设计的后续检查与调试，以及交付 PCB 加工厂所需要做的一些后续事项，如元器件报表生成、Gerber 文件导出、智能 PDF 生成和打印等，这些工作能将设计变成"图纸"，使设计者获得满满的成就感。

Altium Designer 能导出各种电气网络表数据和 CAM 数据并装配数据，使 CAD 和 CAM 无缝连接。

知识技能素养导航	知识了解	CAM 的基础知识
	知识熟知	应用 CAM 数据
	技能掌握	交互更新操作； 导出制造数据； 应用拼板功能
	技能高手	CAD 和 CAM 无缝连接
	职业素养	责任心、爱岗敬业、精益求精、有效沟通、团队合作

任务 9.1　PCB 设计与原理图设计交互更新

PCB 工程项目的原理图设计和 PCB 板设计完工后，Altium Designer 系统提供了多种输出报表和导出功能，为下一步将 PCB 电路板工厂化生产以及后续的装配调试提供重要的数据及图纸。

从前面各工程项目的设计及应用中可以看到，在 Altium Designer 中原理图设计和 PCB 设计是关联的和交互的。当从原理图设计到 PCB 设计的流程基本结束后，如果某个环节的初始数据发生了改变，系统可以将原理图的参数变化更新到 PCB 设计中，也可以反向更新，即双向的关联交互。

1. 从原理图的参数变化更新到 PCB 设计

整个工程项目设计完毕后在后续的检查和调试过程中会调整某些元器件的参数，如元器件的标号、值和封装等，甚至增加或删除了某些元器件或导线，可以将这些原理图参数的变化直接反映到 PCB 设计中。以四轴飞行器无刷电机控制电路为例，在原理图中 C5 旁边增加一个电容 C9，如图 9.1 所示。保存后，单击原理图主菜单中的"Update PCB Document"命令，系统弹出比对警告对话框，如图9.2所示。单击"Yes"按钮系统会弹出"工程更改顺序"对话框，显示原理图与PCB设计比对后的差距，呈现删除（Remove）和增加（Add）的信息，其中包括在原理图中增添的C9，如图9.3所示。单击"执行更改"按钮，将这些更改项目更新到四轴飞行器无刷电机控制电路的PCB设计中，在PCB设计中做相应的调整和修改。

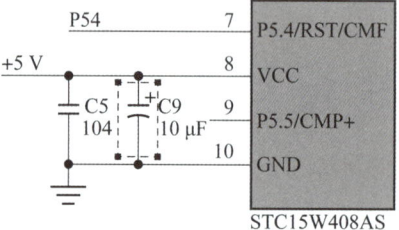

图9.1 增加电容C9

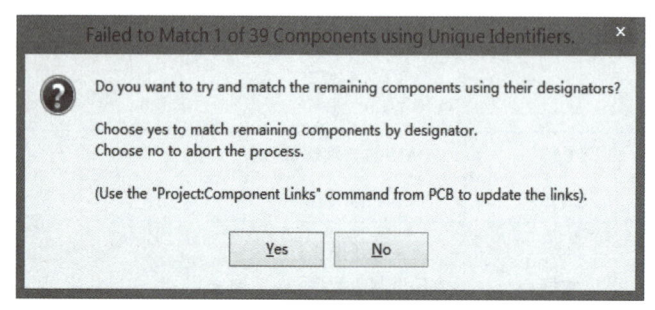

图9.2 比对警告对话框

从原理图的参数变化更新到PCB设计也可以在PCB编辑界面中单击主菜单中的"设计（D）"|"Import Changes Form PCB Project"命令导入。

2. 从PCB设计更新到原理图设计

如果在PCB设计图中更改了一些参数，也可以将其及时更新到原理图中，使整个工程项目更加完整和完善。以四轴飞行器无刷电机控制电路为例，对于U2芯片7805，我们在PCB设计中将其封装变更为"SOT89"，并在PCB中增加一个12 V电源的接插件等变动。为将这些信息及时更新到原理图中，在PCB编辑界面单击主菜单中的"设计（D）"|"Update Schematic in PCB Project"命令，系统弹出比对警告信息。单击"Yes"按钮后，系统弹出"工程更改顺序"窗口，其中显示原理图与PCB设计比对后的差别，如图9.3所示。单击"执行更改"按钮就能将这些更改项目更新到四轴飞行器无刷电机控制电路的原理图设计中，在原理图设计中做相应的调整即可。

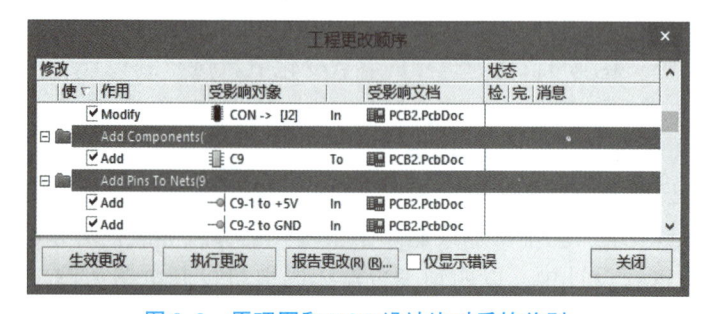

图9.3 原理图和PCB设计比对后的差别

任务 9.2　PCB 报表

PCB 报表是了解 PCB 详细信息的重要资料，其中包括设计过程中的电路板状态、引脚、元器件封装、网络以及布线等。当设计好 PCB 后，这些信息有利于了解 PCB 设计的工作量，也为后续的加工生产提供信息。单击主菜单中的"报告（R）"|"板子信息"命令，系统弹出"PCB 信息"窗口，如图 9.4 所示。从图 9.4 中可以直观地看到 PCB 设计的尺寸、导线数量和焊盘数量等。

图 9.4　PCB 信息

其中三个选项卡介绍如下：

（1）"通用"选项卡：显示 PCB 设计的常规信息，如板子的机械尺寸，以及 PCB 板子中焊盘、走线和过孔等要素的数量。

（2）"器件"选项卡：显示当前 PCB 中所有的元器件信息，包括总数多少、顶层和底层的元器件数量等。

（3）"网络"选项卡：显示当前 PCB 中所有的网络名信息。

任务 9.3　PCB 元器件报表

PCB 元器件报表列出当前项目中所用的所有元件的标识、封装形式和库参考等，即元器件清单。根据这个清单就可以开始装配测试和物料采购等。在 PCB 编辑界面单击主菜单中的"报告（R）"|"Bill of Materials"命令，系统弹出显示 PCB 元件清单报表属性窗口，显示 PCB 元件清单（可参见项目 3 相关内容）。

任务 9.4　生成智能 PDF 文档

电子系统的装配和调试需要原理图和 PCB 设计图纸，这时可以将设计好的工程项目中的原理图或 PCB 设计图导出并生成技术文档常用的 PDF 格式。这样，查阅这些图纸就不需要 Altium Designer，几乎每一台电脑均可打印或查看。原理图生成智能 PCB 文档的方法已在前面项目详细叙述，这里以卡片式单片机开发板为例讲述 PCB 设计转成 PDF 的方法。

9.4.1　PCB 设计文件的 PDF 导出

1. 修改 Printout 的属性

在 PCB 设计编辑界面，执行主菜单中的"文件（F）"|"智能 PDF（M…）"命令，系统弹出"灵巧 PDF"设置窗口，如图 9.5 所示。

图 9.5　"灵巧 PDF"设置窗口

单击"Next(N)"按钮，"灵巧 PDF"设置窗口弹出"选择目标导出"选项，再次单击"Next(N)"按钮，"灵巧 PDF"设置窗口弹出"导出 BOM"选项。再次单击"Next(N)"按钮，"灵巧 PDF"设置窗口弹出"PCB 打印设置"选项，如图 9.5 所示。主要有"Printout & Layers"、"Include Components"和"Printout Options"三个栏目需要设置。

在"Printout & Layers"栏目中，主要设置"Printout"的数量，以及每个"Printout"包含的 PCB 层。PCB 设计界面是多个层叠加显示的，在打印时一般要分层打印，避免打印稿显示凌乱。

单击带有纸张图符的"Multilayer Composite Print"，则选中当前"灵巧 PDF"中唯一的"Printout"，该"Printout"包含 Top Overlay、Top layer 等许多层。将鼠标移到"Multilayer Composite Print"上方后右击鼠标，系统弹出快捷菜单，如图 9.6 所示，选中其中的"Properties"（特性）命令，系统弹出"打印输出特性"窗口，如图 9.7 所示。

图 9.6 "Printout & Layers" 栏目快捷菜单　　　　图 9.7 "打印输出特性"窗口

在图 9.7 "打印输出特性"窗口中将"打印输出名称（N）"修改为 Top Overlay，将"层"栏中的层保留 Top Overlay，删除其他的层，单击"确定"按钮，系统回到"PCB 打印设置"设置窗口。

2. 添加 Printout

一个 Printout 在 PDF 中代表一页，如需要导出多页的 PDF 文件，需要在"PCB 打印设置"设置窗口中添加 Printout。

用鼠标单击"Printout & Layers"栏目，系统弹出快捷菜单，如图 9.6 所示，选中其中的"Insert Printout"命令，系统在"Printout & Layers"栏目中会新添加一个 Printout，并命名为"New Printout 1"。该"New Printout 1"尚未添加任何 PCB 的层，将鼠标移到该文件名上右击鼠标，在弹出的快捷菜单中选择"Properties"（特性）命令，然后在系统弹出的"打印输出特性"窗口中添加 Top Layer、Multi – Layer 和 Mechanical 1。该打印层只打印和显示顶层焊盘和走线，Mechanical 1 作为 PCB 轮廓放在其中作为读图的参考。

按同样的方法，再插入一个 Printout，该 Printout 只包含 Bottom Layer、Multi – Layer 和 Mechanical 1。

"Include Components"栏目有"Surface – Mount"和"Through – hole"选项，分别表示需要打印表面安装的元器件和通孔安装的元器件。

"Printout Options"栏目中有以下几个属性设置：

▲"Holes"选项：勾选此选项，表示需要打印焊盘或过孔的孔洞。

▲"Mirror"选项：勾选此选项，将 PCB 的层水平镜像输出，一般用在底层的走线或底层丝印的输出打印。

三个 Printout 设置完毕后，在"打印输出特性"窗口中单击"Next(N)"按钮，系统弹出"添加打印"设置窗口，在该窗口中勾选打印的颜色如"颜色"选项，继续单击"Next(N)"直到完成 PDF 的设置。

智能 PDF 导出后，系统自动将 PDF 打开，三页 PDF 图纸分别如图 9.8、图 9.9、图 9.10 所示。

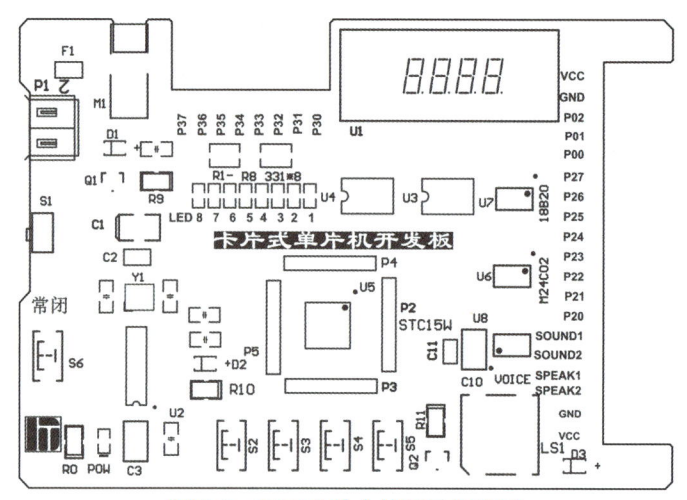

图 9.8　PDF 文件中的顶层丝印图

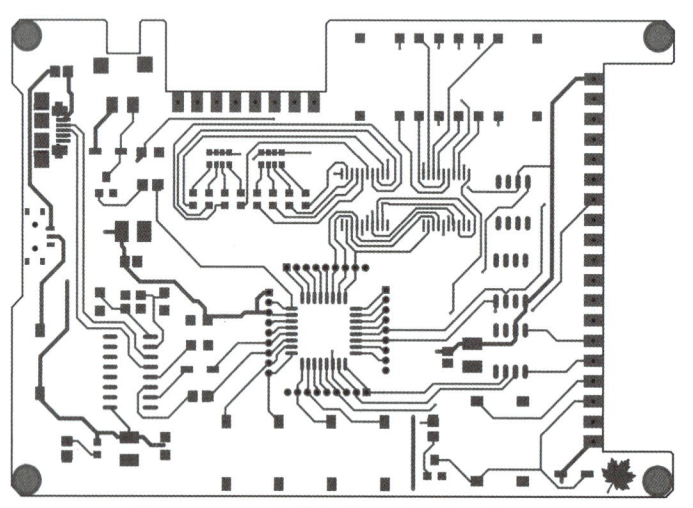

图 9.9　PDF 文件中的顶层焊盘和布线图

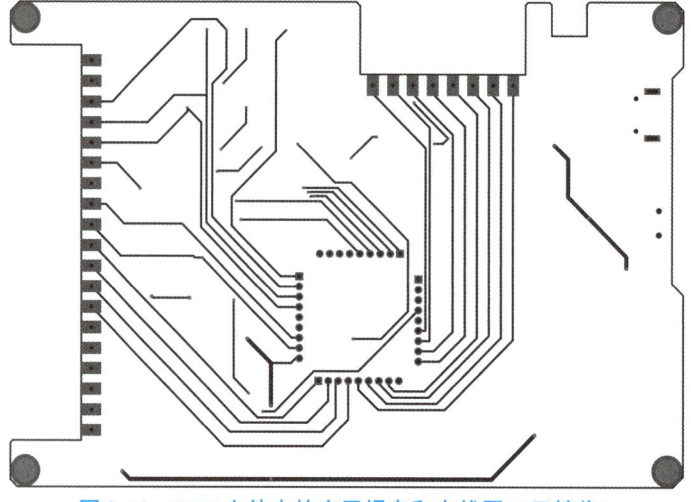

图 9.10　PDF 文件中的底层焊盘和布线图（已镜像）

9.4.2 3D PCB 的 PDF 导出

3D PDF 是一个包含 3D 几何图形的 PDF 文件，支持在 PDF 阅读器中查看、旋转、缩放 3D 图形。

卡片式单片机开发板 PCB 设计和 3D PCB 设计完毕后，其 3D 效果可以生成 3D PDF 格式，方便网络传送、显示和浏览。

在 PCB 设计界面，单击主菜单中的"文件（F）"|"Export"|"PDF 3D"命令，系统弹出"Export File"设置窗口，在该窗口中设置 3D 模型文件的存放路径及文件名称后，单击"保存"按钮，如图 9.11 所示。

图 9.11 设置 3D PDF 的名称和存放路径

系统弹出"PDF 3D"属性窗口，如图 9.12 所示，在此窗口中设置需要导出的内容，如焊盘、文本、3D 模型等参数，通常采用默认的设置，直接单击"Export"按钮，导出 3D PDF 文件。

3D PDF 导出后，系统自动将 3D PDF 打开，如图 9.13 所示。

在 PDF 浏览器中，也能方便地设置 PCB 图形的视角、颜色、是否显示元器件等，如图 9.14 所示为改变了视角，并去除了部分元器件的显示。

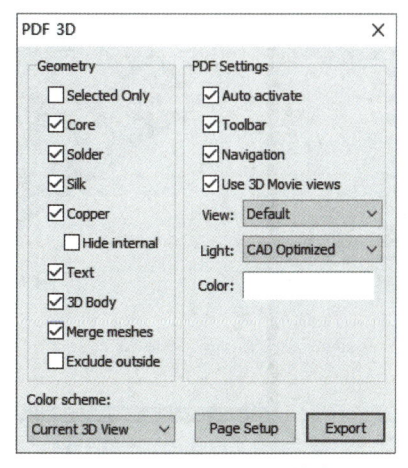

图 9.12 "PDF 3D"属性窗口

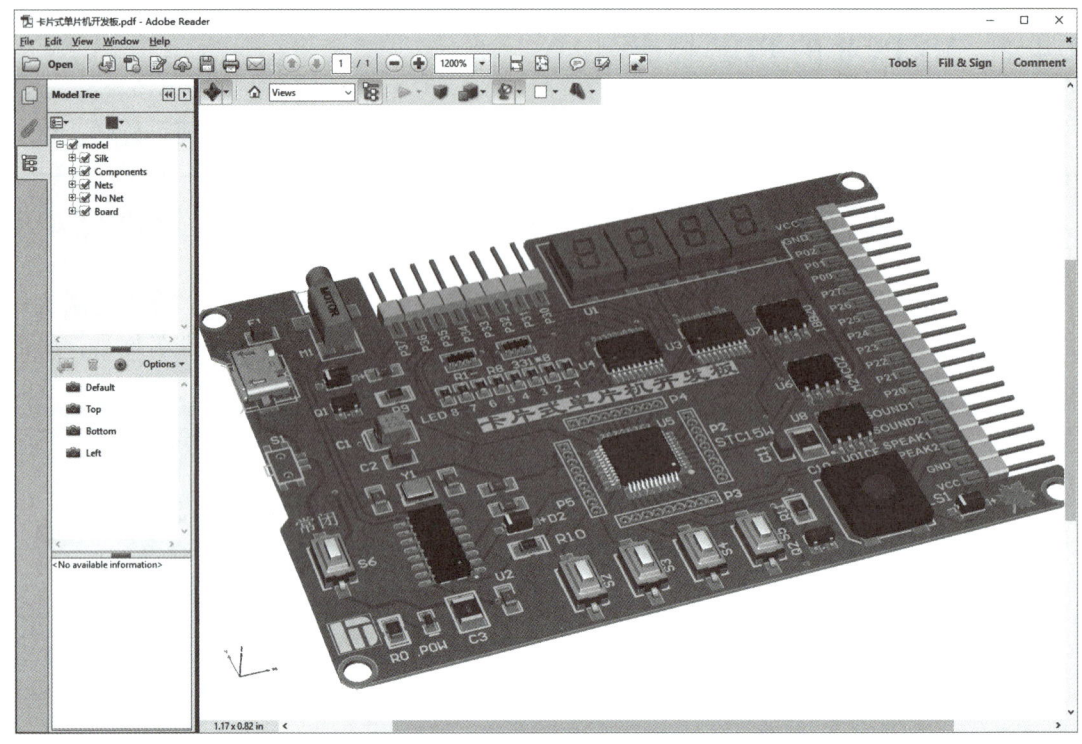

Altium Designer 电路板设计与 3D 仿真

图 9.13　3D PDF 打开显示

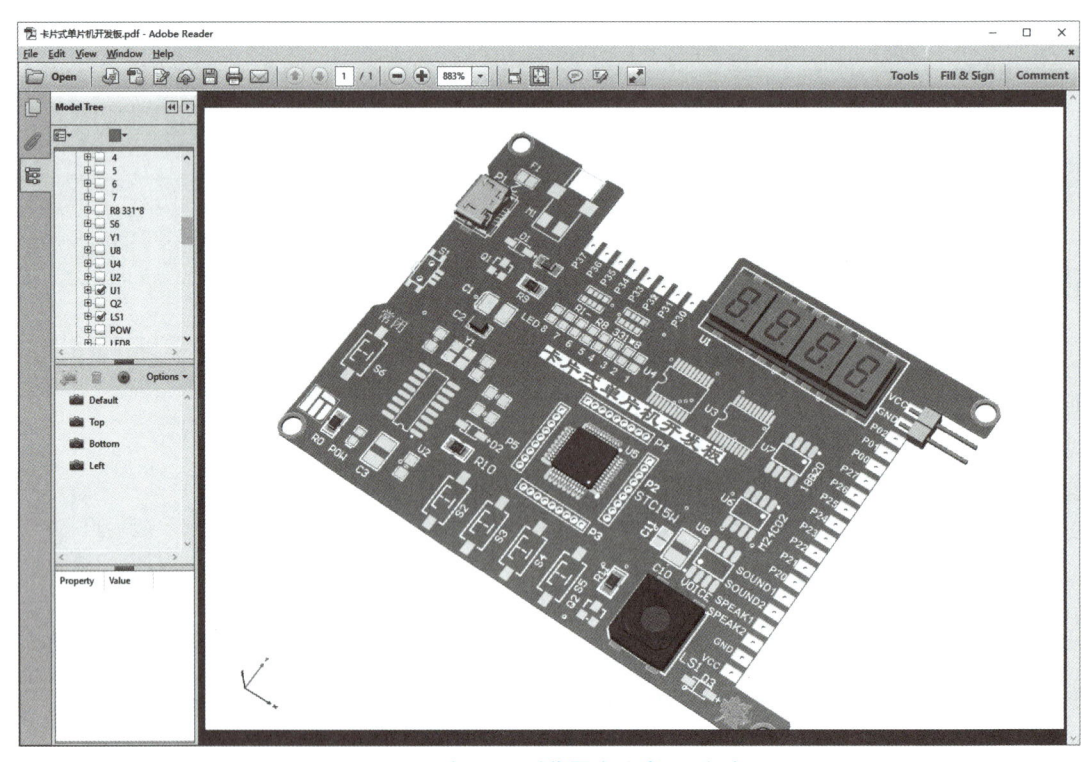

图 9.14　在 PDF 浏览器中改变 3D 视角

任务 9.5　生成 Geber 文件

Gerber 文件是一个描述线路板（线路层、阻焊层和字符层等）图像以及钻和铣数据的文档格式集合，是线路板行业图像转换的标准格式。

Gerber 文件要分层将 PCB 图中的布线数据转换为胶片的光绘数据，从而可以被光绘图机处理的文件格式。由于该文件格式符合 EIA 标准，因此各种 PCB 设计软件都有支持生成核文件的功能。一般的 PCB 生产商就用这种文件来制作 PCB 的，雕刻机打样也需要生成 Gerber 文件。

我们以四轴飞行器无刷电机控制电路为例，来说明 Geber 文件的生成方法。

（1）打开 PCB 设计图，单击主菜单中的"文件（F）"|"制造输出（F）"|"Gerber Files"命令，系统弹出"Gerber 设置"窗口，如图 9.15 所示。

图 9.15　"Gerber 设置"窗口

其中在"通用"选项卡中设定输出的 Gerber 文件中使用的单位和格式，"格式"选项组中有 3 个单选按钮，分别代表使用的数据精度。如 2∶3 就表示数据中含两位整数和三位小数，如 18421 就是 18.421。设计者需根据设备中用到的单位精度进行选择。设置的格式精度越高，对 PCB 制造设备的要求也就越高。

在"层"选项卡中要设置导出的电路层，一般 PCB 设计的信号层和电源层是必需的，以及代表 PCB 边框轮廓的机械层是必需的。如图 9.16 所示，选中了 4 个电气层。"反射"的意义是导出时镜像设置，这也要根据 PCB 工艺来选择。

（2）其他参数默认，单击"确定"按钮，按照设置生成各个图层的 Gerber 文件并加入"Projects"面板中当前项目的"Generated"文件夹中；同时系统打开 CAMtastic 编辑器，将所有生成的 Gerber 文件集成在"CAMtastic1.CAM"中，并在 CAMtastic 编辑器中可以查看、修正 Gerber 的版图，如图 9.17 所示。

图 9.16 选择导出的电路层

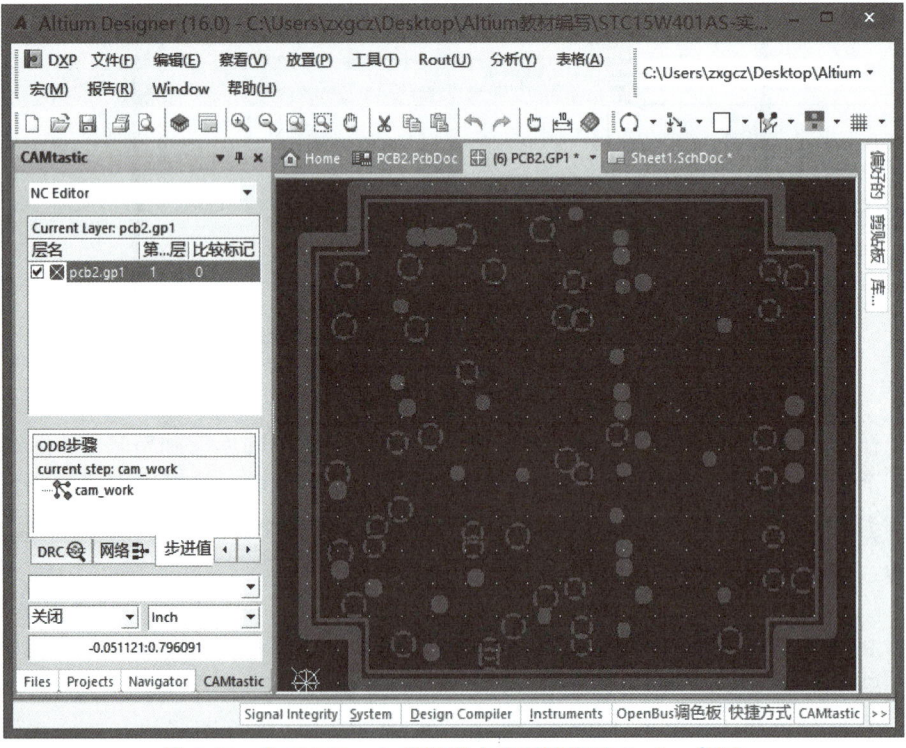

图 9.17 在 CAMtastic 编辑器中查看并修正 Gerber 版图

Gerber 文件的后缀名根据不同的层来产生，如 .GKO 为禁止布线层（可用作板子外形），.GTO 为 Top Overlay（顶层丝印）；.GBO 为 Bottom Overlay（底层丝印），.GTL 为 Top

Layer（顶层走线），.GBL 为 Bottom Layer（底层走线），依此类推。

任务 9.6　生成 NC 钻孔文件

钻孔是 PCB 加工过程的一道重要工序，生产商需要 PCB 设计图提供的数控钻孔文件以控制数控钻床完成 PCB 的钻孔工作。数控钻床所需的文件信息一般包含孔的精确坐标点和孔径的大小，这些信息由 PCB 文件导出的 NC 钻孔文件提供。

打开 PCB 设计图，单击主菜单中的"文件（F）"|"制造输出（F）"|"NC Drill"命令，系统弹出"NC 钻孔设置"窗口，如图 9.18 所示。"单位"和"格式"选项组中的选项与"Geber 设置"窗口相同，而"坐标位置"选项组有绝对坐标（Reference to absolute origin）和相对坐标（Reference to relative origin）可选择，要根据数控钻孔机的要求来设置。

图 9.18　"NC 钻孔设置"窗口

设置完成后单击"确定"按钮，系统按照设置生成各个图层的 NC 钻孔文件并加入"Projects"面板中当前项目的"Generated"文件夹中，同时，系统打开 CAMtastic 编辑器，将所有生成的 NC 钻孔文件集成在"CAMtastic4.CAM"中，并在 CAMtastic 编辑器中调整各钻孔的位置及大小，如图 9.19 所示。

Altium Designer 电路板设计与 3D 仿真

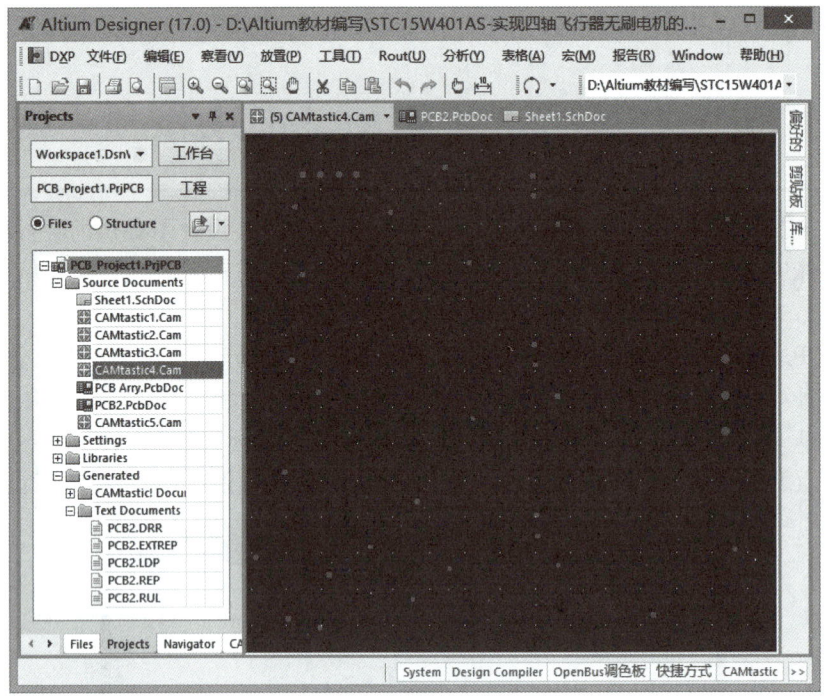

图 9.19　各钻孔 CAM 图

任务 9.7　拼板

拼板就是把多块单独的 PCB 排列合并成一块大的板子，这样在 PCB 装配环节如使用贴片机等设备时，可以一次生产多块 PCB，效率大大提升。拼板的数量与尺寸要根据自动化生产设备的要求来设计。

以四轴飞行器无刷电机控制电路为例完成一个 3×2 的拼板，步骤如下。

（1）在工程项目中新建一个 PCB 设计，命名为"PCB Arry. PcbDoc"。

（2）单击主菜单中的"放置（P）"|"内嵌板阵列（M）"命令，系统弹出"Embedded Board Array"窗口，如图 9.20 所示。

其中有如下选项：

▲"PCB 文档"下拉列表框：指定拼板的源板 PCB 设计文档，这里选择工程文件夹内的 PCB2. PcbDoc 文件。

▲"列计数"文本框：输入拼板阵列列的数量，这里设置 3 列。

▲"行计数"文本框：输入拼板阵列行的数量，这里设置 2 行。

▲"锁定"复选框：即勾选后会锁定拼板后的 PCB 设计，移动或修改 PCB 将弹出警示窗口。

▲"反映"复选框：即镜像，一般是为某些阴阳板设置的，这里不勾选。

另外，在"位置"文本框中可以设置拼板的水平距离或水平间隙，以及垂直距离或垂直间隙。水平距离等于板子的水平尺寸加上水平间隙，垂直距离等于板子的垂直尺寸加上垂直间隙。由于拼板后要 V – Cut 分割，所以将水平间隙和垂直间隙均设置为 0.5 mm。

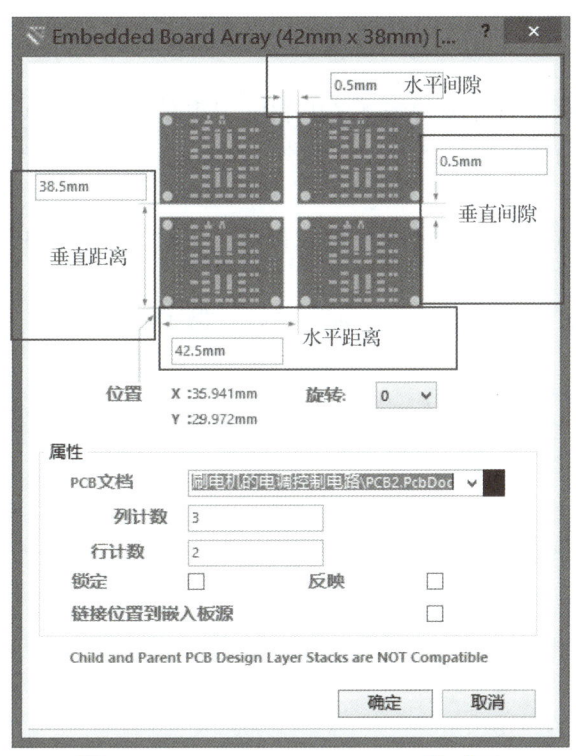

图 9.20 "Embedded Board Array" 窗口

（3）单击"确定"按钮后鼠标将变成十字形，拖出 3×2 的拼板图，单击指定一个拼板 PCB 的位置即可将拼板放置到位。

（4）可以重新定义拼板 PCB 的切割边框等机械层的参数，完成拼板后的 PCB 电路板如图 9.21 所示。

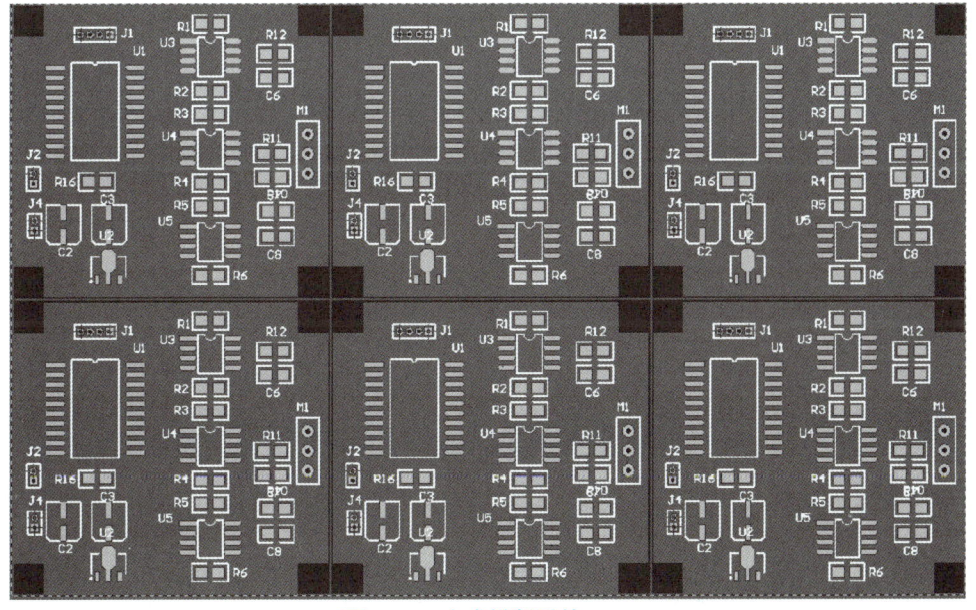

图 9.21　完成拼版后的 PCB

项目训练

1. 打开集成稳压电源 PCB 原理图,导出 PCB 报表和元器件清单,并设置对应预览。

2. 打开 2.1 声道功放的相关 PCB 设计,做一个 2×2 的拼板,导出 Gerber 文件和 NC 文件,并设置对应预览。

3. 打开机械臂关节通信主板的相关 PCB 设计,比对原理图与 PCB 设计的差别并导出 Gerber 文件和 NC 文件。

4. 打开卡片式单片机开发板的相关 PCB 设计,做 4×4 的拼板,水平间隙和垂直间隙为 1 mm。

项目 10

其他主流 PCB 设计平台

业界设计原理图和 PCB 的软件平台有多种，Altium Designer 在高校教学中占据主流地位，但是还有很多优秀的 PCB 软件在发挥其特有优势而应用在各行各业中。读者通过了解主流的软件平台及系统，在学会使用 Altium Designer 电路设计及 PCB 设计之后可以举一反三了解其他平台的应用优势，为今后的设计和应用打下基础。

知识技能素养导航	知识了解	Altium Designer 的发展历史及性能
	知识熟知	主流电路设计和 PCB 设计软件平台概况
	技能掌握	能够上网查阅相关资料
	职业素养	责任心、爱岗敬业、精益求精、有效沟通、团队合作

自从人类第 1 次连接碳片和硅片形成可工作电子产品以来，PCB 一直是电子行业的支柱。PCB 设计从开始的手工绘制到现在超大规模元件库，以及强大自动布局布线等功能越来越方便工程师进行线路板设计工作。PCB 设计可以分为几个部分，即原理图设计、PCB Layout、电路模拟仿真、CAM 工程软件和抄板软件等。在 PCB 设计软件中一般都包含原理图设计和 PCB 设计两大模块，一些强大的 PCB 设计软件甚至将以上的模块都包括在内，这里讲的 PCB 设计软件指原理图设计和 PCB Layout 这两个部分。

PCB 设计工作的开展是一项十分漫长和烦琐的工作，在进行 PCB 设计时，首当其冲的是选择设计软件，没有完美无缺的 PCB 设计软件，关键是找到一种适合自己的工具，能很快和很方便地完成设计工作。当然，在日常使用中，针对不同的工作任务有必要选择不同的设计软件，甚至多种软件协同设计。

每个产业之所以会盛兴衰败都一定有其时空背景存在，PCB 产业发展到目前为止也有一段历史的轨迹可循。从开始的众家厂商在擅长的领域发展，到后期不断地修改和完善，或优存劣汰或收购兼并或强强联合。现在在国内被人们熟知的厂商屈指可数，如 Altium、Cadence、Mentor、Zuken、Cadsoft 以及国产的立创等。

任务 10.1　Altium 系列

Altium 有限公司由 Nick Matrin 于 1985 年始创于澳大利亚塔斯马尼亚岛的霍巴特，主要开发基于计算机的软件来辅助进行 PCB 设计。

Protel 公司在 1985 年推出的 PCB 设计软件，从最初的 Protel for DOS，再升级为 Protel for Windows。然后在 1998 年，推出 Protel 98，在 1999 年推出了划时代的 Protel 99 及其升级版 Protel 99 SE，在 2002 年推出 Protel DXP，最新版本是 2017 年新发布的 Altium Designer 17。

Protel 99 SE 对 PCB 设计行业的贡献相当巨大。无论是广泛使用的 Protel 99 还是后续的各个版本均提供了一个集成的设计环境，包括原理图设计、PCB 布线工具和集成的设计文档管理，支持通过网络进行工作组协同设计功能。自 Protel DXP/DXP 2004 开始，提供了全新的 FPGA 设计的功能；自 Altium Designer 6.0 开始将设计流程、集成化 PCB 设计、可编程器件（如 FPGA）设计和基于处理器设计的嵌入式软件开发功能整合在一起；自 Altium Designer 6.8 开始添加了三维 PCB 可视化和导航技术，通过技术设计师可以随时查看板卡的精确成型，以及与设计团队的其他成员共享信息。

Altium 的市场占有率当之无愧地排在众多 PCB 设计软件的前面，Protel 系列较早就在我国开始使用。基本上所有高校的电子专业都开设相关课程，甚至许多大公司在招聘电子设计人才时，在其条件栏中常常会要求会使用 Protel 99 SE。Altium 曾声称中国有 73% 的工程师和 80% 的电子工程相关专业在校学生正在使用其所提供的解决方案。虽然数据无从考证，但是可以看出该软件在国内应用的广泛性。

当然也有工程师对 Protel 系列软件存有抱怨，如运行时占据大多数系统资源、对系统配置要求较高、菜单过于烦琐、不适合高速 PCB 设计，以及公司企业特别是外企使用较少等，但因为它是绝大多数国内工程师的"第 1 次亲密接触"的软件，所以还是有相当多的工程师可能出于恋旧情节或者先入为主的原因而使用它。

任务 10.2 Cadence 产品

Cadence 公司成立于 1988 年 5 月，总部位于美国加州圣荷塞市。该公司的电子设计自动化产品涵盖了电子设计的整个流程，包括系统级设计、功能验证、IC 综合及布局布线、模拟或混合信号及射频 IC 设计、全定制集成电路设计、IC 物理验证，以及 PCB 设计和硬件仿真建模等。

Cadence 公司的产品是 Concept/Allegro 收购来的 OrCAD，公司将 OrCAD 的强项原理图设计 Capture CIS 和 Cadence，以及原来的原理图设计 Concept HDL，以及 PCB 工具 Allegro 和其他信号仿真等工具一起推出并统称为"Cadence PSD"。

10.2.1 Cadence Allegro

Cadence Allegro 现在几乎成为高速板设计中实际的工业标准，其最新版本是 2011 年 5 月发布的 Allegro 16.5。与其前端产品 Capture 的结合可完成高速、高密度和多层的复杂 PCB 设计布线工作。为了推广整个先进 EDA 市场，Allegro 提供了 OrCAD PCB Editor、PADS 和 P-CAD 等接口，使得需要转换 PCB Layout 软件的用户可以将旧的设计文档能顺利转换至 Allegro 中。Allegro 有操作方便、接口友好、功能强大（如信号完整性仿真和电源完整性仿真）和整合性好等诸多优点，在做高速 PCB 方面牢牢占据霸主地位，世界上 60% 的电脑主板、40% 的手机主板是用 Allegro 绘制的，该软件广泛地用于通信领域和 PC 行业，被誉为高端 PCB 工具中的流行者。

Cadence Allegro 系统互联设计平台通过 IC、封装和 PCB 之间的约束驱动的协同设计，实现降低成本并加速上市时间。

10.2.2　Cadence OrCAD Capture

OrCAD Capture 是被誉为全球最多人使用的线路图绘图程序，以及画原理图的最厉害的软件，它的库元件比较多，而且易与其他软件（如 Ansoft 和 Mentor）集成，各种工具交互使用比较容易。它为设计一个新的模拟电路、修改现有的 1 个 PCB 的线路图或者绘制一个 VHDL 模块的方框图，都提供了所需要的全部功能，并能迅速地验证设计结果。OrCAD Capture 作为设计输入工具，运行在 PC 平台，用于 FPGA、PCB 和 OrCAD PSpice 设计应用中，它是业界第一个真正基于 Windows 环境的线路图输入程序，易于使用的功能及特点已使其成为线路图输入的工业标准。

用户可利用 OrCAD Capture 来连接 Cadence OrCAD PCB Editor、Allegro 或其他的 Layout 软件来完成 PCB 设计。

任务 10.3　Mentor 产品

Mentor Graphics 是电子设计自动化技术的领导产商，它提供完整的软件和硬件设计解决方案，让客户能在短时间内以最低的成本在市场上推出功能强大的电子产品。当今电路板与半导体元件变得更加复杂，并随着深亚微米工艺技术在系统单芯片设计中深入应用，要把一个具有创意的想法转换成市场上的产品，其中的困难度已大幅增加。为此 Mentor 提供了技术创新的产品与完整解决方案，让工程师得以克服所面临的设计挑战。

随着高密度电路板的复杂度提高，以及多层电路板设计的空间限制，能在企业内部促进跨领域合作的设计环境已成为必要。此平台是易于使用和生产力高的设计环境，能提供自动化的器件规划与布局、自动辅助的交互式布线，以及 3D 设计环境——即使是不熟悉复杂 PCB 布局设计的设计人员或团队都能使用。

Mentor 公司有 3 个系列的 PCB 设计工具——Mentor EN 系列，即 Mentor Board Station；Mentor WG 系列，即 Mentor Expedition；还有 PADS 系列，即 Power PCB。

Mentor 将 PCB 工具逐渐整合到一起，最高端的是 Board Station RE 和 WG 的 PCB 工具 Expedition PCB 的无缝切换。它们可以支持更多的 PCB 工程师在不同的客户端共同设计一块 PCB 项目，实现 DFM（可制造性设计）设计，这样可以大大地提高产品的设计进度。

10.3.1　Mentor EN 系列

Mentor EN 即 Mentor Board Station，是 Mentor Graphics 推出的高端专业原理图和 PCB 设

计软件，支持 UNIX 和 Windows 系统（Windows 2000 和 Windows XP），其中 EN 是 Enterprise 的简写。EN 的原理图是 BA，超级烦琐，但是功能很强大。它是只考虑工期不考虑成本，是做 8~12 层 PCB 的通信和军工研究所的首选。也有很多大型 IT 公司，如 Intel、朗讯、伟创力、西门子和波导等使用 Mentor EN 进行 PCB 设计。但国内会使用的 Mentor EN 的工程师并不是很多，因为其学习难度较大，故不建议自学。

10.3.2 Mentor WG 系列

Mentor WG 即 Mentor Expedition，是 Mentor Graphics 公司推出的基于 Windows 界面的高端 PCB 设计工具；同时也被工程师们认定是拉线最顺畅的软件，被誉为"拉线之王"，它的自动布线功能非常强大，布线规则设计非常专业，是最好的布线工具；另外，Mentor DxDesigner 16（ViewDraw 的升级版本）是 Mentor Graphics 公司推出的原理图输入工具，其功能强大且界面友好，并支持多种 PCB Layout 工具，如 Mentor Expedition、Mentor Board Station、Power PCB、Cadence Allegro 和 Zuken 等。Mentor DxDesigner 16 加 Mentor WG 是 Mentor Graphics 公司当今推荐的原理图和 PCB 设计组合。

10.3.3 Mentor PADS 系列

Power Logic 和 Power PCB 产品被 Mentor Graphics 公司收购后更名为"PADS 系列"，版本升级非常快，先前有 PADS 2005、PADS 2007，目前最新的版本为 PADS 9.4。不过也有工程师反映运行最稳定的还是 PADS 2005，其包括原理图工具 PADS Logic、PCB 工具 PADS Layout 和自动布线工具 PADS Router。PADS 系列是低端 PCB 软件中最优秀的一款，其界面友好、容易上手、功能强大，深受中小企业的青睐，在中小企业用户中占有很大的市场份额。PADS 系列最大的优势就是手机产品设计，虽然功能简单，但是基本上电子产品都是用它搞定的，据说国内的设计公司也喜欢使用它。其不足是没有仿真，做高速板时要结合其他专用仿真工具，如在 Hyperlynx 软件中完成。

项目训练

1. 查阅相关软件资料，了解其原理和特点。
2. 比较各软件的差异及其最新的版本状况。
3. 下载相关软件的学习资料，学习和比较与 Altium 的应用差别。

项目 11

信号完整性设计简析

PCB 的尺寸越来越小、组装密度越来越高，且信号的频率和带宽也越来越高，这些特征的变化会使电路信号传输时在 PCB 上形成信号的反射、串扰、轨道塌陷及电磁辐射等问题，使得高速电路的设计变得错综复杂。

本项目简单介绍信号完整性（Signal Integrity，SI）的概念和基本知识，让 PCB 设计师从常规的设计开始了解解决信号完整性的方法和思想，使得 PCB 设计更加有章可循。

知识 技能 素养 导航	知识了解	信号完整性的概念和基本知识
	知识熟知	影响信号完整性的基本因素
	技能掌握	信号完整性分析工具
	职业素养	责任心、爱岗敬业、精益求精、有效沟通、团队合作

任务 11.1 信号完整性概述

11.1.1 信号完整性定义

广义上讲，信号完整性指信号在传输过程中能够保持信号时域和频域特性的能力，即信号在电路中能以正确的时序、幅值以及相位等做出响应。如果每个信号都是完整的，那么由这些完整的信号组成的系统也同样具有很好的完整性。

若电路中信号能够以要求的时序和电压幅度从发送端传送到接收端，则表明该电路具有较好的信号完整性；否则出现了信号完整性问题。当数字信号的时钟频率超过 100 MHz 或者上升沿时间 t_r 小于 1 ns 时，信号完整性效应就变得十分重要。

信号完整性具有以下两个基本条件。

（1）空间完整性：又称"信号幅值完整性"，用于满足电路的最小输入高电平和最大输入低电平要求。

（2）时间完整性：电路的最小建立和维持时间。

1. 信号完整性要求

如果信号完整性问题未能得到良好地解决，将会导致信号失真，而失真后的错误数据信号、地址信号和控制线信号将会引起系统错误工作，甚至直接导致系统崩溃，因此，信号完整性问题已成为高速产品设计中非常值得关注和考虑的问题。

信号完整性最原始的含义是保证信号保持其应该具有的波形而不产生畸变。很多因素都会导致信号波形的畸变。如果畸变较小，对于电路的功能不会产生影响；但是如果畸变很大，电路应有的功能就会受损甚至被破坏。那么这里又会出现另一个问题，即波形畸变多大才会对电路板功能产生影响？这就是信号完整性的要求问题。而这个要求与具体应用以及电路板的其他电气指标有关，并没有确定、统一的标准。

系统频率（芯片内部时钟源及外部时钟源）、电磁干扰、电源纹波、数字器件开关噪声和系统热噪声等都会对信号产生影响。

从上面提到的信号完整的两个基本条件可以得出信号完整性的要求，该要求也要从这两个方面即时间和空间，反映到实际的信号上，就是信号的幅值高低和频率相位。

数字信号对畸变的兼容性相对较大，在实际应用过程中，当然还要考虑电路板上的电源系统供电电压纹波、系统的噪声余量以及所用器件对于信号建立时间和保持时间的要求等因素；模拟信号对信号的完整性相对比较敏感且可容忍的畸变相对较小，至于能容忍多大的畸变，则与系统噪声、器件非线性特性及电源质量等因素有关。

2. 信号完整性问题产生的原因

信号完整性问题的真正起因是不断缩短的信号上升与下降时间。一般来说，当信号跳变比较慢即信号的上升和下降时间比较长时，PCB 中的布线可以建模成具有一定数量延时的理想导线而确保有相当高的精度。此时对于功能分析来说，所有连线延时都可以集总在驱动器的输出端。于是通过不同连线连接到该驱动器输出端，所有接收器的输入、输出端在同一时刻都能观察到相同波形。

然而随着信号变化的加快，信号上升时间和下降时间缩短，PCB 上的每一个线段由理想的导线转变为复杂的传输线，此时信号连线的延时不能再以集中参数模型的方式建模在驱动器的输出端。同一个驱动器信号驱动多个复杂的 PCB 连线时，电学上连接在一起的每个接收器接收到的信号就不再相同。从实践经验中得知，一旦传输线的长度大于驱动器上升时间或者下降时间对应的有效长度的 1/6，传输线效应就会出现，即出现信号完整性问题，包括反射、上冲和下冲、振荡和环绕振荡、地电平面反弹和回流噪声以及串扰和延迟等问题。

11.1.2　信号完整性问题分类

信号完整性问题可以分为以下 4 类。
（1）SingleTacSinalnt：单根传输线的信号完整性问题，即反射效应。
（2）Cnosalk：相邻传输线之间的信号串扰问题，即串扰效应。
（3）OPIRelated：与电源和地分布相关的问题，即轨道塌陷。
（4）OEMI：电磁干扰和精射问题，即电磁干扰。

这 4 类解决方案是按照层次逐级递进的。即在实施信号完整性解决方案时要按照上述的分类顺序依次解决问题。显然，上述观点涉及的其实已经是广义的信号完整性了，它融合 SI、PI、EMI 为一体。在实际应用中 SI、PI 和 EMI 经常由不同的工程师负责。应协同合作，做出相对完美的产品。

在实际工作中，信号完整性问题的根源大部分都是反射和串扰。在所有的单个网络信号完整性问题中，几乎所有的问题都来源于信号传输路径上的阻抗不连续所导致的反射。反射是指传输线上存在回波，驱动器输出信号（电压/电流）的一部分经传输线到达负载端的接收电路。由于不匹配，一部分被反射回源端驱动器，在传输线上形成振铃。而串扰是指两个不同网络之间引起的干扰和噪声。

1. 反射

源端与负载端阻抗不匹配会引起线上反射，负载将一部分电压反射回源端。如果负载阻抗小于源阻抗，反射电压为负；反之，如果负载阻抗大于源阻抗，反射电压为正。布线的几何形状、不正确的线端接、经过连接器的传输及电源平面的不连续等因素的变化均会导致此类反射。

在实际工作中，很多硬件工程师都会在时钟输出信号上串接一个小电阻，这个小电阻的作用就是为了解决信号反射问题。而且随着电阻的增大，振铃会消失，但信号上升沿不再那么陡峭了。这种问题的解决要靠阻抗匹配，阻抗在信号完整性问题中占据着极其重要的地位。

2. 串扰

我们在实验中经常发现，有时某根信号线从功能上来说并没有输出信号，但测量时会有幅度很小的规则波形，类似有信号输出。这时如果测量与它邻近的信号线，则发现某种相似的规律。如果两根信号线靠得很近，通常会出现这种状况，这就是串扰。

当然被串扰影响的信号线上的波形不一定和邻近信号波形相似，也不一定有明显的规律，更多的是表现为噪声形式。串扰在当今的高密度电路板中一直是个让人头疼的问题，由于布线空间小，信号必然靠得很近，所以只能控制不能消除。对于受到串扰影响的信号线，邻近信号的干扰对其来说相当于噪声。串扰大小和电路板上的很多因素有关，并不仅仅是因为两根信号线间的距离。当然距离最容易控制，也是最常用的解决串扰的方法，但不是唯一方法，这也是很多工程师容易误解的地方。

串扰是由同一 PCB 的两条信号线与地平面引起的，故也称为"三线系统"。串扰是两条信号线之间的耦合，信号线之间的互感和互容引起线上的噪声。容性耦合引发耦合电流，而感性耦合引发耦合电压。PCB 层的参数、信号线间距、驱动端和接收端的电气特性以及线端接方式对串扰都有一定的影响。

3. 轨道塌陷

噪声不仅存在于信号网络中，也存在于电源分配系统中。电源和地之间的电流流经路径上不可避免地存在阻抗，当电流变化时，不可避免产生压降。因此真正送到芯片电源引脚上的电压会减小，有时减小得很厉害。如同电压突然产生了塌陷，这就是轨道塌陷。

轨道塌陷有时会产生致命的问题，即很可能影响电路板的功能。高性能处理器集成的门数越来越多，开关速度也越来越快，在更短的时间内消耗更多的开关电流，可以容忍的噪声变得越来越小；同时控制噪声越来越难，因为高性能处理器对电源系统的苛刻要求，构建更低阻抗的电源分配系统变得越来越困难。这又一次涉及阻抗，理解阻抗是理解信号完整性问题的关键。

4. 电磁干扰

当板级时钟频率在 100～500 MHz 范围内时，这一频段的谐波覆盖在电视、调频广播、移动电话和个人通信服务（PCS）等应用服务中，这就意味着电子产品极有可能干扰通信，所以这些电子产品的电磁辐射必须低于容许的程度。遗憾的是如果不进行特殊设计，在较高频率时，电磁干扰会更严重。共模电流的辐射远场强度随着频率线性增加，而差分电流的辐射远场与频率的平方成正比，随着时钟频率的提高，对辐射的要求必然也会提高。

电磁干扰问题有 3 个方面，即噪声源、辐射传播路径和天线，前面提到的每个信号完整性问题的根源也是电磁干扰的根源。电磁干扰之所以这么复杂，是因为即使噪声远远低于信号完整性噪声预算，它也会达到足以引起严重辐射的程度。

任务 11.2　信号完整性设计的特点

信号完整性设计中需要考虑的影响因素众多，解决不同的问题时关注的侧重点也不一样，并且针对不同案例的信号完整性设计重点也不同。因此，信号完整性设计有其固有的特点。

（1）信号完整性设计是个性化的。

不同的工程有不同的设计重点，要根据具体的工程进行有针对性的信号完整性设计，所以信号完整性设计是个性化的。例如，对于局部总线，关注的仅仅是信号本身的质量，对反射、串扰和电源滤波等几个方面，简单的设计就能让电路正常工作；在高速同步总线（如 DDR）中只关注反射串扰电源等基本问题还不够，信号波形本身质量好不能保证电路正常工作，还需要满足时序要求。时钟频率很高时设计的重点应落在总线的时序上，改善信号本身质量的目的最终还是为了满足时序要求。在时钟电路中，设计的重点在于保证时钟边沿的单调性、时钟频谱的纯净度、时钟的抖动等性能指标，所采取的措施都应该为这些目的服务；在 GHz 高速串行互连中，通道的影响至关重要，其损耗和阻抗连续性是设计重点之一。除此之外，参考时钟、电源质量也必须认真设计以达到要求。预加重和均衡参数的调整和优化是另外一项必须认真考虑的因素。

信号完整性设计要适应不同工程的要求而进行个案设计，没有包治百病的药方。即使同一性质的电路遇到的问题也可能不同，也需要进行个案处理。

（2）信号完整性设计是系统工程。

很多信号完整性问题无法使用单一措施解决，需要多种措施相互辅佐共同起作用才能成功。例如，简单的点对多点拓扑互连，可能会有多个接收端的信号波形很差。单一的末端并联连接无法解决这个问题，还需要结合线长和线宽调整、拓扑调整或者使用阻尼电阻等措施才能最终解决信号质量问题。

从整板信号完整性设计的角度来说，仍然需要系统的整体考虑。对单个信号采取的措施再完善，如没有可靠的供电回路，PCB 就不会有好的性能表现。

信号完整性设计不能片面地追求某一方面的指标，而弱化其他潜在风险。如果有些低成本的包含同步总线的电路板的走线的等长约束过于严格，反而由于绕线较长或过密产生无法控制的串扰噪声现象。串扰产生的时序不确定性在有些设计中会更大，可能导致整体设计的失败。

(3) 信号完整性设计是平衡的艺术。

很多信号完整性规则会互相冲突，必须正确平衡。例如，小的去耦电容要尽量靠近芯片的引脚放置；另外，信号线的串联端接电阻也要求尽量靠近驱动器放置。但是往往芯片周边的空间非常拥挤，无法同时让这两个要求都达到最优，这就需要找到折中方案。通常使用多个信号层和电源层可以更好地改善信号完整性性能，但是目前电子产品的成本压力比较大，这就需要在性能和成本之间进行平衡而寻找折中方案。在实际工程中，类似冲突比比皆是，设计过程中充满了对各种要求的平衡。可以说信号完整性设计是"平衡的艺术"，设计的最终目标是得到稳定可用的产品。为了达到这个要求，设计过程中的各项措施都要有适当的弹性。

总之，信号完整性设计不是简单地解决孤立的问题，众多问题及其影响相互纠缠在一起，需要系统化的设计，反复权衡各种技术要求，找到可行的解决方案。"头疼医头、脚疼医脚"式的解决方法最终会陷入困境。

任务 11.3　信号完整性分析工具

1. Ansoft 公司的仿真工具

现在的高速电路设计已经达到 GHz 的水平，高速 PCB 设计要求从 3D 设计理论出发对过孔、封装和布线进行综合设计来解决信号完整性问题。高速 PCB 设计要求工程师必须具备电磁场的理论基础，必须懂得利用麦克斯韦尔方程来分析 PCB 设计过程中遇到的电磁场问题。目前 Ansoft 公司的仿真工具能够从 3D 场求解的角度出发，对 PCB 设计的信号完整性问题进行动态仿真。

SIwave 是一种创新工具，尤其适于解决现在高速 PCB 和复杂 IC 封装中普遍存在的电源输送和信号完整性问题。该工具采用基于混合、全波及有限元技术的新颖方法，允许工程师们特性化同步开关噪声、电源散射和地散射、谐振、反射以及引线条和电源、地平面之间的耦合。该工具采用一个仿真方案可解决整个设计问题，缩短了设计时间。它可分析复杂的线路设计，该设计由多重、任意形状的电源和接地层，以及任何数量的过孔和信号引线条构成。仿真结果采用先进的 3D 图形方式显示。它还可产生等效电路模型，使商业用户能够长期采用全波技术，而不必一定使用专有仿真器。

2. Specctra Quest

Cadence Design Systems 中的 Specctra Quest PCB 信号完整性套件中的电源完整性模块据称能让工程师在高速 PCB 设计中更好地控制电源层分析和共模 EMI。

该产品是由一个与 Sun Microsystems 公司签署的开发协议而来的，Sun 最初研制该项技术是为了解决母板上的电源问题。有了这种新模块，用户就可根据系统要求来算出电源层的目标阻抗，然后基于 PCB 的器件去考虑耦合要求。Specctra Quest PCB 向导程序能帮助用户确定其设计所要求的去耦合电容的数目和类型，选择一组去耦合电容并放置在板上之后，用户就可运行仿真程序并通过分析结果来发现问题所在。

Specctra Quest 是 Cadence 公司提供的高速系统板级设计工具，通过它可以控制与 PCB

Layout 相应的限制条件。在 Specctra 菜单下集成了如下工具。

（1）SigXplorer：可以编辑走线拓扑结构并可在工具中定义和控制延时、特性阻抗、驱动和负载的类型、数量、拓扑结构和终端负载的类型等。在 PCB 具体设计前使用此工具，对互连线的不同情况进行仿真，然后把仿真结果存为拓扑结构模板，为后期 PCB 的具体设计提供依据。

（2）DF/Sig Noise：信号仿真分析工具，可提供复杂的信号延时或畸变分析和 IBIS 模型库的设置开发功能。Sig Noise 是 Specctra SI Expert 和 SQ Signal Explorer Expert 进行分析仿真的仿真引擎，利用 Sig Noise 可以进行反射、串扰、SSN、EMI、源同步及系统级的仿真。

（3）DF/EMC：EMC 分析控制工具。

（4）DF/Thermax：热分析控制工具。

3. SPICE 仿真程序

电路系统的设计人员有时需要详细分析系统中的部分电路的电压与电流关系，此时需要做晶体管级（电路级）仿真，这种仿真算法中所使用的电路模型都是最基本的元件和单管。仿真时按时间关系对每一个节点的 I/V 关系进行计算。这种仿真方法在所有仿真手段中是最精确的，但也是最耗费时间的。

SPICE（Simulation Program with Integrated Circuit Emphasis）是最为普遍的电路级模拟程序，各软件厂家提供了 Vspice、Hspice 和 Pspice 等不同版本 SPICE 软件，其仿真核心大同小异，都是采用了由美国加州伯克利大学开发的 SPICE 模拟算法。

SPICE 可对电路进行非线性直流分析、非线性瞬态分析和线性交流分析。被分析的电路中的元件可包括电阻、电容、电感、互感、独立电压源、独立电流源、各种线性受控源、传输线以及有源半导体器件。SPICE 内建半导体器件模型，用户只需选定模型级别并给出合适的参数。

4. Zuekn 公司的 EMC – Workbench

该公司首次推出最新版虚拟原型设计产品 EMC – Workbench，用于其"线路板完整性"设计流程中，通过引入一致的和约束驱动的工程环境，在高速 PCB 设计工艺方面引起了一场革命。最新的产品为 Hot – Stage 4，此新产品包含基于电子制表软件的约束管理器、自动约束向导、"假设分析"编辑器、嵌入式布线器，具有在线仿真、验证以及 EMI 和热分析等功能。

Hot – Stage 4 能够解决在当今高速设计过程中的信号完整性、EMI、散热以及可制造性等问题，为设计工程师和布局提供了一种设计纠正方法。工程师输入约束条件，该工具便可自动合成满足要求的设计。约束条件是在类似 Windows 的环境中进行管理的。其树状浏览器可以方便地设计索引，而电子制表软件可以编辑电气约束条件并显示非法约束，所有这些均在一个界面中实现，因此减少了重复设计，降低了生产成本，并缩短了产品上市时间。

独立选项 Hot – Stage EMI 通过快速检查辐射效应的全板扫描，进一步增强了该产品的功能。据称这是判断辐射源的有效方法，可使用户事先了解整个电路板的 EMC 性能，并帮助避免由 EMC 性能差而带来的问题。

Zuekn 公司的系统级 EMC/EMI 分析软件 EMC – Workbench 由 3 部分模块构成，即 EMC – Engineer 电磁兼容分析模块、SI – Workbench 信号一致性分析模块和 RADIATION – Workbench 辐射分析模块。

EMC – Engineer 在设计的早期检查 PCB 或系统的 EMC/EMI 特性，即便在刚刚完成布局阶段，也可以用此工具进行分析。可以快速分析出设计当中的反射、串扰、辐射等问题，更详细的分析可以用信号一致性分析工具（SI – Workbench）和辐射分析工具（RADIATION – Workbench）来实现。早期对有问题的设计区域的检测使得用户可以高效率、低成本地优化自己的设计。

5. Mentor 的 ICX 信号完整性解决方案

这是第一种在单一仿真环境下支持 SPICE、IBIS 和 VHDL – AMS 的 PCB 信号完整性工具。ICX 3.0 可适用于由高速数字 PCB 较高时钟频率和信号边缘速率导致的信号完整和时序问题方面，使仿真效率和精度更高。该解决方案可使系统设计人员缩短设计时间，并提高系统性能，也为 IC 厂商更多设备动作建模选择。除了 ICX 3.0 外，Mentor 公司还发布了 Tau 3.0 产品，这是该公司板级时序解决方案的最新版本，现在与 ICX 有着更高程度的集成。

ICX 3.0 和 Tau 3.0 可用性强，有多种接口，并有多项功能改善，提高了可高速设计性能。ICX 3.0 为该公司的 PCB 设计工具 Expedition 和 Board Station 系列提供了增强型接口，包括新型的 ICX 和 Expedition 产品的双向接口，使用户可以利用 ICX 工具完成信号完整性设计和检验方面的全部功能。

项目训练

1. 查阅信号完整性分析和设计的相关内容。
2. 学习国内外著名电子设计公司的 PCB 规范和要求。

附录　Altium Designer 快捷键列表

1. 原理图编辑器快捷键

快捷键	相关操作
Y	放置元件时上下翻转（也适用于 PCB 界面）
X	放置元件时左右翻转（也适用于 PCB 界面）
Esc	退出当前命令（也适用于编辑 PCB 界面）
End	刷新屏幕
Home	以光标为中心刷新屏幕
PageDown 或 Ctrl + 鼠标滑轮	以光标为中心缩小画面（也适用于编辑 PCB 界面）
PageUp 或 Ctrl + 鼠标滑轮	以光标为中心放大画面（也适用于编辑 PCB 界面）
鼠标滑轮	上下移动画面（也适用于 PCB 界面）
Shift + 鼠标滑轮	左右移动画面（也适用于 PCB 界面）
Ctrl + Z	撤销上一次操作（也适用于 PCB 界面）
Ctrl + Y	重复上一次操作（也适用于 PCB 界面）
Ctrl + A	选择全部（也适用于 PCB 界面）
Ctrl + S	存储当前文件（也适用于 PCB 界面）
Ctrl + C	复制（也适用于 PCB 界面）
Ctrl + X	剪切（也适用于 PCB 界面）
Ctrl + V	粘贴（也适用于 PCB 界面）
Ctrl + R	复制并重复粘贴选中的对象（也适用于 PCB 界面）
Delete	删除（也适用于 PCB 界面）
V + D	显示整个文档（也适用于 PCB 界面）
V + F	显示所有选中对象（也适用于 PCB 界面）
Tab	编辑正在放置的元件属性（也适用于 PCB 界面）
Shift + C	取消过滤（也适用于 PCB 界面）
Shift + F	查找相似对象（也适用于 PCB 界面）
E + D + 选中对象	批量删除对象（也适用于 PCB 界面）
E + W + 选中导线	打破线（也适用于 PCB 界面）
Ctrl + 拖动对象	带导线拖动对象
M + D	批量拖动（也适用于 PCB 界面）
P + N	放置网络名
P + W	放置导线
P + A	放置图纸入口
P + P	放置器件
P + O	放置电源
P + B	放置总线

快捷键	相关操作
P + U	放置总线入口
P + J	放置交叉点
P + R	放置端口
P + T	放置字符串（也适用于 PCB 界面）
G	栅格循环跳变（也适用于 PCB 界面）

2. PCB 编辑器快捷键

快捷键	相关操作
V + D	显示整个文档
V + H	显示整个图纸
V + F	显示整个图纸到满屏
Shift + G	布线时显示导线的长度
Shift + E	打开或关闭捕获电气栅格功能
Ctrl + G	弹出"捕获栅格"对话框
G	弹出捕获栅格快捷菜单
Q	单位切换
L	浏览"Board Layers"对话框
Ctrl + Shift + 长按左键	切断被选导线
Shift + S	打开或关闭单层模式
+	切换工作层面为下一层
–	切换工作层面为上一层
R + M	测量任意两点距离
Shift + Spacebar	旋转移动的物体（顺时针）
Spacebar	旋转移动的物体（逆时针）
Shift + Ctrl + 单击	高亮光标选网络
Ctrl + 单击	在层面中高亮层
U	弹出撤销菜单
A	弹出对齐菜单
I + D	设置推挤深度
I + V	推挤
I + R	器件按 Room 排列
I + O	器件按矩形区排列
I + L	器件排列在 PCB 外面
N	弹出显示遮掩菜单
P + V	放置过孔
P + T	放置导线
P + P	放置焊盘
P + G	放置敷铜

参 考 文 献

［1］徐敏. Altium Designer 16 印制电路板设计［M］. 北京：化学工业出版社，2019.
［2］赵毓林. Altium Designer 原理图与 PCB 设计制作［M］. 西安：西安电子科技大学出版社，2018.
［3］何知聪. 5G 通信印制电路通孔背钻及其信号完整性的研究［D］. 成都：电子科技大学，2022.
［4］于争. 信号完整性揭秘：于博士 SI 设计手记［M］. 北京：机械工业出版社，2013.